福嶋先生の集中ゼミ

基本情報技術者
午後・アルゴリズム編

福嶋宏訓 著

2021年版

日本経済新聞出版

もくじ

試験の概要 …………………………………………………………… 8

登場人物紹介 ………………………………………………………… 10

本書の使い方 ………………………………………………………… 12

擬似言語問題の解説動画のご案内 ………………………………… 14

第 1 章　アルゴリズム入門

□□□ **LESSON1** アルゴリズムとは何か？ ……………………… 16

□□□ **LESSON2** 流れ図の基本と処理記号 ……………………… 28

□□□ **LESSON3** 判断記号と複合条件 ………………………… 34

□□□ **LESSON4** 合計計算 ………………………………………… 42

□□□ **LESSON5** ループ端記号 …………………………………… 46

□□□ **LESSON6** 配列の合計 ……………………………………… 50

□□□ **LESSON7** 最大値と最小値 ………………………………… 54

□□□ **LESSON8** 2次元配列と多重ループ ……………………… 58

□□□ **LESSON9** データ記号とファイルの入出力 ……………… 62

□□□ **LESSON10** 定義済み処理記号 …………………………… 66

□□□ **LESSON11** 練習問題 ……………………………………… 70

第1章で学んだこと …………………………………………………… 75

第2章 アルゴリズムの考え方

☐☐☐ **LESSON1** 擬似言語とは ·· 78

☐☐☐ **LESSON2** 擬似言語のトレース ·· 82

☐☐☐ **LESSON3** アルゴリズムを考えよう1 ······························ 86

☐☐☐ **LESSON4** アルゴリズムを考えよう2 ······························ 90

☐☐☐ **LESSON5** アルゴリズムは面白い1 ································· 94

☐☐☐ **LESSON6** アルゴリズムは面白い2 ································· 97

☐☐☐ **LESSON7** プログラムの拡張 ··· 102

☐☐☐ **LESSON8** 通算日数の計算 ·· 108

☐☐☐ **LESSON9** 金種計算 ·· 114

☐☐☐ **LESSON10** 金種計算の応用 ·· 118

☐☐☐ **LESSON11** テーブル操作自由自在 ··································· 122

☐☐☐ **LESSON12** 練習問題 ·· 126

第2章で学んだこと ·· 131

第3章 基本アルゴリズム

☐☐☐ **LESSON1** 最大値を見つけよう ······································ 136

☐☐☐ **LESSON2** 最大値の考え方 ·· 142

☐☐☐ **LESSON3** 選択ソート ·· 146

□□□□ **LESSON4** バブルソート ………………………………… 151

□□□□ **LESSON5** 挿入ソート ………………………………… 156

□□□□ **LESSON6** 線形探索法 ………………………………… 162

□□□□ **LESSON7** 2分探索法 ………………………………… 166

□□□□ **LESSON8** ハッシュ表探索 …………………………… 170

□□□□ **LESSON9** オープンアドレス法 ……………………… 173

□□□□ **LESSON10** チェイン法 ……………………………… 178

□□□□ **LESSON11** 文字列処理 ……………………………… 182

□□□□ **LESSON12** 文字列の挿入 …………………………… 188

□□□□ **LESSON13** アルゴリズムの計算量 ………………… 194

□□□□ **LESSON14** 計算量の演習問題 ……………………… 198

第3章で学んだこと ……………………………………………… 201

第 **4** 章　応用アルゴリズム

□□□□ **LESSON1** 2次元配列 ………………………………… 206

□□□□ **LESSON2** 2次元の表の演習 ………………………… 210

□□□□ **LESSON3** ビットマップの演習 ……………………… 214

□□□□ **LESSON4** 図形の回転 ………………………………… 218

□□□□ **LESSON5** 図形の回転の演習 ………………………… 222

□□□□ **LESSON6** 画像の拡大縮小 …………………………… 226

□□□□ **LESSON7** 縮小画像の複数表示 ……………………… 230

□□□	**LESSON8**	変数の宣言	234
□□□	**LESSON9**	手続き呼出し	239
□□□	**LESSON10**	手続き呼出しの演習問題	244
□□□	**LESSON11**	再帰処理	250
□□□	**LESSON12**	シェルソート	254
□□□	**LESSON13**	クイックソート	260
□□□	**LESSON14**	ヒープソート	270
□□□	**LESSON15**	マージソート	282
□□□	**LESSON16**	事務処理のアルゴリズム	288
□□□	**LESSON17**	マッチング処理の演習	294
□□□	**LESSON18**	技術計算のアルゴリズム	298

第4章で学んだこと ……………………………………………………… 307

第 5 章　擬似言語問題の演習

□□□	共通に使用される擬似言語の記述形式	312
□□□	擬似言語問題の攻略法はありますか？	314
□□□	覚えておきたい処理パターン	316
□□□	問題1	簡易メモ帳のメモリ管理	318
□□□	問題2	クイックソートを応用した選択アルゴリズム	332
□□□	問題3	空き領域の管理	342
□□□	問題4	Bitap法による文字列検索	354

☐☐☐ 問題5　ハフマン符号化 ……………………………………… 364

☐☐☐ 問題6　最短経路の探索 ……………………………………… 378

☐☐☐ 問題7　ヒープソート ………………………………………… 389

索引 ……………………………………………………………………… 398

解説動画の視聴方法 …………………………………………………… 401

付録 ……………………………………………………………………… 403

　　付録1 自動販売機カード

　　付録2 りんごカード

　　付録3 図形回転カード

試験の概要

　基本情報技術者試験は、経済産業省が認定する国家試験「情報処理技術者試験」のひとつです。「特定の製品やソフトウェアに関する試験ではなく、情報技術の背景として知るべき原理や基礎となる知識・技能について、幅広く総合的に評価」するもので、ソフトウェア開発に携わる人はもちろん、コンピュータやネットワークの知識を身に付けたいという人に役立つ試験です。

　試験は午前・午後の2部構成となっており、双方6割以上の得点で合格となります。入門的な試験とはいえ、近年の合格率は20～30％程度であり、はじめて情報処理を学ぶ人にとっては難しい試験です。

試験時間	午前 150分（9:30-12:00）	午後 150分（13:00-15:30）
出題形式	多肢選択式（四肢択一）	多肢選択式
出題数と解答数	出題数 80問 解答数 80問	出題数 11問 解答数　5問（選択式）
出題分野	テクノロジ系　約50問 マネジメント系 約10問 ストラテジ系　約20問 詳細は別表参照	別表参照
合格基準	60%以上	60%以上
受験手数料	5,700円（税込み）	
試験機関	独立行政法人 情報処理推進機構（IPA） 情報処理技術者試験センター 〒113-8663 東京都文京区本駒込2-28-8 文京グリーンコートセンターオフィス15階 電話 03-5978-7600　FAX 03-5978-7610	
ホームページ	https://www.jitec.ipa.go.jp/	

午前試験の出題範囲

問	分野	大分類	中分類	出題数
問1-80	テクノロジ系	基礎理論	基礎理論 アルゴリズムとプログラミング	約50問
		コンピュータシステム	コンピュータ構成要素 システム構成要素 ソフトウェア ハードウェア	
		技術要素	ヒューマンインターフェース マルチメディア データベース ネットワーク セキュリティ	
		開発技術	システム開発技術 ソフトウェア開発管理技術	
	マネジメント系	プロジェクトマネジメント	プロジェクトマネジメント	約10問
		サービスマネジメント	サービスマネジメント システム監査	
	ストラテジ系	システム戦略	システム戦略 システム企画	約20問
		経営戦略	経営戦略マネジメント 技術戦略マネジメント ビジネスインダストリ	
		企業と法務	企業活動 法務	

全て四肢択一（4つの選択肢から1つを選ぶ）方式で、配点は各1.25点*80問＝100点
※分野ごとの出題数は、変更されることがあります。
※令和元年度秋期試験（2019年秋期試験）から、午前試験での数学に関する出題比率の見直しが適用され、理数
　能力を重視し、線形代数、確率・統計等、数学に関する出題比率が向上されることになりました。

要確認！ CBT方式への移行について
新型コロナウイルスの影響で、令和2年度（2020年度）10月の基本情報技術者試験は延期になりました。
試験実施団体の独立行政法人 情報処理推進機構（IPA）から、延期した試験は令和2年度中（令和2年12月〜令和3年3月の複数日）に、現在の出題形式、出題数のまま、CBT（Computer Based Testing）方式で実施予定というアナウンスがありました。また、令和3年度以降の試験もCBT方式で実施するとのことです。
2020年10月現在、試験日や申込開始日、合格発表日などは明らかになっていません。今後、基本情報技術者試験を受験する予定の方は試験実施団体のホームページを確認し、受験申込み手続き等をご確認ください。

午後試験の出題範囲

問	分野	出題数		配点
問1	情報セキュリティ	1問出題（必須）		20点
問2-4	ハードウェア ソフトウェア データベース ネットワーク ソフトウェア設計	左記分野より 3問出題	2問選択	各15点
問5	プロジェクトマネジメント サービスマネジメント システム戦略 経営戦略・企業と法務	左記分野より 1問出題		
問6	データ構造及びアルゴリズム	1問出題（必須）		25点
問7	C	各分野1問ずつ5問出題 うち1問選択		25点
問8	Java			
問9	Python			
問10	アセンブラ言語（CASL Ⅱ）			
問11	表計算ソフト			

※令和2年度春期試験（2020年春期試験）から、午後試験の出題数・解答数・配点の変更、「COBOL」の出題廃止、「Python」の出題が行われることになりました。

登場人物紹介

基子（もとこ）
文系の学生。IT系の会社に内定している。プログラムの経験は無い。歴史が好きで数学が苦手。

フクシマ先生
基本情報技術者試験対策を教え続けて数十年のベテラン。初心者向けのわかりやすい解説と面倒見の良さに定評がある。

10

文章を読めば解ける問題もある

　プロジェクトマネジメント、サービスマネジメント、システム戦略、経営戦略・企業と法務の分野は、午前試験の小問を解く程度の準備でかまいません。この分野は、文章を読む力さえあれば、その場で解ける問題が多いです。試験会場では、問題をザッと見て問題を選択したほうがいいでしょう。

プログラムをはじめて学ぶ人のために

　問6は、データ構造及びアルゴリズムの必須問題（25点）です。必須問題ですから、「基本情報技術者試験を受けるなら、アルゴリズムを勉強してから受けてくださいよ」というわけです。合格基準は60点以上なので、この25点がなくても合格は可能ですが、他の分野をよほど完璧に近く仕上げないと、合格は難しくなります。

　ソフトウェア設計の基礎力になるのがアルゴリズムです。午前試験のような、過去問題と同じ問題は出題されません。はじめて学ぶ人は、じっくり時間をかけてアルゴリズムの学習をしておきたいものです。

　午後試験のプログラム言語は、C言語、Java、Python、アセンブラ言語（CASL Ⅱ）、表計算ソフトの中からひとつを選択します。はじめてプログラム言語を学ぶ人は、いずれかの言語か、表計算ソフトの参考書を別に用意することをおすすめします。

　ソフトウェア開発の実務経験のある人、少なくとも100行以上のプログラムを独力で作ることができる人は、プログラムの基本的な考え方は理解できています。過去のプログラム言語の試験問題を解いて、確認しておけば十分でしょう。

初心者・独学者向け6か月学習スケジュール例

　プログラム経験のない初心者の方向けに、6か月で合格するためのスケジュール例を紹介します。午後問題の学習に入る前に、姉妹編『うかる！ 基本情報技術者［午前編］』などで、午前問題の領域を一通り学習してください。

	午前試験	午後試験
1か月	テクノロジ系の全範囲を一通りざっと学んでみる。	午後には手をつけず、午前のアルゴリズム問題を理解する。
2か月から4か月	分野ごとに学習し、過去問題にも取り組む。午後試験で応用能力が試される項目は、少し深く学習しておくことが大切。	本書で基礎からアルゴリズムの考え方を学んでいく。プログラム言語の学習もスタートし、できれば本書で扱うアルゴリズムのプログラムを作ってみると力がつく。
5か月6か月	過去の試験問題を少なくとも3年分（6回分）は演習し、同じ問題がでれば満点が取れる程度まで納得して理解しておく。できれば、午後の擬似言語問題は、10年分（20問）を演習したい。	

11

本書の使い方

基本情報技術者、[午後・アルゴリズム編] 集中ゼミをはじめますよ。

> わたし、文系でプログラム経験がなくて……午前分野は、なんとかなりそうなんですけど。

　本書はそういった方向けの、午後試験のアルゴリズム問題の入門書です。午後試験を扱った参考書は、どうしても過去試験問題の解説が中心になりがちですが、この集中ゼミでは、はじめて情報処理を学ぶ人、プログラムを作ったことがない人を対象に、習得に時間がかかるアルゴリズムを、ゆっくり学んでいきます。

黒　板
重要な概念を図表で整理しています。

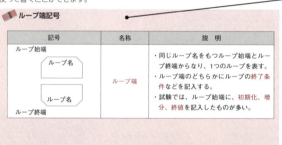

フキダシ
気になるところが質問されています。

アルゴリズムって、複雑な数式とか、論理的思考とか、そういう分野ですよね。苦手です。

　自動販売機の例を手始めに、アルゴリズムって何だろう？　というところからはじめます。初学者がつまずきやすいところはじっくり丁寧に説明していますので、安心して自分のペースで学習してください。

簡単そうで、簡単ではないお釣りの計算

500円玉で120円の缶ジュースを買ったとき、お釣りを考えてみましょう。

お釣りって引き算するだけですよね？
500円 − 120円 = 380円

380円のお釣りを出すには、どうしますか？　380円硬貨はありませんよ。
お金の種類が多いと説明しにくいですから、次のような4種類の硬貨だけが利用できる自動販売機があるとします。

自動販売機で使える硬貨の種類

500円玉で120円の缶ジュースを買ったとき、お釣りに必要な硬貨の枚数を求めてみてください。硬貨の金額で割れば、その硬貨が何枚必要なのかがわかりますよ。
全部10円硬貨でお釣りを出すなら、380円 ÷ 10円 = 38枚になります。

そっか。
100円が何枚いるかとか、計算しないといけないんだ。

●お釣りの計算
① お釣りの金額　　　500円 − 120円 = 380円
② 100円硬貨の枚数　380円 ÷ 100円 = 3枚　余り80円
③ 50円硬貨の枚数　　80円 ÷ 50円 = 1枚　余り30円
④ 10円硬貨の枚数　　30円 ÷ 10円 = 3枚

その手順を流れ図にすると、どうなりますか？
投入したお金の金額と選択した商品の定価は、キーボードから入力するとします。また、入力エラーはないものとします。
なお、割り算の商と余りを別々に求めることができます。

金種計算　115

ノート
基子の考えを書き出したもの。間違えがちな手順、やりがちな失敗例もあります。

まとめページ
学習効果を高める［章で学んだこと］（まとめページ）を第1章〜第4章の終わりに収録しました。

練習問題
いきなり試験問題では難しいので、初学者用の練習問題をたくさん用意してあります。

※ここに掲載されているページは説明のための見本です

擬似言語問題の解説動画のご案内

過去12年23回分の擬似言語問題の解説動画があるから安心！

　スマホやパソコンで視聴できる擬似言語問題（問6）の解説動画を用意しています。過去問題の演習に入ったら、必要に応じてご利用ください。

試験回		タイトル	録画時間	備考
令和3年	春期	試験後、3か月程度で解説動画を公開予定（*1）		
令和2年	秋期			
令和2年	春期	新型コロナウイルス感染症の影響で、試験が中止		
令和元年	秋期	Bitap法による文字列検索	約68分	解きやすい
平成31年	春期	ハフマン符号化	約56分	やさしい
平成30年	秋期	整数式の解析と計算	約94分	やや難しい
平成30年	春期	ヒープソート	約40分	やさしい
平成29年	秋期	文字列の誤り検出	約50分	非常にやさしい
平成29年	春期	最短経路の探索	約67分	ややむずかしい
平成28年	秋期	数値の編集	約54分	やさしいが、面白くない
平成28年	春期	簡易メモ帳のメモリ管理	約42分	やさしい
平成27年	秋期	BM法による文字列検索	約44分	文字列検索の工夫
平成27年	春期	選択アルゴリズム	約63分	優れた良問
平成26年	秋期	編集距離の算出	約63分	悪問を攻略する練習に
平成26年	春期	空き領域の管理	約69分	問題文を理解する練習に
平成25年	秋期	文字列の圧縮	約58分	後回しでいい
平成25年	春期	食品店の値引き処理	約84分	日本語変数の良問
平成24年	秋期	駅間の最短距離を求める	約90分	やさしいが、面白い
平成24年	春期	ビットの検査	約71分	論理演算とビット操作
平成23年	秋期	代入文の処理	約94分	文字列操作の練習に
平成23年	春期	組み合わせ	約72分	自分で考える練習に
平成22年	秋期	符号付2進数の乗算	約85分	午前の知識が必要
平成22年	春期	マージソート	約76分	再帰を使ったマージソート
平成21年	秋期	ニュートン法	約36分	捨てるか、後回しでいい
平成21年	春期	図形の塗り替え	約53分	やさしい

*1　事故や病気など、やむを得ない事情で、解説動画を作成できないことがあります。なお、令和2年秋期試験は延期され、CBT方式で実施される予定です。本書発行時点では、問題が公開されるか不明です。

　出題された擬似言語プログラムを実際に作成して、動作させながら解説していますので、プログラム内容をイメージしやすいと好評です。設問に関係のないところもきちんと読んで、擬似言語プログラムが理解できるように解説します。

解説動画の視聴方法は401ページ

14

第 **1** 章

アルゴリズム入門

LESSON1	アルゴリズムとは何か？
LESSON2	流れ図の基本と処理記号
LESSON3	判断記号と複合条件
LESSON4	合計計算
LESSON5	ループ端記号
LESSON6	配列の合計
LESSON7	最大値と最小値
LESSON8	2次元配列と多重ループ
LESSON9	データ記号とファイルの入出力
LESSON10	定義済み処理記号
LESSON11	練習問題

LESSON 1
アルゴリズムとは何か？
60円の牛乳を買ってみよう

アルゴリズムを始めよう

こんにちは。

今日から基本情報技術者試験の**アルゴリズム**の集中ゼミを担当させていただきます。アルゴリズムというのは、「何らかの結果を得るための手順」と考えておけばいいでしょう。午前試験の学習を進めている方は、流れ図やアルゴリズムをある程度は学習されていると思います。

例えば、どんなアルゴリズムを学びましたか？

> 午前対策が完璧じゃないと、午後の学習はムリですか？
> 2分探索法とか、いろいろ勉強したけど自信ないなぁ。

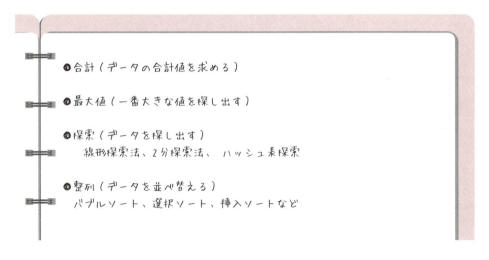

- 合計（データの合計値を求める）

- 最大値（一番大きな値を探し出す）

- 探索（データを探し出す）
    線形探索法、2分探索法、ハッシュ表探索

- 整列（データを並べ替える）
    バブルソート、選択ソート、挿入ソートなど

午前の問題は、4択問題ですので、各アルゴリズムの特徴を知っていれば解けるものが多いですね。午後の問題は、これらのアルゴリズムを流れ図やプログラムで書いたものを理解できる能力が必要です。できれば、自らプログラムを作成できるようになると、午後の問題を楽に解くことができますよ。

この集中ゼミは、初めてアルゴリズムを学ぶ方を対象にしています。午前の問題で出題される基本的なアルゴリズムも、丁寧に説明しますので安心してください。

アルゴリズムって、本当は面白いよ

「流れ図」とか「アルゴリズム」と聞いただけで、「苦手だな」と思った方が多いかもしれません。アルゴリズムは暗記科目ではありません。過去試験問題集の解説を読んで理解したつもりでも、本番では通用しない人も多いようです。その原因は、基礎力不足です。基礎力なしに、過去試験レベルの問題に時間を費やしても、期待した結果は得られません。

初めてアルゴリズムを学ぶ方が、「一週間で試験問題が解けるようになる」というのは無理です。しかし、基礎からきちんと学習すれば、次の試験までの半年で、誰でも合格点を取ることが可能です。

が！ 試験対策って、つまらないですよね。必死で流れ図や擬似言語プログラムを解読して、ようやく最大公約数が出た。「それで、何が嬉しいの？」って感じです。

先生がそんなことをいっていいんですか？
勉強が、つまらないのは仕方がないです。

はっきり言えば、試験の流れ図や擬似言語プログラムは、穴埋め問題だから、つまらないのです。他人が考えた思考過程に、自分の脳ミソを合わせなきゃならないんですから、誰だって不愉快です。

残念なことに、最近は、できの悪い問題も目につきます。数年に1回は、「良い問題だな」と、出題者の方に敬意を払いたくなる良問もありますけどね。

重要 アルゴリズムは、自分の頭を使って、
一生懸命に考えれば考えるだけ上達する

ゼロから自分で考えてみるという、ときには苦しく、ときには楽しい体験をしないと、アルゴリズムの真の実力は身につきません。

真の実力かぁ
とりあえず、受かればいいんだけどな…

もう1つは、基礎訓練。基子さんが、加減乗除を自由自在に使えるのは、小学生の頃に計算ドリルで、たくさん練習したからではありませんか？

このゼミでは、「**アルゴリズムって、そもそも何なのさ**」というところからスタートして、「**アルゴリズムを考えるのは面白いよ**」、さらに「**アルゴリズムを勉強してよかったよ**」というゴールに向かって歩いていこうと思っています。

第1章と第2章は、試験に遠い印象を受けられるかもしれません。しかし、それが基礎力を養成します。第3章以降は、午後試験のアルゴリズム問題に特化した試験対策の集中ゼミですから、ご安心ください。

自動販売機を作ろう

　これから、皆さんに紙パック飲料の自動販売機を設計してもらいます。考えやすくするために、次のような自動販売機にします。

📕 自動販売機の仕様

・使用できる硬貨：　10円玉、50円玉、100円玉
・投入された金額を「現在の金額」のところに表示する
・購入できる紙パック飲料：　各60円
　　牛乳、コーラ、オレンジ
・各商品ボタンを押すと購入できる
・お釣りが返却口に出る

　自動販売機を使うときのことを思い出して、人が行う操作をノートに書き出してみましょう。まず、10円玉と50円玉で、60円の牛乳を買ってください。

　できましたっ！
　50円玉を先に入れてもいいですよ

　●牛乳を買う手順
　　① 10円玉を入れる。　　　　50円玉、10円玉の順でもOk
　　② 50円玉を入れる。
　　③ 牛乳のボタンを押す。
　　④ 出てきた牛乳を取る。

　今、書き出してもらったのは、人が行う操作ですね。
　ここからが重要です。いいですか。
　自動販売機を作るためには、「**人の操作に対して、どう反応すればいいのか？**」を考えていかなければなりません。自動販売機が行うことを、**処理**と呼ぶことにします。

硬貨が投入されたときの処理1

人の操作		自動販売機の処理
①10円玉を入れる。	→	現在の金額に「10円」と表示。
②50円玉を入れる。	→	現在の金額に「60円」と表示。

第1章　アルゴリズム入門

②で、「50円」と表示したらダメです。ここで、何か気付きませんか？

> 入れたお金の合計を表示するんですね

　正解。10円玉と50円玉は、どちらを先に投入してもいいのですが、②で現在の金額に表示するのは、投入した硬貨の合計金額です。

　自動販売機は、投入された硬貨の合計金額を計算していかなければならないことになります。硬貨が投入される前の現在の金額は「0円」です。50円玉から投入する例は次のとおりです。

硬貨が投入されたときの処理2

人の操作	自動販売機の処理
①何もしない。	→ 現在の金額に「0円」と表示。 合計金額は0円。
②50円玉を入れる。	→ 合計金額を計算。0円＋50円＝50円。 現在の金額に「50円」と表示。
③10円玉を入れる。	→ 合計金額を計算。50円＋10円＝60円。 現在の金額に「60円」と表示。

　ここでの"合計金額"というのは、自動販売機が内部で投入された硬貨の合計を計算するための箱、流れ図やプログラムでは、**変数**と呼ばれるものです。

> 午前の問題で勉強しましたよ。50＋10の結果を変数aに入れるなら、50＋10 → a と書くんですよね

　そのとおりです。そのあたりの流れ図の基礎知識は、次のLESSON2できちんと説明します。

　自動販売機を作るには、このように**「何をすればいいのか」**という処理の手順を1つ1つ考えていかなければならないわけです。

> あっ、そうだ！　10円玉6枚で買うこともありますよね。

　鋭いですね。合計金額を正しく計算することができれば、10円玉6枚で購入したり、お釣りを出したりもできますよ。そのようなケースも後で考えてみましょう。

　しばらくの間は、10円玉1枚と50円玉1枚で購入するケースだけ考えていきましょう。

流れ図は文章よりもわかりやすい

　処理の内容が複雑になると、文章ではわかりにくいです。そこで、処理の手順を図にして、見やすくしたのが流れ図です。
　今まで考えてきた自動販売機に硬貨を投入すると現在の金額を表示するところまでを流れ図にしてみましょう。

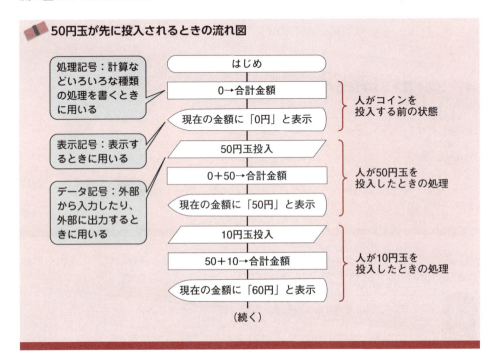

50円玉が先に投入されるときの流れ図

　流れ図は、一番上の「はじめ」からスタートして、下に進みます。何をするかによって、流れ図記号の形が決まっています。詳しくは、LESSON2以降で説明しますから、ここでは全てを覚えようと頑張る必要はありません。流れ図がどんなものか、感じをつかむだけで十分です。

「0→合計金額」で、0を合計金額に入れるって意味ですね。
「50＋10→合計金額」は、計算した60を合計金額に入れる、と。

　そのとおりです。午前の問題で学んだことをよく理解していますね。ここの「合計金額」は、数値を記憶することができる変数です。ここでは、「0→合計金額」は、「0を合計金額に入れる」と考えていいですよ。

60円になったらボタンを押そう

現在の金額が「60円」になりました。「60円」と表示するだけでいいですか？
自動販売機がしなければならないことはありませんか？
一般的な自動販売機を思い出してみましょう。

> えーと、60円になったら、60円の「牛乳」や「コーラ」のランプがついて、ボタンを押せるようになるかな。

そうですね。自動販売機が行う処理は、<u>60円以上になったら</u>、飲料のボタンを点灯して押せるようにすることですね。
　この「**○○になったら**」というのが、とっても重要です。
　今まで、10円玉と50円玉で買うことを想定してきましたが、実際には、10円玉6枚や50円玉2枚、100円玉1枚で買うことも考えられます。
　硬貨を投入する順番や種類によって流れ図を分けて書くのは大変です。そこで、次のように書くことができます。

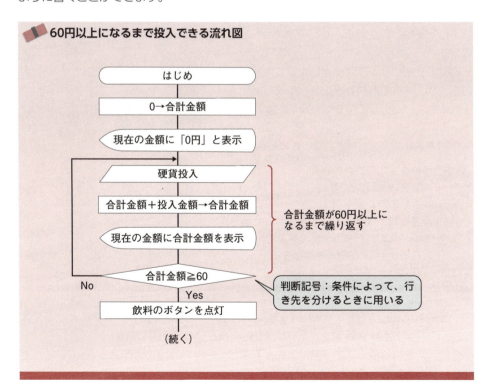

60円以上になるまで投入できる流れ図

ひし形の**判断記号**を見てください。「合計金額≧60」という条件を判断して、成立しなければNoへ進みます。つまり、合計金額が60円以上になるまで、「硬貨投入」を繰り返します。このようにしておけば、10円玉を6枚入れることもできます。
　そして、合計金額が60円以上になったらYesへ進み、60円で買うことができる牛乳やジュースのボタンを点灯します。
　さて、牛乳のボタンが押されたらどうしますか？

牛乳を取出口に出して、終わりです。

　自動販売機の処理はここまでで、出てきた牛乳を人が取ります。

　では、もしも100円玉を使った人がいて、合計金額が100円になっていたらどうしますか？

合計金額が60円より多かったら、お釣りを出さないとダメですよね。100円入れた場合、100円－60円＝40円がお釣りです。

　そうですね。ここでも、「○○だったら」という条件が必要です。流れ図では、判断記号です。
　自動販売機によっては、返却ボタンを押さないとお釣りが出ないものもありますが、ここでは、すぐにお釣りが出るとしましょう。
　他にも、いくつかの後始末が必要です。飲料のランプがついたままだと変ですよね。

 「牛乳」ボタンが押されたときの処理

●牛乳のボタンが押されたとき
　・牛乳を取出口に出す。
　・ボタンのランプを消す。
　・合計金額が60円より多いときは、お釣りを出す。
　・お釣りを出したら、合計金額を0円にする。
　・現在の金額に「0円」と表示する

　一般的な自動販売機は、1,000円を入れて、続けて何本も買うようなことができますが、今回は1本ずつ買うシンプルな自動販売機ということにします。
　普段、何気なく使っている自動販売機ですが、細かな処理をいろいろやっていることがわかりました。次のページに流れ図を示します。

自動販売機の流れ図

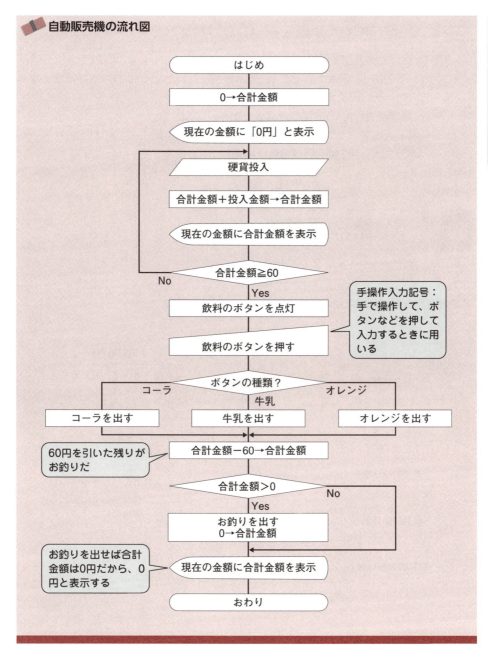

1回目から複雑な流れ図ですが、「はじめ」から「おわり」まで、たどってみてください。まだ、わからないところがあっても大丈夫です。なんとなく、流れ図というものがイメージできれば十分です。

コンピュータに細かく手順を指示しなければならない

　手作業で行っていた販売行為を、機械で行うようにしたのが自動販売機です。先ほどの流れ図は、すでに「どのようにして機械で販売を行うか」というお手本ができあがっていましたので、そのまま真似ることができました。

　もしも、自動販売機というお手本がなかったらどうしますか？

　初めて自動販売機を作った人は、きっと手作業の様子を観察して、それを細かな手順に分けて、どうやって手作業を機械に置き換えていくかを考えていったはずです。

　例えば、スーパーマーケットでは、紙パック飲料は棚に並べられていますよね。機械で販売するとき、商品の陳列はどうしますか？

> ガラスの向こうに商品が並べてありますよ
> とってもわかりやすいです

　そうですね。次のように工夫されています。

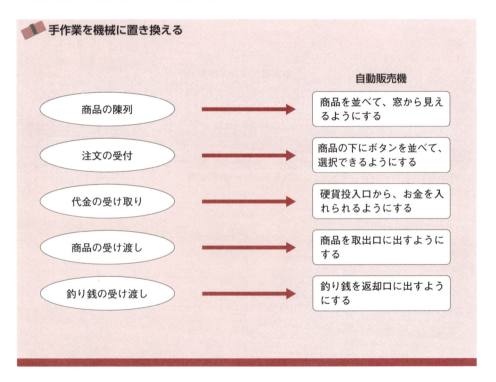

手作業を機械に置き換える

手作業	自動販売機
商品の陳列	商品を並べて、窓から見えるようにする
注文の受付	商品の下にボタンを並べて、選択できるようにする
代金の受け取り	硬貨投入口から、お金を入れられるようにする
商品の受け渡し	商品を取出口に出すようにする
釣り銭の受け渡し	釣り銭を返却口に出すようにする

　何気なく使っている自動販売機ですが、最初に考えた人は偉いですね。

だから流れ図やアルゴリズムを学ぶのだ

　コンピュータは、科学技術計算だけではなく、給料計算や売上管理などの事務処理で用いられることが多いです。伝票などを用いて、手作業で行っている事務処理を、コンピュータで行うようにするためにはどうしますか？

　自動販売機と同じように、人が行っている作業を細かく分解して検討していく必要があります。そして、それらの処理の手順を明確にして、コンピュータで行うことができるようにするのが**システム設計**です。

　流れ図は、「**どんな条件のときに、何をするのか**」、コンピュータが行う処理の手順を1つずつ分解して、わかりやすい図で示したものです。プログラムを作る前に、この流れ図をよく検討することで、自動販売機の例でいえば、お釣りを出し忘れたり、ランプを消し忘れたりすることがなくなります。つまり、誤動作のない正確なプログラムを作るには、流れ図の段階でよく検討しなければならないのです。

　そして、優れたアルゴリズムと、劣ったアルゴリズムでは、実行効率に大きな差が出ます。同じ処理を行うのに、あるアルゴリズムでは10時間かかり、優れたアルゴリズムでは10分で終わる、ということが現実に起こり得るのです。

　そして、アルゴリズムを学ぶというのは、コンピュータを道具として使うために必要な論理的な思考能力を養成する訓練になります。

- アルゴリズムによって、プログラムの効率が大きく異なる
- アルゴリズムを学ぶと、論理的な思考能力が養成できる

　基本情報技術者試験で出題されるのは、流れ図や擬似言語プログラムなどの穴埋め問題です。このため、何のためにアルゴリズムを学ぶのか、という最も重要なことが抜け落ちてしまいます。流れ図記号などを詳しく説明する前に、自動販売機の例を取り上げた理由をわかっていただければ幸いです。

> 流れ図は、実際の仕事では、あまり使わないと聞いたことがあるのですが…

　そうですね。今では、設計時に流れ図以外の図を使う企業がたくさんあります。また、オブジェクト指向設計などに用いる**UML**（Unified Modeling Language）では、**アクティビティ図**という流れ図に相当するものがあります。

　ただし、アルゴリズムを表現するために試験で用いられるのは、主に流れ図です。まず、流れ図を理解しておかなければなりません。

自動販売機が、午前の問題で出題された

次の問題は、状態遷移図というものを使った自動販売機の問題です。状態遷移図は、いろいろな要因によって変化する状態の遷移を表した図で、丸の中に状態を、遷移を矢印で表します。ここでは、Qを「現在の金額」と考えると簡単です。

練習問題

問　図は70円切符の自動販売機に硬貨が投入されたときの状態遷移を表している。状態Q_4から状態Eへ遷移する事象はどれか。

ここで、状態Q_0は硬貨が投入されていない状態であり、硬貨が1枚投入されるたびに状態は矢印の方向へ遷移するものとする。

なお、状態Eは投入された硬貨の合計が70円以上になった状態であり、自動販売機は切符を発行し、釣銭が必要な場合には釣銭を返す。また、自動販売機は10円硬貨、50円硬貨、100円硬貨だけを受け付けるようになっている。

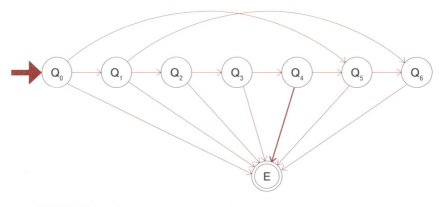

ア　10円硬貨が投入された。
イ　10円硬貨又は50円硬貨が投入された。
ウ　10円硬貨又は100円硬貨が投入された。
エ　50円硬貨又は100円硬貨が投入された。

解説

Q_0は、現在の金額が0円で、Q_1〜Q_6は10円〜60円です。したがって、Q_0のところで、10円を入れるとQ_1へ、50円を入れるとQ_5へ、100円を入れるとEへ遷移します。

Q_4は40円なので、50円か100円を入れると70円以上になりEへ遷移します。

【解答】　エ

もう少し脳みそを絞ってもらおう

　自動販売機の話をしてきました。「釣り銭切れ」のランプがついていて、買いたいのに買うことができず悔しい思いをしたことはありませんか？
　実は、お釣りを出す、というのは機械には大変なことです。

練習問題

問　次のような条件のとき、(1)～(3)でお釣りに出すべき硬貨の枚数を答えなさい。
　　なお、使用できる硬貨は、100円玉、50円玉、10円玉とする。

(1) 100円玉で、60円の牛乳を買った。
(2) 100円玉と50円玉で、120円の缶コーラを買った。
(3) 100円玉2枚で、120円の缶ジュースを買った。

いろいろな例で、お釣りを出す手順を考えてみましょう。第2章できちんと学ぶことになりますが、自分で考えてみることが大切です

解説

(1) 100円で60円の牛乳を買ったら、お釣りは40円です。10円玉4枚を返却します。
(2) 150円で120円の缶コーラを買ったら、お釣りは30円です。10円玉3枚を返却します。
(3) 200円で120円の缶ジュースを買ったら、お釣りは80円です。50円玉と10円玉3枚を返却します。もしも、50円玉がなかったら、どうしますか？

お釣りに10円玉がいっぱい出てくることありますねぇ。
10円玉8枚を返却します。

　10円玉があればそうですね。10円玉もないときは、釣り銭切れです。
　実際の自動販売機では、1,000円札や500円玉も利用できるものが多く、駅の切符販売機では5,000円札や10,000円札が使用できるものもあり、お釣りの計算も大変です。
　正確にお釣りを返すには、お金の種類ごとに枚数を計算する必要があるのです。

【解答】　省略

LESSON 2

流れ図の基本と処理記号

最初に覚える3つの流れ図記号

流れ図にもいろいろな種類がある

その昔、私は、化学を専攻していたのですが、畑違いのコンピュータ会社に就職し、システムソフトウェア設計部に配属されました。

「DFCを書いてもってきて！」

知らない用語のオンパレードでした。流れ図は、英語読みで**フローチャート**と呼びます。DFCは「Detail Flow Chart（詳細フローチャート）」の略でした。他にGFC（General Flow Chart：概要フローチャート）とか、フローチャートにも何種類かありました。

入社後しばらくは、流れ図を書いてプログラムを作ることができませんでした。それで、先にプログラムを作ってから、後でこっそりと流れ図を書いていました。ある日、それがばれて、大目玉です！　自己流プログラムと工業製品としてのプログラムの違いを、嫌というほど思い知らされました。

「流れ図」は、会社ごとに書き方に違いがあり、流れ図の代わりに他の図式を用いることも多くなっています。この集中ゼミでは、基本情報技術者試験に出題されるJIS規格の流れ図を説明していきます。基本をしっかりと身に付けることで、他の図式にも容易に対応できます。

JIS規格の流れ図

流れ図の種類	説　明
プログラム流れ図	プログラムの処理手順（一連の演算）を示す。この流れ図を見て、プログラムを作成する
データ流れ図	各データ媒体（ハードディスクなど）からデータの流れを示し、処理手順を定義する
システム流れ図	システムにおける演算の制御やデータの流れを表す

> 試験に出るのは、これ！

試験では、主にプログラム流れ図が使われます。データ流れ図やシステム流れ図は、設計問題でまれに使われる程度です。

28　第1章　アルゴリズム入門

3つの流れ図記号で流れ図が書ける

まず、最も重要な流れ図記号を3つ説明します。

重要な3つの流れ図記号

記号	名称	説　明
（端子記号）	端子	流れ図の始めと終わり、サブルーチンの入口と出口などを示す
（処理記号）	処理	演算など、あらゆる種類の処理を示す
→	線	制御の流れを示す。流れの向きを明示する必要があるときは矢印を付ける

　端子のところにあるサブルーチンとは何ですか？

　プログラムの命令や行、その集まりを**ルーチン**といいます。あるルーチンから他のルーチンを使用することができ、他のルーチンを使うことを「呼び出す」といいます。このとき、呼び出す側をメインルーチン、呼び出される側をサブルーチンといいます。詳しくは、LESSON10で説明します。

　3つの流れ図記号の中でも、最も重要なのが、四角形の処理記号です。例えば、処理記号の中は、次のように文章で説明することも、計算式を示すこともできます。

処理記号の書き方の例

①プログラムの数行をまとめて何をするかを文章で書いた流れ図

例）
> 国語、数学、英語の
> 合計点と平均点を求める

②プログラムの命令行と1対1で対応させて計算式などで書いた流れ図

例）
> 国語＋数学＋英語→合計点
> 合計点÷3→平均点

試験では、こちらの流れ図が多い

　この集中ゼミでは、原則としてプログラムの命令行にそのまま変換できる②の流れ図を学習します。

流れ図の基本と処理記号 | 29

チョコレートを5個買いました

　100円のチョコレートを5個買ったときの消費税込みの金額を求めてみましょう。近く消費税率が10%になりそうなのと、計算のしやすさから、消費税の税率は10%とします。普通は、どのように計算しますか？

> まず5個の合計金額を求めて、100円×5個＝500円。
> これに税率をかけて、500円×1.1＝550円。

　そうですね。100円×5個で合計金額を計算しますが、求めた500円に1.1をかけたものが税込金額です。この500円のように、計算して得られた値を次の計算式で使う場合には、その値をどこかに記憶しておく必要があります。流れ図やプログラムでは、**変数**というものに値を記憶します。

　次の流れ図は、「金額」という変数に途中の計算結果を記憶し、「税込金額」という変数に計算結果を入れています。

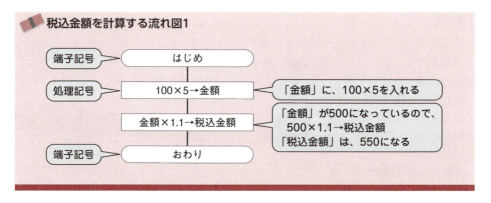

　処理記号の中には、一般に演算式や代入文を書きます。矢印（→）を「入れる」と説明していますが、正確には左側の値を右側の変数に転記（コピー）します。

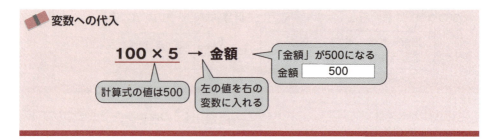

消費税が上がってもあわてない

先の流れ図は、「100円のチョコレートを5個買うときの税込金額」を求めることができます。では、98円のチョコレートを3個買うときの税込金額を求めるといくらでしょうか？

98円×3個＝294円。
294円×1.1＝323.4円。小数が出ちゃいますね。

端数処理を考えないといけませんね。ここでは、消費税の小数点以下を切り捨てることにしましょう。

プログラムは、なるべく汎用的（いろいろな場面で使える）に作っておきたいものです。定価や数量がどんな値でも正しく計算でき、たとえ消費税の税率が変わっても、容易に修正できるようにしておきます。

そこで、次のような流れ図に変更しました。ただし、この本だけで通用する関数として「INT(x)はxの小数点以下を切り捨てる」と定義します。基本情報技術者試験でも、INTやintという名称の関数が用いられることが多いです。

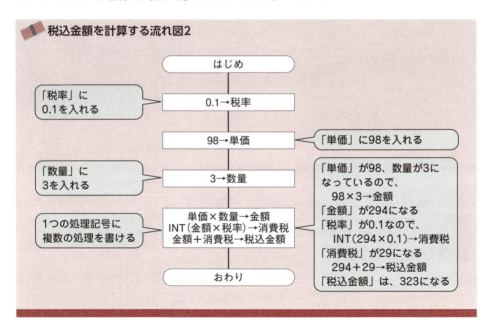

この流れ図では、外部条件の変化に応じて税率などを書き換えることが容易です。

値が変化する数だから変数だ

　流れ図では、英数字の変数名が使われることが多く、慣れないと頭が混乱します。「単価」や「金額」と書いてあれば、誰でも意味がわかるのですが、「T」とか「K」が使ってあるときは、「Tは単価」、「Kは金額」と考えながら流れ図を読んでいく必要があります。
　変数には、値を入れることができ、その値を変化させることができます。その変化の様子を追跡することを**トレース**と呼び、値を書き出した表を**トレース表**と呼びます。
　次の流れ図の変数K、S、E、G、Hをトレースしてみましょう。変数に値を入れる前は、不定の意味で「？」にしてください。INT(x)は、小数点以下を切り捨てます。

合計と平均を求める流れ図

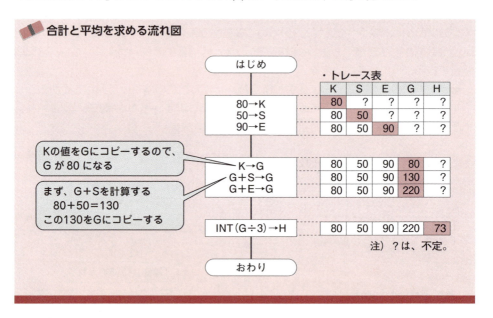

　国語、数学、英語、合計、平均の意味で、変数K，S，E，G，Hを使ってみました。

　午前の流れ図問題のとき、「K→G」は、KをGに入れるのでKの値がなくなっちゃうと思ったら、「→」は、コピーなんですよね。

　初心者はよく間違いますが、矢印（→）は値のコピーなので、Kは元の値のままです。ここでは、Kの値である80をGにコピーするのでGが80になります。
　「G＋S→G」のように、矢印の両側に同じ変数がある場合は、まず矢印の左側（左辺の式）を考え、今のGの値80とSの値50を足し130です。これをGにコピーするので、右側の新しいGの値は130になります。慣れてきたら、「GをS増やす」と考えてかまいません。

トレースの訓練をしよう

ノートを用意してください。練習問題は、必ず自分でノートにトレース表などを書いて、その後、解説や解答を見てください。自分の頭を使わずに、解答を見ながら進んでも、流れ図やアルゴリズムの力はつきません。

練習問題

次の流れ図をトレースしなさい。

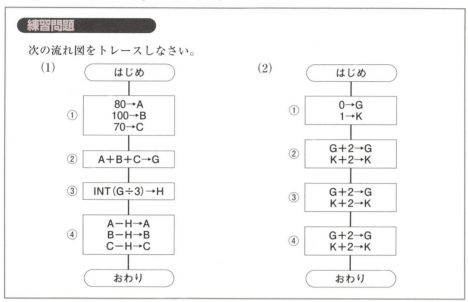

解説

「G＋2→G」は、「Gを2だけ増やす」と考えると簡単ですね。

足し算で、左右に同じ変数があったら、その変数を増やすのですね。なお、代入の矢印は、右向き矢印（→）が用いられることが多いので、この集中ゼミでも右向きにしています。しかし、例えば、平成25年春期試験・午前の問8のように、左向き矢印（←）が用いられたこともあります。この場合は、右辺の値を左辺の変数に代入（コピー）します。第2章で解説する擬似言語プログラムでも、G←G＋2というように左向き矢印が使われます。

【解答】

(1)

	A	B	C	G	H
①	80	100	70	?	?
②	80	100	70	250	?
③	80	100	70	250	83
④	－3	17	－13	250	83

(2)

	G	K
①	0	1
②	2	3
③	4	5
④	6	7

LESSON 3
判断記号と複合条件

好きか嫌いか？

3,000円以上で送料サービス

　ネットショップを利用することが多くなりましたが、送料がかかるのが玉に瑕です。そこで、一定金額以上買うと送料をサービスしてくれるところでまとめ買いをしています。今回は、3,000円以上のときは、送料が無料になる流れ図を考えます。
　「○○のときには」というような条件で、処理を分岐させたいときには、次のような**判断記号**を用います。判断記号の中に条件式を書きますが、例のように2つの書き方があります。

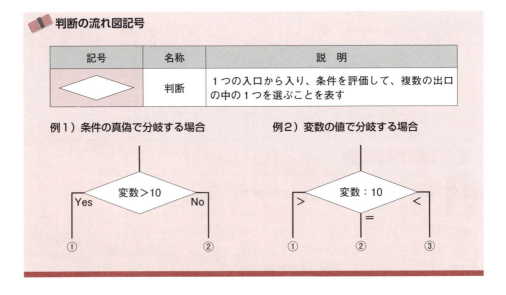

　例1は、条件式が真のときには①のYesへ、偽のときには②のNoへ進みます。真偽を判定するので、2分岐の場合しか使えません。
　例2は、コロン（:）の左右に変数や定数を書き、2つの値を比較したときの大小関係で進むところが変わります。2分岐だけでなく、3分岐もできます。この例では、変数と10を比較して、変数が10より大きいときは①（>）へ、等しいときは②（=）へ、小さいときは③（<）へ進みます。

3,000円以上で送料サービスという条件ですから、判断記号で2分岐します。流れを次に示します。送料は500円で考えてみましょう。

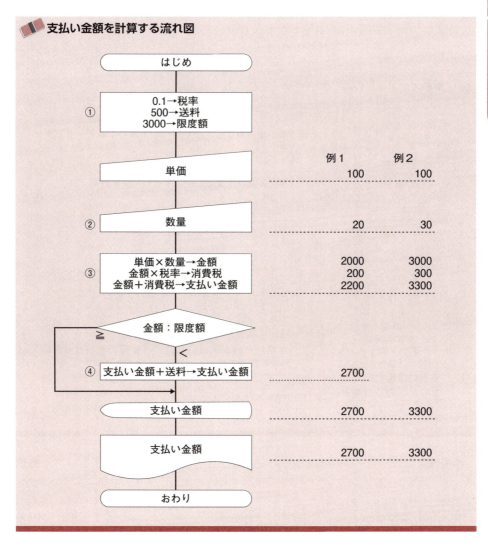

■ 支払い金額を計算する流れ図

　判断記号で、金額と限度額の3,000を比較して、3,000未満のときだけ④で送料を加えます。
　流れ図の右側に、単価が100で数量を20と30にしてトレースし、代入文の右辺の変数の値を示しました。「単価×数量→金額」なら「金額」に設定された値のことです。
　単価が100で数量が30の場合は、金額が3,000になるので、④は通らずに送料が足されていないことがわかります。

見慣れない流れ図記号が使われていますけど？

　今回は、単価と数量をキーボードから入力して、支払い金額をディスプレイに表示するとともに、レシートに印刷したいので、次のような個別データ記号を用いました。

個別データ記号の流れ図

記号	名称	説明
	手操作入力	キーボードなど、手で操作して入力するデータを表す
	表示	ディスプレイなどに表示するデータを表す
	書類	プリンタなどで印字するデータを表す

例1）手操作入力

単価

・キーボードから入力した値を「単価」という変数に設定する。
100が入力されたら、「単価」が100になる。

例2）表示

金額

・「金額」という変数の内容を表示する。
「金額」の内容が100なら、100が表示される。

例3）書類

金額

・「金額」という変数の内容を印字する。
「金額」の内容が100なら、100が印字される。

　手操作入力は、キーボードなどから手で操作して値を入力する場合に用います。**表示**は、ディスプレイなどに文字や値などを表示するときに用います。**書類**は、プリンタへ文字などを出力する場合に用います。

　JIS規格に厳密に従うと、プログラム流れ図では、個別データ記号を用いずに、62ページで説明するデータ記号を用います。ただし、流れ図がわかりやすくなるので、この集中ゼミでは必要に応じて個別データ記号を用いることにします。

好き、嫌い、好き、嫌い……好き！

昔は、片思いの彼に恋焦がれて、花びらを1枚1枚むしり取りながら、
好き、嫌い、好き、嫌い、……
と、純愛路線の胸キュンの淡い恋愛が一般的だったのですが、今はどうですか？

> 花びらをむしるのは可哀想だけど、
> 女の子は占い大好きです！

では、花びらをむしらなくてもいい、花占いプログラムを作りましょう。
花の絵を表示して、花びらをクリックするたびに「好き」か「嫌い」と交互に表示して、花びらが飛んでいくようにすると花占いの感じがでそうです。
グラフィックやアニメーションは難しいので、ここでは、はじめに乱数で花びらの枚数を設定し、[Enter]キーを押すたびに、交互に「好き」、「嫌い」と表示することにしましょう。

花占いプログラムの概要

- はじめに乱数で花びらの枚数を設定する。
- 最初の花びらは、「好き」から始める。
- [Enter]キーを押すたびに、交互に「好き」、「嫌い」と表示する。

> どんな仕組みにする？

「好き」と表示したり、「嫌い」と表示したりするので、処理が分かれます。分岐させるためには、判断記号を使うはずです。金額が3,000円以上を判断するのは簡単ですが、どのようにして「好き」と「嫌い」を切り替えますか？　アイデアのある人？

> むしり取る花びらの枚数が、奇数のとき「好き」、
> 偶数のとき「嫌い」と表示したらどうですか？

いいアイデアですね。他にアイデアはありませんか？

「好き」と「嫌い」を交互に表示するアイデア

ディスプレイに
　「好き」と表示されていたら、次は「嫌い」
　「嫌い」と表示されていたら、次は「好き」
と表示する。

1
好き

0
嫌い

判断記号と複合条件

基子さんの考えた奇数偶数方式を思いついた人が多いと思います。奇数偶数判定方式は、後で考えることにして、2番目の方式を考えてみましょう。

ディスプレイに表示されている文字って、どうやればわかるんですか？

ディスプレイに表示するときに、同じ文字を変数に保存しておけば、何が表示されているかを簡単に知ることができます。しかし、もしも長い文字だったら面倒です。

2つの状態を交互に切り替えるには、**スイッチ**を使うのが一般的です。スイッチといっても特別な装置ではなく、普通の変数を用います。

例えば、SWという変数に1か0という値を記憶することにして、1のときは「好き」、0のときは「嫌い」と決めてしまえば、2つの状態を容易に切り替えられます。

花占いの流れ図

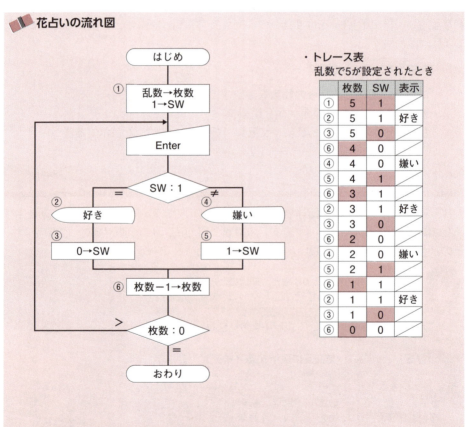

注）乱数には、ランダムな値が自動的に設定されるものとする。

両思いなら安堵する

花占いの結果がどうであれ、太郎君が花子さんのことを好きで、花子さんが太郎君のことを好きなら、めでたく両思いです。両思いのときに、「おめでとう」と表示する流れ図を書いてみましょう。キーボードから、好きなときは1、嫌いなときは0を入力して、太郎と花子という変数に設定することにします。

両想いで「おめでとう」の流れ図1

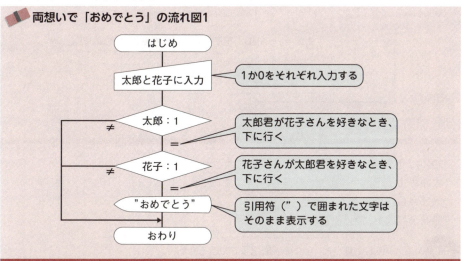

両思いであるためには、太郎君が好きか、花子さんが好きか、を調べなければならないので、2つの判断記号を用いています。

> 両想いで安堵するって、
> 論理演算のANDの合言葉であったような…

鋭い！　「かつ」、「または」の条件は、次のようにANDやORを使うこともできます。

複数の条件の組合せ

論理演算子	意味	書き方	説　明
AND	かつ	条件1　AND　条件2	条件1と条件2が同時に成立するとき
OR	または	条件1　OR　条件2	条件1と条件2のどちらか一方でも成立するとき

例1）太郎＝1　AND　花子＝1
・太郎＝1、かつ、花子＝1のとき　→　太郎＝1、花子＝1

例2）太郎＝1　OR　花子＝1
・太郎＝1、または、花子＝1　→　太郎＝1、花子＝1／太郎＝1、花子＝0／太郎＝0、花子＝1　のいずれかのとき

判断記号と複合条件

ANDを使うと、次のように1つの判断記号で両思いかどうかがわかります。

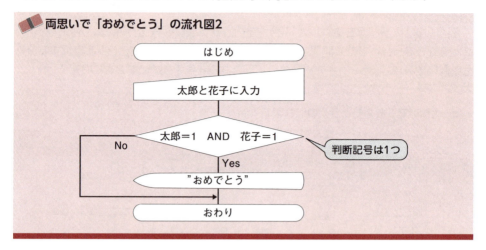

今度は、次のように表示する流れ図を考えてみましょう。
(太郎＝1：花子＝1)のとき"恋人"　　(太郎＝1：花子＝0)のとき"友達"
(太郎＝0：花子＝1)のとき"友達"　　(太郎＝0：花子＝0)のとき"他人"
判断記号がいくつ必要でしょう？

 ANDを使うと、2つの判断記号でできるみたい。
最初に"恋人"かどうかを判定してます。

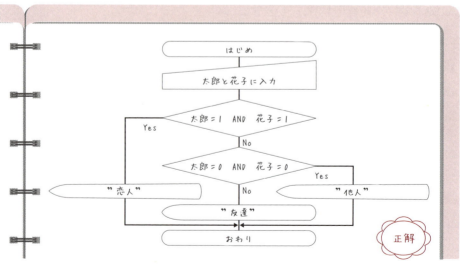

40　第1章　アルゴリズム入門

奇数偶数を判定して「好き」と「嫌い」を表示

練習問題

「好き」、「嫌い」を交互に表示する流れ図である。流れ図中の色網をかけた空欄を埋めなさい。

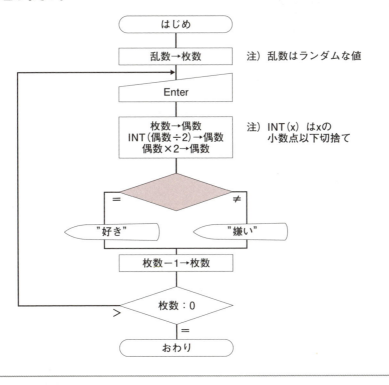

解説

値が奇数か偶数かを判定する方法は、よく知られたアルゴリズムがいくつかあります。この流れ図は、2で割って余りがなければ偶数、という方法で判定しています。

例えば、7を判定してみましょう。

7÷2＝3.5、INT(3.5)→3、3×2＝6、7≠6なので余りがあり、奇数です。

CASL ⅡやC言語のようにビット間の論理演算ができるプログラム言語なら、最下位ビットに1があるかどうかを論理積（AND）で調べる方法もあります。

【解答】 枚数：偶数

LESSON 4

合計計算

1から10まで足すといくつ？

いきなり穴埋め問題に挑戦だ！

整数の1から10までを合計するといくらでしょうか？

> 1＋2＋3＋4＋5＋6＋7＋8＋9＋10
> 時間さえあれば、できますよ。えーっと…

中学生のときに、次のようにして計算する方法を教えてもらいませんでしたか？
(1＋9)＋(2＋8)＋(3＋7)＋(4＋6)＋5＋10＝55
さて、次の流れ図は、単純に1から順に加えて、10までの合計を求めるものです。

練習問題

次の流れ図は、1から10までの合計を求めるものである。流れ図中の色網をかけた空欄を埋めなさい。

(1)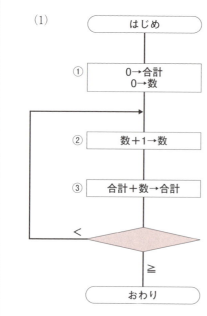

(2)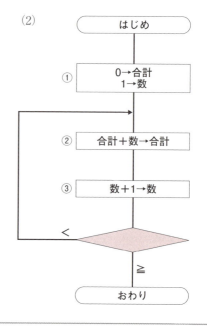

42　第1章　アルゴリズム入門

解説

この問題は、空欄が判断記号なので、比較条件を入れることがわかります。

合計は55なので、55になったら終わればいいんです。
(1)も(2)も「合計：55」です。簡単すぎますよ。

えっ？　一応、それでも、正しい答で終わるんですね（苦笑）。

この流れ図は、1から10までの合計を求めるのですから、55を条件に使ってはいけません。55がわかっていたら、合計を求める意味がないですよね。

はじめに0を代入している「合計」に、1から10までを足していくはずです。どちらの流れ図も「合計＋数→合計」で、合計に数を足しているので、ここの数が1から10まで変化するようにします。

(1)は、数＝10で終わればいいので、空欄は「数：10」です。

(2)は、②で数の10が足されると③で数が1増えます。数≦10の間繰り返せばいいわけですが、「＜」のときに繰り返しているので、数＜11の間繰り返すようにします。したがって、空欄は「数：11」になります。

答はわかりましたが、確認のために流れ図をトレースしてみましょう。

	数	合計
①	0	0
②	1	0
③	1	1
②	2	1
③	2	3
②	3	3
③	3	6
②	4	6
③	4	10
②	5	10
③	5	15
②	6	15
③	6	21
②	7	21
③	7	28
②	8	28
③	8	36
②	9	36
③	9	45
②	10	45
③	10	55

数は0から始まる
合計が55になった。数が10になったら、終わり

	数	合計
①	1	0
②	1	1
③	2	1
②	2	3
③	3	3
②	3	6
③	4	6
②	4	10
③	5	10
②	5	15
③	6	15
②	6	21
③	7	21
②	7	28
③	8	28
②	8	36
③	9	36
②	9	45
③	10	45
②	10	55
③	11	55

数は1から始まる
合計が55になった
数が11になったら終わり

【解答】　(1) 数：10　(2) 数：11

前から足しても、後から足しても同じ

> 1から10までの合計は、10から足していってもいいんですか？
> OKなら、それも教えてください。

次の流れ図は、10＋9＋8＋7＋6＋5＋4＋3＋2＋1の順で計算しています。

練習問題

次の流れ図は、1から10までの合計を求めるものである。流れ図中の色網をかけた空欄を埋めなさい。

(1)
- はじめ
- ① 0→合計　10→数
- ② 合計＋数→合計
- ③ （空欄）
- 数：0　＞ / ≦
- おわり

(2)
- はじめ
- ① 10→数　数→合計
- 数：1　＞ / ≦
- ② (a)
- ③ (b)
- おわり

解説

(1) 数の初期値が10で、1ずつ減らしていくので、「数－1→数」です。

(2) 数の初期値が10で、数を合計に代入しています。②と③では、合計に9から1までを加える必要があります。(a)「合計＋数→合計」、(b)「数－1→数」とすると、10を加えてしまうので、先に数を減らさなければなりません。

【解答】　(1) 数－1→数　(2) (a)数－1→数　(b)合計＋数→合計

得点の合計を求めよう

次の流れ図は、キーボードから入力した金額の合計を求めています。自動販売機で、投入された硬貨の合計を求める流れ図と似ています。

練習問題

次の流れ図は、キーボードから入力された金額の合計金額を求めるものである。金額の入力が終わったら-1を入力すると、合計金額が表示される。
なお、入力エラーはないものとする。次のような金額が入力されたときのトレース表を埋めなさい。

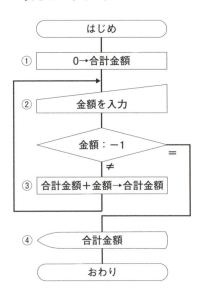

・入力データ
1回目	100
2回目	300
3回目	200
おわり	-1

・トレース表
	金額	合計金額
①		

解説

②の手操作入力（金額を入力）で、1回目は100が金額に入力され、2回目は300、3回目は200が入力されます。
1回目：合計金額＋金額→合計金額
　　　　0　　　＋100→100
2回目：100　　＋300→400
3回目：400　　＋200→600
4回目：-1が入力され、④に進み合計金額を表示。

【解答】
	金額	合計金額
①	?	0
②	100	0
③	100	100
②	300	100
③	300	400
②	200	400
③	200	600
②	-1	600
④	-1	600

合計計算 | 45

LESSON 5
ループ端記号

はさまれた部分を繰り返す

ぐるぐる回るループ記号

1から10までの合計を求めたり、金額の合計を求めたりする場合、同じところを必要な回数だけ繰り返しました。このような繰返し構造を**ループ**と呼び、**ループ端記号**を使って書くことができます。

ループ端記号

記号	名称	説明
ループ始端 （ループ名） （ループ名） ループ終端	ループ端	・同じループ名をもつループ始端とループ終端からなり、1つのループを表す。 ・ループ端のどちらかにループの終了条件などを記入する。 ・試験では、ループ始端に、初期化、増分、終値を記入したものが多い。

ループ端記号は、流れ図の中で、ループ始端とループ終端の間の処理を繰り返すときに用います。始端と終端には必ず同じループ名をつけて、どの始端と終端のセットになっているかがわかるようにします。この始端と終端のセットを、略してループ記号と呼ぶことも多いです。

終了条件って何ですか？
午前の過去問題を解きましたけど、見かけなかったような。

ループ端記号は、ループ始端とループ終端の間にある処理を繰り返します。**終了条件**は、どういう条件で繰り返しをやめてループを終了するのかという条件です。
終了条件をループ始端に書いた**前判定型ループ**と、ループ終端に書いた**後判定型ループ**があります。

46 | 第1章 アルゴリズム入門

前判定型ループと後判定型ループ

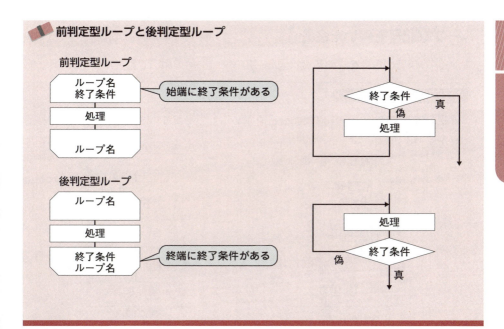

 前判定だけじゃなくて、後判定がある理由は何ですか？

　前判定型ループは、ループの前で終了条件を判定するので、その時点で終了条件を満たしていれば、**1回も処理を実行しない**ことがあります。これに対して、後判定型ループは、ループの後で終了条件を判定するので、**必ず1回は処理を実行**します。

　ループ端記号は、試験ではループ始端に変数、初期値、増分、終値を書いて、**定回数型ループ**を表すために用いられることが多いです。

定回数型ループの例

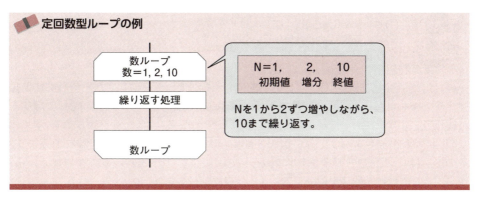

ループ端記号を用いた合計

1から10までの合計を求める流れ図を、ループ端記号を用いて書きました。

練習問題

次の流れ図は、1から10までの合計を求めるものである。流れ図中の色網をかけた空欄を埋めなさい。

(1)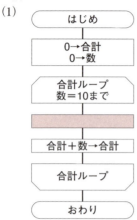

(2)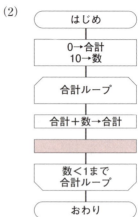

簡単な問題だけど、これがループ端記号を用いたループ処理の基本形だよ。

解説

(1)は、数を0から増やしていくはずです。
(2)は、数を10から減らしていくはずです。

そうですね。

(1)は、前判定型ループです。数の初期値が0なので、1増やしてから合計に加えます。その後も「数＋1→数」で数を1ずつ増やして、終了条件の「数＝10」になるまで繰り返します。

(2)は、後判定型ループです。数の初期値が10なので、まず合計に数を加えます。その後、「数－1→数」で数を1ずつ減らしていくはずです。数＝1の1まで加えたら、次の数＝0になり、終了条件の「数＜1」が真になります。

【解答】 (1) 数＋1→数　(2) 数－1→数

ループの前で最初の1件を入力する方法がある

　入力された金額を合計する流れ図を、45ページで説明しました。－1が入力されたら終わります。この流れ図をそのままループ端記号を用いて書くと(1)の後判定型ループになります。ところが、ループの前で1件目を入力するようにすると(2)の前判定型ループにできます。事務処理のアルゴリズムで、よく用いられる方法です。

ループの前で最初の1件目を入力する流れ図

　(2)は、ループの中の判断記号がないので、ループ始端の終了条件「金額＝－1」を判断するだけです。例えば、10万回入力するような場合、(1)は20万回、(2)は10万回の比較が行われますから、その違いは明らかです。

　(2)を45ページの例でトレースすると、①で1件目の100が入力され、②で合計金額100、③で2件目の300が入力され、②で合計金額400、③で200が入力され、②で合計金額が600、③で－1が入力され終了条件を満たすのでループを抜けます。

LESSON 6

配列の合計

タンスのような配列

引き出しが集まったタンス

基子さんは、タンスをお持ちですか？

いいえ。引っ越ししやすいように、衣装ケースを使ってます。結婚するときは、父が婚礼タンスを買ってくれるそうです

　最近は、タンスを使わない人が多いようですね。でも、タンスを見たことがない人は、いませんよね。皆さんのお父さんやお母さんは、タンスを使っていませんでしたか？タンスを一言で説明すると、引き出しが集まったものです。
　変数は1つの値を入れておくことができました。いわば引き出しです。今回学ぶ**配列**は、変数が集まったタンスのようなものです。

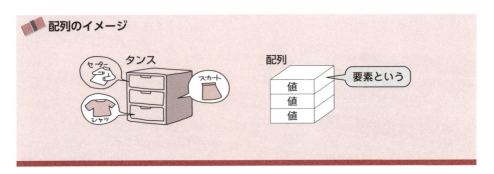
配列のイメージ

　変数や配列には、自由な名前をつけることができます。自由といっても、プログラムですから、プログラム言語が許している文字で表すことができるものだけです。
　配列を構成する1つの箱を**要素**と呼びます。各要素には、値を1つ記憶することができます。使用するプログラム言語によって、変数や配列の要素は、

・整数値を記憶するもの　　　　　　　　　　例）　123、9801
・実数値（浮動小数点）を記憶するもの　　　例）　3.141592
・文字を記憶するもの　　　　　　　　　　　例）　A、あ
・文字列を記憶するもの　　　　　　　　　　例）　うかる！基本情報技術者

などがあります。

添字で要素を指定する

特に説明がない限り、流れ図では、整数値を記憶できると考えておけばいいでしょう。試験では、文字を1文字だけ記憶できる配列もよく登場しますが、その際は説明があります。

タンスの場合、「3番目の引き出し」というようにして、どの引き出しかを指定することができます。配列では、配列名の後に、**[ ]**や**( )**で添字をつけて、何番目の要素であるかを示します。

配列の表し方

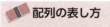

配列名[添字]

配列名(添字)

得点[1]	80
得点[2]	100
得点[3]	70

例1)　得点[2]　……　値は、100
例2)　3→変数
　　　得点[変数]　……　得点[3]の意味で値は、70

プログラム言語によって、添字が0から始まる配列、1から始まる配列、任意の値から始まる配列などを使用できます。午後の問題では、添字が0から始まるか、1から始まるかが、問題文で明示されています。例えば、C言語などを使用した経験から、「0から始まる」と思い込んでいると失敗しますので気を付けてください。

例1)のように、添字に定数を用いて、例えば「得点[2]」と書くこともできますが、ほとんどの場合は、例2)のように変数を書きます。

　　[ ]と( )って、どちらか1つの書き方にならないんですか？

実は、プログラム言語によって違うのです。コンピュータが使われ出した頃から商用言語として成功したFortranやCOBOL、Basicなどは、配列の添字を表すのに( )を用います。その後に出てきたC言語やJavaは、[ ]を用います。最近の試験では、C言語の影響から、[ ]が使われることが多くなっていますので、この集中ゼミでは[ ]を用います。しかし、例えば、令和元年秋期試験・午前問1のように、( )も用いられています。どちらが使われても、配列だということがわかれば大丈夫です。

配列の合計と平均を求めよう

「得点」という配列に記憶されている得点を合計して、合計点と平均点を求める流れ図を書いてみました。INT(x)は、xの小数点以下を切り捨てます。

ぜひ、自分でトレースしてみてください。

合計点と平均点を求める流れ図

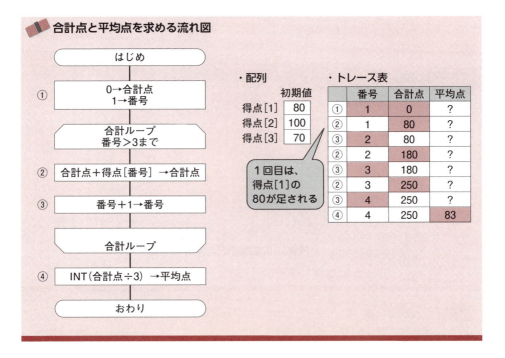

①で番号を1にし、合計ループの始端と終端の間にある③で番号を1ずつ増やしながら、終了条件の「番号＞3まで」繰り返します。これが基本的なループのパターンです。このパターンの中に②の「合計点＋得点［番号］→合計点」が組み込まれています。

②の1回目は、「合計点＋得点［1］→合計点」の意味で、合計点に得点［1］の80を足すんですね。

そのとおりです。配列の添字に番号という変数を用いて、番号を1ずつ増やすことで、1回目は得点［1］の80を、2回目は得点［2］の100を、3回目は得点［3］の70を合計点に加えることができます。そして、③で、番号が4になると、合計ループの終了条件が成立します。

52 | 第1章 アルゴリズム入門

練習問題

次の流れ図は、80点以上の得点を取った者の人数を求め表示するものである。全体の人数は5人で、配列の得点[1]〜得点[5]に得点があらかじめ設定してある。流れ図の①〜④を追跡して、トレース表を埋めなさい。

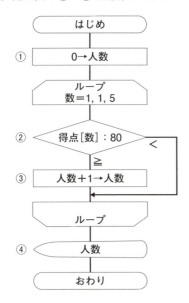

・配列

	設定値
得点[1]	80
得点[2]	79
得点[3]	81
得点[4]	70
得点[5]	100

・トレース表

	数	得点[数]	人数
①			

注）ループ始端は、「変数＝初期値, 増分, 終値」である。

解説

数を1〜5まで変化させることで、得点[1]〜得点[5]を順に参照できることがわかれば簡単ですね。得点[数]が80点以上のときだけ人数を増やします。

【解答】

	数	得点[数]	人数
①	?	?	0
②	1	80	0
③	1	80	1
②	2	79	1
②	3	81	1
③	3	81	2
②	4	70	2
②	5	100	2
③	5	100	3
④	5	100	3

具体的な値でトレースする練習を積むと、プログラミングセンスが身についてくるよ。

はーい

配列の合計

LESSON 7

最大値と最小値

落とし穴を仕掛けたよ

最高点は何点だ？

　得点という配列に設定されている得点の中で最高点を探し出して表示する流れ図を考えてみましょう。1回比較するごとに、その時点までの最高点を記憶しておくために、最高点という変数を用いています。

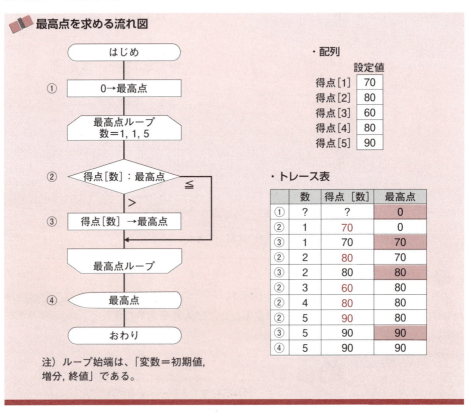

■ 最高点を求める流れ図

注）ループ始端は、「変数＝初期値, 増分, 終値」である。

　②で、それまでの最高点と比較し、得点［数］が大きいときには、③でこの値を最高点に代入します。必ず、トレース表を確認してください。

最大値、最小値問題の落とし穴

前のページの最高点の流れ図を、最低点を求める流れ図に変更してください。どこを変更すればいいかわかりますか？

②の「>」を「<」にしちゃえば、得点[数]が小さいときに代入されますよ。「最高点」を「最低点」に変えれば完璧です。

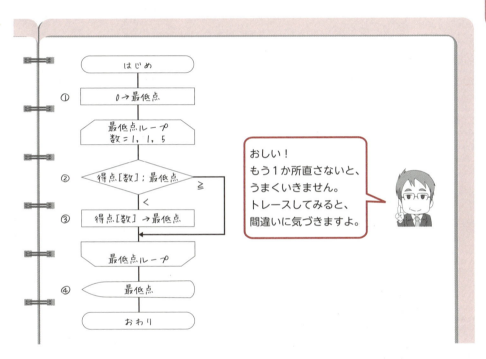

おしい！
もう1か所直さないと、うまくいきません。
トレースしてみると、間違いに気づきますよ。

　トレースすると、最低点は0のままで、1回も変更されませんね。なぜなら、①で最低点に0を設定しているので、それよりも低い点数が現れないからです。

　100点満点のテストの場合は、最低点に101点など、100点以上の大きな値を設定しておけば、入れ替えが起こり、正しい最低点を求めることができます。

　最高点や最低点を求める流れ図は、データの中の最大値や最小値を求めるアルゴリズムです。基本中の基本で、いろいろなアルゴリズムで部分的に使われたりします。

　実は、最大値と最小値の流れ図には、初心者が陥りやすい落とし穴があります。次の問題が解けますか？

練習問題

次の流れ図(1)と(2)の処理内容を解答群から選びなさい。
配列A[n]（ただし、nは1～100）には、任意の数値があらかじめ設定されている。

(1)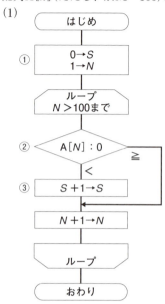

(2)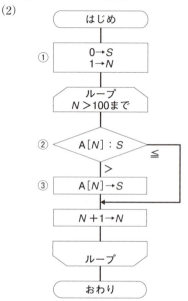

(1)の解答群
ア　100個の数値の合計
イ　100個の数値の個数
ウ　100個の数値中の正の数値の合計
エ　100個の数値中の正の数値の個数
オ　100個の数値中の負の数値の合計
カ　100個の数値中の負の数値の個数

(2)の解答群
ア　100個の数値中の最大値
イ　100個の数値中の最小値
ウ　0か100個の数値中の最大値
エ　0か100個の数値中の最小値
オ　100個の数値中の最大値の個数
カ　100個の数値中の最小値の個数

「任意の数値」とは、「自由な数値」という意味で、どんな数値が設定されていても正しく求めることができる処理内容を答えなければならないよ。

解説

どちらの流れ図も、変数SとN、配列Aが使われています。Nは配列の添字として使われていて、1ずつ増やしてN＞100まで繰り返しているので、A[1]～A[100]までを順に参照していることがわかります。

まず、(1)から考えましょう。

A[N]が0より小さいときに③でSを1増やしているので、Sは負の数値の個数になるんでは？ カですか？

正解。A[N]と0を比較し、0よりも小さいときに、Sを1つ増やして、負の数値の個数を求めています。

100件では多すぎるので、次のような5件のデータでトレースして、確認しておきましょう。

A[1]	10
A[2]	−5
A[3]	0
A[4]	8
A[5]	−8

	N	A[N]	S
①	1	?	0
②	1	10	0
②	2	−5	0
③	2	−5	1
②	3	0	1
②	4	8	1
②	5	−8	1
③	5	−8	2

次に、(2)を考えましょう。

A[N]＞Sのとき、③でSにA[N]を代入しているので、Sは最大値になるんでは？ アですか？

残念。不正解。最大値だとわかったところまでは偉いですよ。この問題は、9割以上の人が間違います。ちょっと意地悪ですが、一度間違って、しっかり覚えてもらうために出した問題です。

次の2つの例でトレースしてみましょう。

・例1

A[1]	3
A[2]	−5
A[3]	0
A[4]	8
A[5]	−3

	N	A[N]	S
①	1	?	0
②	1	3	0
③	1	3	3
②	2	−5	3
②	3	0	3
②	4	8	3
③	4	8	8
②	5	−3	8

・例2

A[1]	−3
A[2]	−5
A[3]	−4
A[4]	−9
A[5]	−8

	N	A[N]	S
①	1	?	0
②	1	−3	0
②	2	−5	0
②	3	−4	0
②	4	−9	0
②	5	−8	0

配列Aには「任意の数値」が設定されているので、例2のように全て負の数値が設定されているかもしれません。この場合には最大値ではなく、Sは0になります。

全て負の数値でも、最大値を求めることができるようにするにはどうすればいいでしょうか？ 考えてみてください。第3章で詳しく説明します。

【解答】 (1) カ (2) ウ

最大値と最小値 | 57

LESSON 8

2次元配列と多重ループ

行と列で要素を指定する

コインロッカーのような2次元配列

タンスのように引き出しが1列に並んだ配列を **1次元配列** といいます。タンスで「3番目の引き出し」と指定するように、1次元配列は、例えば、A[3]というように添字で要素を指定することができました。

コインロッカーのように、縦にも横にも箱が並んでいるものがあります。このような構造の配列を、**2次元配列** といいます。

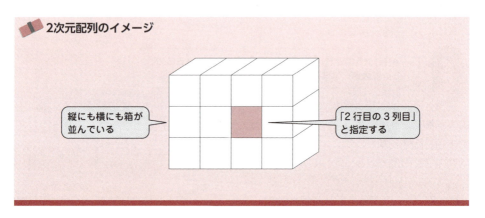
2次元配列のイメージ

2次元配列の要素を指定するには、何行目、何列目かを示す必要があるので添字が2つ必要になります。次のような表現が用いられます。この集中ゼミでは、過去問題での使用例がある配列[行,列]を用います。

2次元配列の添字

添字が1から始まる場合、例えば、3行4列の2次元配列Aの各要素は、次の図のように並んでいます。2つの添字を指定することで、要素を特定できます。

3行4列の2次元配列

	1	2	3	4
1	A[1,1]	A[1,2]	A[1,3]	A[1,4]
2	A[2,1]	A[2,2]	A[2,3]	A[2,4]
3	A[3,1]	A[3,2]	A[3,3]	A[3,4]

行 ↓　列 →

例）

	A[行,1]	A[行,2]	A[行,3]	A[行,4]
A[1, 列]	50	90	60	30
A[2, 列]	110	10	120	70
A[3, 列]	20	80	40	100

　2次元配列Aに、上の例のような数値が設定されているとき、次の値はいくらでしょうか？　①　A[3, 3]　②　A[1, 2]　③　A[3, 4]

> ①は、3行3列目だから40。②は、1行2列目だから90。
> ③は、3行4列目だから100です。

　全問正解です。世の中には、例えば次の成績表や集計表などのように、2次元の表を利用するとわかりやすくなるデータがいろいろあります。2次元配列の応用例は、第3章で詳しく学びます。

2次元配列の利用

出席番号	国語	数学	英語	化学	日本史
1					
2					
3					
4					
5					

2次元配列と多重ループ

2次元配列を集計をしよう

2次元配列の添字にも、変数を指定することができます。行と列の2つの変数を変化させれば、2次元配列の要素の合計を求めることができます。
次の流れ図をノートにトレースしてみましょう。

2次元配列の合計

・2次元配列Aの初期値

	A[行, 1]	A[行, 2]	A[行, 3]	A[行, 4]
A[1, 列]	50	90	60	30
A[2, 列]	110	10	120	70
A[3, 列]	20	80	40	100

・流れ図

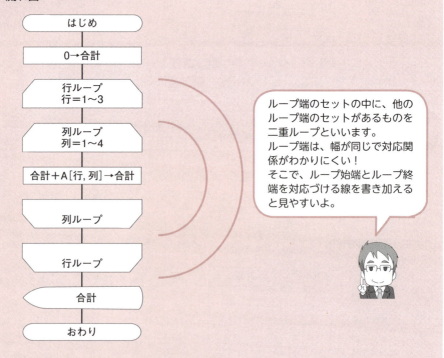

ループ端のセットの中に、他のループ端のセットがあるものを二重ループといいます。
ループ端は、幅が同じで対応関係がわかりにくい！
そこで、ループ始端とループ終端を対応づける線を書き加えると見やすいよ。

注）ループ始端の「変数＝初期値〜終値」は、変数を初期値から1ずつ増やしながら終値まで繰り返す。

> 合計を0にして、行ループに行き、行が最初1になるんですよね。その先のトレースの仕方がわかりません。

まず、合計を0にしますね。

行	列	A[行, 列]	合計
/	/	/	0

2次元配列の全ての要素を参照するために、行と列を変化させる二重のループ構造になるところがポイントです。行ループの行が1のとき、列ループの列は1, 2, 3, 4と変化します。

行	列	A[行, 列]	合計
1	1	50	50
1	2	90	140
1	3	60	200
1	4	30	230

合計＋A[1, 1]→合計
合計＋A[1, 2]→合計
合計＋A[1, 3]→合計
合計＋A[1, 4]→合計

1行目の合計、50＋90＋60＋30＝230を求めることができました。列が4まで行くと列ループを終わり、行ループ始端に戻ります。今度は、行が2で、列ループの列は1, 2, 3, 4と変化します。合計は230になっているので、これに加えていきます。

行	列	A[行, 列]	合計
2	1	110	340
2	2	10	350
2	3	120	470
2	4	70	540

230＋A[2, 1]→合計
合計＋A[2, 2]→合計
合計＋A[2, 3]→合計
合計＋A[2, 4]→合計

列が4まで行くと列ループを終わり、行ループ始端に戻ります。今度は、行が3で、列ループの列は1, 2, 3, 4と変化します。

行	列	A[行, 列]	合計
3	1	20	560
3	2	80	640
3	3	40	680
3	4	100	780

540＋A[3, 1]→合計
合計＋A[3, 2]→合計
合計＋A[3, 3]→合計
合計＋A[3, 4]→合計

この二重ループを理解できれば、第3章のアルゴリズムが楽しくなりますよ。

LESSON 9

データ記号とファイルの入出力

ハードディスクからデータを読む

データ記号は、どの媒体にでも使える

データ記号は、あらゆる媒体上のデータを表します。通常は、ハードディスク（磁気ディスク装置）への<u>ファイルの入出力</u>に用いることが多いです。

データ記号

記号	名称	説明
	データ	・媒体を指定しないデータを表す ・通常、ハードディスク上のファイルを読み書きするときに使用する

　この集中ゼミでは、手操作入力や表示などの個別データ記号を用いていますが、JISに厳密に従えば、プログラム流れ図では、このデータ記号を用います。つまり、キーボードから入力する場合にも、ディスプレイやプリンタに出力する場合にも用いることができます。

複数の項目をまとめて扱う

　データは、ファイルという単位で磁気ディスク装置などに保存されます。事務処理などでは、ファイルは**レコード**という単位で入出力され、レコードは項目から構成されています。複数の変数をまとめて扱えると考えておけばいいでしょう。プログラム言語によっては、**構造体**が似たような役割をします。

レコード

ファイルは、オープンとクローズが必要だ

ファイルからレコードを入出力する場合、最初にファイルをプログラムに関連付け、最後にプログラムから解放（関連付けを解く）するための操作が必要になります。

ファイルに対して、入出力は、次の手順で行います。

ファイルのオープンとクローズ

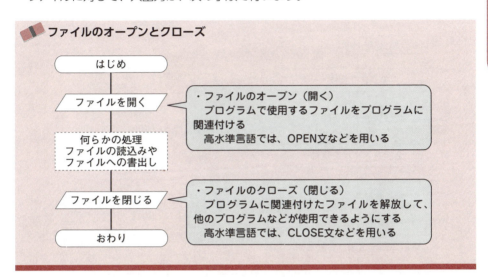

本を読むときに、①本を開く、②本を読む、③本を閉じる、という手順をとるように、ファイルを読むときには、①ファイルを開く、②ファイルを読む、③ファイルを閉じる、という手順が必要なんですね。

 本は、最後のページまで読んだってわかるけど、ファイルは最後まで読んだってわかるんですか？

45ページで、キーボードから入力した金額を合計しました。最後には、金額の代わりに－1を入力して、終わりであることを示しました。

ファイルの場合は、最後を示す特殊なレコードを記憶しておく必要はありません。ファイルを最後まで読んで読み込むレコードがなくなったら、プログラムで知ることができます。

プログラム言語によって違いますが、レコードがないときに分岐できるようなものがあります。また、EOF（End Of File）という特殊な変数にレコードがないという意味の値が設定され、EOFを参照することで処理を分岐させることができるものもあります。流れ図では、ループの終了条件を「ファイルの終わりまで」としておけば、ファイルの終わりまで繰り返しレコードを読むという意味になります。

ファイルから読み込んで合計する

　金額ファイルの金額を読み込んで、合計金額を求める流れ図を考えてみましょう。流れ図の③で、合計ループに入る前に金額ファイルから1件目の金額が読み込まれます。

レコードの合計

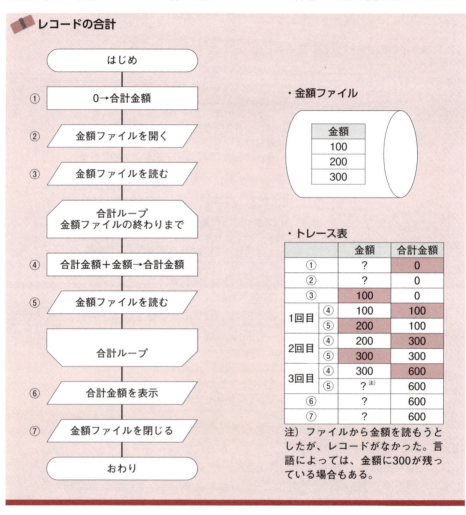

注）ファイルから金額を読もうとしたが、レコードがなかった。言語によっては、金額に300が残っている場合もある。

　③で、ファイルを読むので、③の金額が100になっていますね。
　④で、0＋100を計算するので、合計金額が100です。

　そのとおり。そして、⑤で次の200を金額に読み込みます。合計ループの終了条件をみると「金額ファイルの終わりまで」、④と⑤を繰り返します。

データがレコードの各項目に読み込まれる

　ファイルから1つのレコードが読み込まれます。複数の項目からなるレコードは、各項目にデータが設定されます。次の例では、①で販売ファイルを読んだときに1件目のレモンのレコードが読み込まれ、商品名、単価、数量にデータが設定されます。②で、100×100で売上金額を計算し、1万円以上なので③で売上レコードを出力します。売上レコードを構成する売上商品名と売上金額がファイルに書き込まれます。
　④で、2件目のりんごのレコードが読み込まれ、②で200×30で売上金額を計算しますが、1万円未満なので出力せずに④に行きます。

データの抽出と出力を行う流れ図

LESSON 10
定義済み処理記号

何度も使えるサブルーチン！

同じ流れ図を繰返し使う

　プログラムは、再利用したほうが断然お得です。最も簡単なのは、似たような処理をまとめて、

サブルーチン ← 何らかの処理を行う命令群の集合。複数の場所から呼び出して使用できる

にすることです。
　第4章で説明しますが、**副プログラム**や**手続き**（**プロシージャ**）も、似たような意味で用いられます。サブルーチンや手続きを使うことを「○○○を呼ぶ」という言い方をします。流れ図では、サブルーチンや手続きを呼ぶときに、次の**定義済み処理記号**を用います。

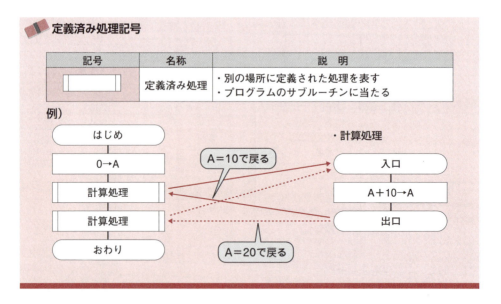

　例では計算処理の流れ図が別の場所に定義してあります。定義済み処理の流れ図の端子記号は、処理の始めや終わりではないので、一般に「入口」、「出口」などを書きます。
　変数Aに0を設定して、計算処理を呼ぶと、Aに10が足されてA＝10で戻ってきます。もう一度、計算処理を呼ぶと、Aに10が足されA＝20で戻ってきます。

練習問題

次の流れ図をトレースして、トレース表を埋めなさい。

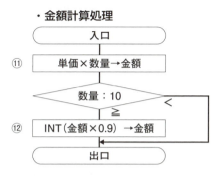

・トレース表

	単価	数量	金額	合計金額
①				

解説

定義済み処理記号が3回使われていて、②、④、⑥で単価と数量を設定してから、金額計算処理を呼び出しています。

金額計算処理の流れ図は、右側に定義されています。⑪の単価×数量で金額を求め、数量が10個以上のときは、⑫で1割引きにする処理を行っています。

【解答】

	単価	数量	金額	合計金額
①	?	?	?	0
②	100	5	?	0
⑪	100	5	500	0
③	100	5	500	500
④	200	10	500	500
⑪	200	10	2000	500
⑫	200	10	1800	500
⑤	200	10	1800	2300
⑥	100	15	1800	2300
⑪	100	15	1500	2300
⑫	100	15	1350	2300
⑦	100	15	1350	3650
⑧	100	15	1350	4015

再利用しやすく作ることが大切だが、簡単ではない

サブルーチン（定義済み処理）を作っておけば、必要なときに何度でも使うことができます。もちろん、再利用しやすいように作っておかなければなりません。

どうすれば、再利用しやすくなりますか？

簡単に説明するのは難しいですね。まだ、習い始めですので、イメージを伝えておきます。例えば、先の金額計算処理も、もしも「単価×5→金額」という計算式だったら、数量が5個のときにしか利用できません。「単価×数量→金額」なら、単価も数量も制限なく利用できます。

判断記号の中で「数量：10」としているので、20個以上買ったら1割引きにする処理はできません。もしも「数量：割引数量」にして割引になる数量を割引数量に設定すれば、再利用しやすくなるでしょう。しかし、常に「10個以上」の条件しか使わないなら、そのままでいいはずです。一般に、再利用しやすく作ろうとすると、処理が複雑になったり、作成工数が増えたりすることが多いものです。

処理に名前をつけるとわかりやすくなる

サブルーチンは、再利用することが目的ではなく、長いプログラムを分割して、プログラムをわかりやすくするためにも用いられます。たとえ1回しか使用しなくても、サブルーチンにして名前をつければ、見通しの良いプログラムになります。穴埋め問題にはあまり関係がありませんが、とても重要なことです。ここでは、事務処理のプログラムでよく用いられる分割の例を示します。64ページの流れ図を、定義済み処理で分割したのが、次ページの流れ図です。

定義済み処理の流れ図の端子には、「入口」ではなく、右の流れ図のように定義済み処理の名前を書くこともあります。

ここでは、次のように名前をつけて分割しています。
・前処理：最初に1回だけ行う処理。
・主処理：繰り返し行う処理。
・後処理：最後に1回だけ行う処理。

この流れ図は、もともと単純なものなのでピンと来ないかもしれません。前処理や主処理に何十行か書かれているような複雑なプログラムでは、分割することで考える範囲を小さくでき、例えば、主処理がどのような条件で繰り返されているかなど、制御の流れがよくわかり見通しの良いプログラムになります。

定義済み処理で分割した流れ図

```
     はじめ                      前処理
      │                          │
    前処理                   0→合計金額
      │                          │
  主処理のループ            金額ファイルを開く
 金額ファイルの終わりまで         │
      │                   金額ファイルを読む
    主処理                        │
      │                         出口
  主処理のループ
      │                        主処理
    後処理                        │
      │                  合計金額＋金額→合計金額
    おわり                        │
                          金額ファイルを読む
                                  │
                                 出口

                               後処理
                                  │
                            合計金額を表示
                                  │
                            金額ファイルを閉じる
                                  │
                                 出口
```

COBOLのプログラムは、こんなパターンが多いね

COBOLって事務処理用の古い言語って聞きました。もう使われていないんじゃ？

　COBOLで動いている基幹システムは、今でもありますよ。最近は、オブジェクト指向COBOLとか、Webとの連携ができるとか、新しい機能をもったCOBOLもあります。ただし、令和2年の試験からCOBOLの出題は廃止されました。

　学生さんが新しく学ぶなら、C言語から始めるのがいいですね。午後のプログラム言語で、表計算を選択される社会人の方は、マイクロソフト社から無料で提供されているVisual Basicを使ってみると、アルゴリズムを楽しく学べると思います。

定義済み処理記号

LESSON 11

練習問題

午前の問題で、軽く肩ならし！

1からNまでの合計を求める

　第1章のまとめとして、午前試験で出題された流れ図の問題をいくつか解いておきましょう。

練習問題

　問　次の流れ図は、1からNまでの総和（$1+2+3+……+N$）を求め、結果を変数Xに入れるアルゴリズムを示している。流れ図中の(1)に入れるべき適切な式はどれか。

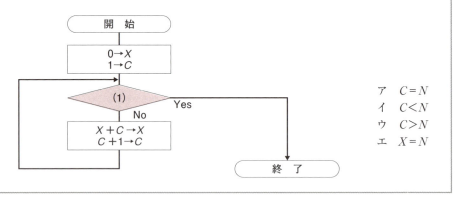

ア　$C = N$
イ　$C < N$
ウ　$C > N$
エ　$X = N$

解説

　1から10までの合計を求める流れ図を習ったので、Nを10で考えると簡単そうですね。

　10でもいいですが、3ぐらいでいいと思いますよ。1＋2＋3＝6ですね。総和の結果をXに入れるので、「X＋C→X」に注目します。このCが、1、2、3と変化すればいいので、C＝3をXに足して、次の行の「C＋1→C」で4になったところで終了すればいいことになります。Nを3で考えたので、C＞Nのときに終了です。

【解答】　ウ

トレース問題は面倒がらずにトレースする

aとbに適当な整数を設定して面倒がらずにトレースしましょう。

練習問題

問 a, bを整数とする。次の流れ図によって表されるアルゴリズムを実行した後、a, bの値に無関係に成り立つ条件はどれか。

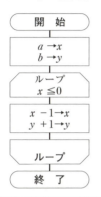

ア　$x = 0$　かつ　$y = a + b$
イ　$x = a$　かつ　$y = b$
ウ　$x + y = a + b$
エ　$x - a = y - b$

解説

ループの終了条件が「x ≦ 0」です。aをxに代入しているので、aが0か負の数の場合は、ループが1回も実行されません。

では、aが正の数のときは、どうなりますか？

a＝2、b＝5でトレースしてみました。
ウで合ってますか？

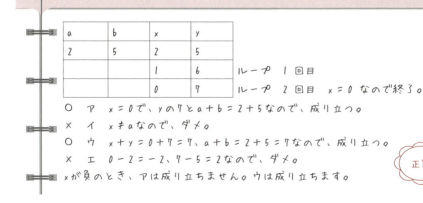

【解答】　ウ

いろいろなループの書き方で出題される

練習問題

問 次の2つの流れ図が示すアルゴリズムは、終了時にAが同じ値になる。流れ図中の(1)に入れるべき適切な式はどれか。

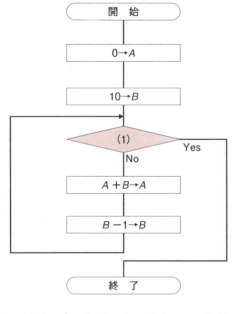
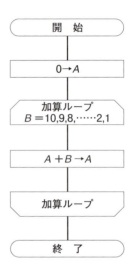

ア $A>B$　イ $A<0$　ウ $B>0$　エ $B \leqq 0$

解説

> この加算ループは、どれが初期値で、どれが増分なんですか？
> こんなの習ってません！

　説明なしに、このようなループの書き方で出題された問題が、過去に数回あります。右側の流れ図の加算ループは、Bを10、9、8、…と1ずつ引きながら1まで繰り返すという意味です。したがって、Aには10から1までを合計しています。

　左側の流れ図で、最後に「A＋B→A」でAに1を加えると、その下でBから1引きます。Bが0になったらYesに進んで終了するのは、エの「B≦0」です。

【解答】エ

72　第1章 アルゴリズム入門

10進数を2進数に変換するには？

10進数を2で割って余りを求め、2進数に変換する方法がありました。

練習問題　動画

問 次の流れ図は、10進整数 j（$0 < j < 100$）を8桁の2進数に変換する処理を表している。2進数は下位桁から順に、配列の要素 NISHIN(1) から NISHIN(8) に格納される。流れ図の (1) 及び (2) に入れる処理はどれか。ここで、「j div 2」は j を2で割った商の整数部分を、「j mod 2」は j を2で割った余りを表す。

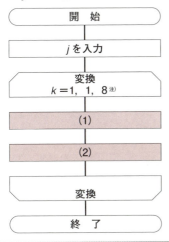

	(1)	(2)
ア	$j \leftarrow j$ div 2	NISHIN(k) $\leftarrow j$ mod 2
イ	$j \leftarrow j$ mod 2	NISHIN(k) $\leftarrow j$ div 2
ウ	NISHIN(k) $\leftarrow j$ div 2	$j \leftarrow j$ mod 2
エ	NISHIN(k) $\leftarrow j$ mod 2	$j \leftarrow j$ div 2

注）ループ端の繰り返し指定は、
変数名＝初期値，増分，終値を示す。

解説

あれ？　矢印が左向きで、配列の添字が丸い括弧ですね。古い問題ですか？

令和元年秋期試験の午前問1です。矢印が左向きなので、右の値を左の変数に代入します。51ページで説明したように、添字を ( ) で表すこともあります。

例えば、jに入力された10進数を12として、2進数を求めてみましょう。

　12÷2の商＝6　　　余り＝0
　　6÷2の商＝3　　　余り＝0
　　3÷2の商＝1　　　余り＝1
　　1÷2の商＝0　　　余り＝1

2進数は、余りを下から書き並べて、1100になります。最下位のけたをNISHIN(1)に入れるので、空欄(1)でjを2で割った余りをNISHIN(k)に入れます。空欄(2)で商を求めてjに設定し、kが8になるまで空欄(1)(2)を繰り返します。

【解答】　エ

10進数の小数を2進数に変換

10進数の小数に2を掛けて整数部を取り出すと、2進数に変換できます。

練習問題

問 基数変換に関する流れ図中の(1)に入れるべき適切な式はどれか。

流れ図は実数Rの値（ここで、0＜R＜1.0）をN進数として表現したときの小数点以下第1位の値をK(1)に、第2位の値をK(2)に、第m位の値をK(m)に格納する処理を示したものである。第m＋1位以下は無視する。

なお、R、mにはあらかじめ値が設定されているものとする。また、$[X]$はXを超えない最大の整数を示す。

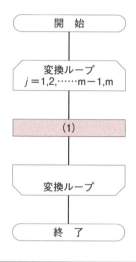

ア $[R \times N] \to K(j)$
　　$R \times N - K(j) \to R$
イ $[R \times N] \to K(j)$
　　$R \times N \to R$
ウ $R - [R/N] \times N \to K(j)$
　　$(R - K(j))/N \to R$
エ $R - [R/N] \times N \to K(j)$
　　$R - K(j) \to R$

解説

配列の添字に( )が使われています。
例えば、実数Rを10進数の0.625、N＝2で2進数に変換するとします。
10進数の小数を2進数に変換するには、2をかけて整数部を取り出していきます。

0.625×2＝1.25　　整数部　1　｜　小数部　0.25
0.25　×2＝0.5　　 整数部　0　｜　小数部　0.5
0.5　 ×2＝1.0　　 整数部　1　｜　小数部　0

整数部を上から書き並べると、0.101。

2を掛けて整数部をK(j)に取り出しているのが、アとイ。その後、N倍したものから整数部を引いて、小数部だけを取り出しているのがアです。

【解答】 ア

74　第1章　アルゴリズム入門

第1章で学んだこと

第1章 アルゴリズム入門

◾ 流れ図記号

記号	名称	説明
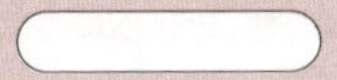	端子	・流れ図の始めと終わり、サブルーチンの入口と出口などを示す。
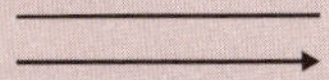	線	・制御の流れを示す。流れの向きを明示する必要があるときは矢印をつける。
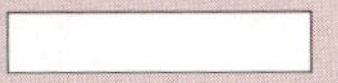	処理	・演算など、あらゆる種類の処理を示す。
	判断	・1つの入口から入り、条件を評価して、複数の出口の中の1つを選ぶことを表す。 ・複数の条件式をAND（かつ）やOR（または）などの論理演算子で組み合わせて、1つの条件にすることができる。
ループ始端  ループ名 ループ名 ループ終端	ループ端	・同じループ名をもつループ始端とループ終端からなり、1つのループを表す。 ・ループ端のどちらかにループの**終了条件**などを記入する。 ・試験では、ループ始端に、**初期化**、**増分**、**終値**を記入したものが多い。
	データ	・媒体を指定しないデータを表す。 ・通常、ハードディスク上のファイルを読み書きするときに使用する。
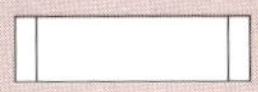	定義済み処理	・別の場所で定義された処理を表す。 ・サブルーチン（副プログラム、手続き）などを呼び出すときに用いる。

第1章で学んだこと　75

配列

- 複数の**要素**（値）をまとめて記憶することができるデータ構造で、1つの要素を**添字**で参照することができる。
- 添字（要素番号）は、0から始まるものや1から始まるものがある。

①**1次元配列**
- 要素が直線に並んでいるイメージで、**配列名[添字]**などで表す。

②**2次元配列**
- 要素が縦横に並んでいるイメージで、**配列名[縦方向の添字, 横方向の添字]**などで表す。

縦横はイメージであり、どちらの添字が縦を示すか、横を示すかはプログラムによります。試験では、問題文をよく読みましょう。

 最大値のアルゴリズム

- 1次元配列の中から最も値が大きな値を探し出す。
- 変数「最大値」に設定する初期値は、データとしてありえない小さな値を設定しておく。配列[1]を初期値にする方法もある。

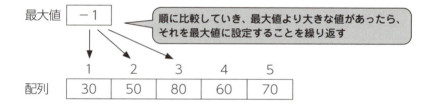

午後の試験問題の擬似言語プログラムの中で、最大値を求めるアルゴリズムが使われていることがあります。

アルゴリズムは暗記科目じゃない。
夢に出てくるくらい、とことん考えるんだ！
自分の頭で考えれば考えるだけ、力がついてくるよ

はーい

第 **2** 章

アルゴリズムの考え方

LESSON1	擬似言語とは
LESSON2	擬似言語のトレース
LESSON3	アルゴリズムを考えよう1
LESSON4	アルゴリズムを考えよう2
LESSON5	アルゴリズムは面白い1
LESSON6	アルゴリズムは面白い2
LESSON7	プログラムの拡張
LESSON8	通算日数の計算
LESSON9	金種計算
LESSON10	金種計算の応用
LESSON11	テーブル操作自由自在
LESSON12	練習問題

LESSON 1 擬似言語とは

流れ図を擬似言語で書いてみよう

擬似言語も流れ図がわかれば簡単だ

午前の試験に出るレベルの流れ図は、理解できるようになりましたか？
午後の試験では、**擬似言語**を用いたプログラムが出題されています。

> 擬似言語の問題は、とっても難しいそうですね。
> "擬似"って、どういう意味ですか？

擬似言語は、Ｃ言語などのプログラム言語に似せた仮想の言語です。試験では、受験者の選択言語に関係なく、アルゴリズム能力を試す必須問題で、アルゴリズムを記述するために用いられています。
次に、同じ処理を流れ図と擬似言語プログラムで書いたものを示しました。

擬似言語プログラムの例

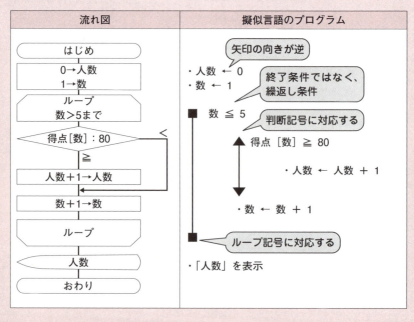

流れ図がわかれば擬似言語のプログラムも意味がわかることに気づかれるでしょう。

ただし、流れ図の「0→人数」が、擬似言語では「人数←0」となるように、代入には<u>左向きの矢印</u>を用います。また、流れ図では、ループ記号に終了条件を書きますが、擬似言語では繰返しを意味する■の後に<u>繰返し条件</u>を書きます。

擬似言語の仕様を確認しよう

擬似言語の仕様は、問題用紙に示されています。ただし、仕様に示されない細かなところは、いつも同じではありません。この集中ゼミでは、学習しやすいように試験の擬似言語の仕様をベースにした上で1つの仕様を定めて進めます。

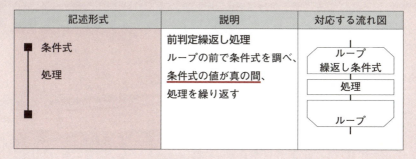

流れ図の判断記号に対応する選択処理は、上向き三角(▲)に条件式を書き、選択処理の終わりに下向き三角(▼)をつけます。条件式が真になるときだけ処理を実行するので**単岐選択処理**といいます。

流れ図のループ記号に対応する繰返し処理は、四角(■)を書き、繰返し処理の範囲を示します。繰返しの条件式を上の■のところに書くと前判定繰返し処理、下の■に書くと後判定繰返し処理になります。

> 代入の矢印や繰返し条件は、どうして流れ図と逆なんですか？
> 出題者は意地悪ですね。

　擬似言語の仕様は、C言語などの多くの高水準言語にあわせたものです。流れ図は、擬似言語よりも何十年も前から出題されていて、その当時、主流のプログラム言語だったCOBOLの影響を受けています。

　擬似言語にあわせて、流れ図も代入には左矢印、ループ記号では繰返し条件を使ってほしいですね。まれに、左向きの矢印が使われた流れ図の問題もあります。

　代入する式では、演算子を使うことができます。演算子の優先順位は、数式と同じで、足し算（＋）よりも掛け算（×）を先に計算します。論理演算子は、Andの代わりに＆などの記号が用いられることもありますが、その際は問題文で説明されます。

本ゼミの擬似言語の仕様：代入文と演算子

代入文	・変数←式	変数に式の値を代入する
算術演算子	＋、－、×、÷	順に、加算、減算、乗算、除算
関係演算子	＝、≠、＜、≦、＞、≧	順に、等号、不等号、小なり、小なり等号、大なり、大なり等号
論理演算子	And、Or、Not	論理積、論理和、否定

　次のように、条件式が真になるとき処理1、偽になるとき処理2を実行する**双岐選択処理**を書くことができます。

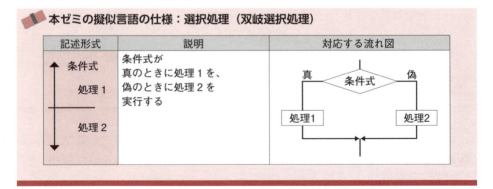

第2章　アルゴリズムの考え方

複雑な選択処理も書くことができる

「**入れ子**」を知ってますか？ もしくは、ロシアのマトリョーシカ人形は？

> 入れ子……？ マトリョーシカ人形は、人形の中にそっくり同じ小さな人形が何個も入っているアレですよね？

マトリョーシカ人形のように、大きな物の中に小さな物を順々に入れていくことを「入れ子」といいます。プログラム言語では、制御文の中に同じ制御文を書くことを入れ子にするといい、例えば、選択処理も入れ子にすることができます。

練習問題

次の擬似言語プログラムを実行したときに表示される料金はいくらか。

- 年齢 ← 20
- 性別 ← 0

① 年齢 ≧ 20
② 性別 = 1
③ ・料金 ← 800
④ ・料金 ← 500
⑤ 年齢 ≧ 0
　・料金 ← 100
⑥ ・「料金」を表示

解説

年齢が20、性別が0です。
①の「年齢 ≧ 20」は真になり、②へ進みます。
②の「性別 = 1」は偽になるので④に進み、料金に500が代入されます。
⑥で500が表示されます。
流れ図は、左に90度回ししたとき擬似言語と対応するようにYesを右にしました。

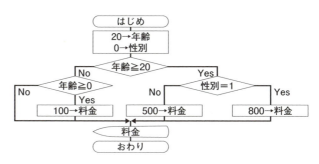

【解答】 500

擬似言語とは | 81

LESSON **2**

擬似言語のトレース

トレースすれば見えてくる

これだけあれば何でも書ける

処理が単に連なったものを連続処理といいます。**連続処理**、**選択処理**、**繰返し処理**の3つを記述できれば、あらゆるプログラムの制御構造を作成できます。したがって、擬似言語で、どんなプログラムでも書くことができます。

繰返し処理は、条件式を下に書くと後判定繰返し処理になります。また、試験の擬似言語の仕様には、「繰返し処理」として、一定回数の繰返しを行う定回数繰返し処理も用意されています。

■ **本ゼミの擬似言語の仕様：繰返し処理**

●繰返し処理(後判定繰返し処理)

記述形式	説明	対応する流れ図
■ 　処理 ■　条件式	後判定繰返し処理 ループの後ろで条件式を調べ、 条件式の値が真の間、 処理を繰り返す	ループ 処理 繰返し条件式 ループ

●繰返し処理(定回数繰返し処理)

記述形式	説明	対応する流れ図
■　変数：初期値，条件式，増分 　処理 ■	繰返し処理 変数に初期値を設定し、条件式の値が真の間、処理を繰り返す。 1回繰り返すごとに変数に増分を加える。 通常、終値まで繰り返す条件式を指定する	ループ 変数=初期値，増分，終値 処理 ループ

---

82 | 第2章 アルゴリズムの考え方

トレースの練習問題で感触をつかもう

ぜひ、ノートにトレースしてみましょう。自分でトレースしていると、頭の中にアルゴリズムを考えることができる思考回路が育っていきます。

練習問題

次の擬似言語プログラムを実行したとき、最終的な数の値はいくらか。

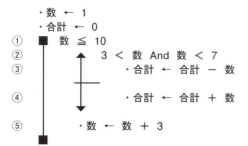

解説

	数	合計	
	1	0	
①	1	0	「数≦10」の条件は真
②	1	0	「3<数 And 数<7」の条件は偽なので④へ進む
④	1	1	合計=0+1
⑤	4	1	数=1+3
①	4	1	「数≦10」の条件は真
②	4	1	「3<数 And 数<7」の条件は真なので③へ進む
③	4	−3	合計=1−4
⑤	7	−3	数=4+3
①	7	−3	「数≦10」の条件は真
②	7	−3	「3<数 And 数<7」の条件は偽なので④へ進む
④	7	4	合計=−3+7
⑤	10	4	数=7+3
①	10	4	「数≦10」の条件は真
②	10	4	「3<数 And 数<7」の条件は偽なので④へ進む
④	10	14	合計=4+10
⑤	13	14	数=10+3
①	13	14	「数≦10」の条件は偽なので繰返し処理を終わる

【解答】 13

練習問題

次の擬似言語プログラムをトレースしなさい。

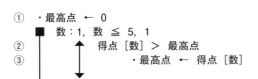

解説

四角(■)は、「数を1から1ずつ増やしながら、5以下の間繰り返す」ってことですね。

そのとおりです。数に初期値の1を設定し、②と③を1回繰り返すごとに増分の1を数に加えます。条件式の「数 ≦ 5」が真の間、つまり、終値が5ということです。簡単にいえば、数を1から5まで1ずつ増やしながら、②と③を繰り返します。

①で「最高点」に0を代入します。

1回目は、「数」が1です。

②は、得点[1]の70と最高点の0を比較することになります。70＞0なので条件式が真になり、③で「得点[1]」の70を「最高点」に代入します。2回目は、「数」が2になります。

実は、このプログラムは、54ページの最高点を求める流れ図とまったく同じ処理を行います。わからないときは、流れ図と見比べてください。

数が5までは「数≦5」が成立して繰り返しますが、数が6になると「数≦5」が偽になり、繰り返し処理をぬけて④に行きます。

【解答】

	数	得点[数]	最高点
①	?	?	0
②	1	70	0
③	1	70	70
②	2	80	70
③	2	80	80
②	3	60	80
②	4	80	80
②	5	90	80
③	5	90	90
④	6		90

84　第2章　アルゴリズムの考え方

練習問題

問1 次の擬似言語プログラムは、1から10までの合計を求めるものである。色網をかけた空欄を埋めなさい。

(1)
- 数 ← 0
- 合計 ← 0

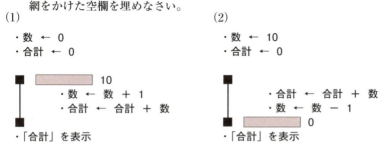

- 「合計」を表示

(2)
- 数 ← 10
- 合計 ← 0

- 「合計」を表示

問2 次の擬似言語プログラムは、2次元配列Aの合計を求めるものである。色網をかけた空欄を埋めなさい。添字は1から始まる。

- 合計 ← 0
- 行 ← 1
- 行 ≦ 3
  - ・
    - ・列 ← 列 + 1
    - ・合計 ← 合計 + A [行, 列]
  - 列 < 4
  - ・行 ← 行 + 1
- 「合計」を表示

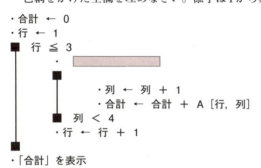

解説

問1

(1) 数の初期値は0ですが、繰返し処理の中で1を加えてから合計に足します。したがって、数が10よりも小さい間は繰り返し、10になったら繰返しをやめるように条件式を設定します。

(2) 数の初期値は10で、繰返し処理の中で合計に加えた後で1を引いていきます。10、9、8、…と繰り返して加えていき、1を加えた後に1を引いて0になったら繰返しをやめるように条件式を設定します。

問2

右の2次元配列でトレースしてみましょう。トレース表は61ページと同じになります。

	A[行, 1]	A[行, 2]	A[行, 3]	A[行, 4]
A[1, 列]	50	90	60	30
A[2, 列]	110	10	120	70
A[3, 列]	20	80	40	100

【解答】 問1(1) 数 <　(2) 数 >　問2 列 ← 0

擬似言語のトレース

LESSON 3

アルゴリズムを考えよう1

たかが、じゃんけん

必ず終わるのがアルゴリズムだ

　流れ図は、コンピュータに指示を与えるための処理手順を図で表したもの、擬似言語プログラムは、コンピュータに指示を与えるための処理手順を仮想言語で表したものです。その処理手順のことを、**アルゴリズム**といいます。

 アルゴリズムの定義

・問題を解くための規則の集まり。
・目的の結果を得るための処理手順。

（参考）JISの定義「明確に定義された<u>有限個</u>の規則の集まりであって、<u>有限回</u>適用することにより問題を解くもの」

　JISは難しい文章ですが、「有限回」が重要です。必ず何らかの結果が出なければなりません。無限に計算し続けるようなものは、アルゴリズムではありません。
　同じ目的のアルゴリズムでも、優れたものや劣るものがあります。一般に、良いアルゴリズムの条件は、次のとおりです。

 良いアルゴリズム

（1）論理的に正しいものであること　　← 最も重要。結果が間違っていては意味がない
　・例外なく正しい結果が出る。
　・計算精度が良い。
（2）わかりやすく書かれていること　　← 簡潔なプログラムは、プログラムの容量も少ない
　・簡潔に書かれている。
　・拡張性がある。　　← データ形式の変更などに容易に対応できるかといったこと
（3）効率が良いこと
　・実行速度が速い。　　← 一般に、「正しい」の次に「速い」が重要
　・メモリの使用効率が良い。

第2章　アルゴリズムの考え方

じゃんけんのプログラムを考えてみよう

アルゴリズムを考える楽しさと辛さ（ニヤリ）を味わっていただきましょう。
今回は、じゃんけんの勝敗判定のアルゴリズムを自分で考えてもらいます。

なーんだ。じゃんけんか。
これなら私でも簡単そう！

世界には、いろいろなじゃんけんがあります。例えば、インドネシアでは、人、アリ、象を指で表し、人はアリに勝ち、アリは象に勝ち、象は人に勝つというルールになっています。日本のじゃんけんは、グー、チョキ、パーですね。

コンピュータには、じゃんけんをするための手がありません。手作業で行っていた処理をコンピュータの処理に置き換えるには、人の動作をどのようにしてコンピュータで実現するかを考えたり、コンピュータが処理しやすい内部のデータ形式を考えたりする必要があります。

次のようなじゃんけんの勝敗判定プログラムのアルゴリズムを考えてみましょう。

じゃんけん勝敗判定プログラムの概要

- 太郎君と花子さんの2人でじゃんけんをして、どちらが勝ったかを表示するプログラムである。
- 太郎君と花子さんは、それぞれ、「グー」「チョキ」「パー」のボタンを1つ押すと、「太郎」と「花子」という変数に1～3が設定される。

太郎　　　　　　　
　　　　グー　　　チョキ　　　パー

花子　　　　　　　
　　　　グー　　　チョキ　　　パー

- どちらかが勝ちの場合は、「太郎の勝ち」「花子の勝ち」、あいこの場合は「あいこ」と表示する。

手の代わりにボタンに置き換えて、内部で処理しやすいように、グーのとき1、チョキのとき2、パーのとき3で扱います。例えば、太郎が2（チョキ）で、花子が3（パー）の場合は、「太郎の勝ち」と表示されます。

実習ができる環境であれば、Visual　BasicやC言語などを使って、実際にじゃんけんのプログラムを作ってもらいたいところです。

じゃんけん勝敗判定の流れ図を作ろう

　じゃんけん勝敗判定プログラムの流れ図を書いてください。流れ図の書き出しは、次のようになります。

じゃんけん勝敗判定プログラムの流れ図の始め

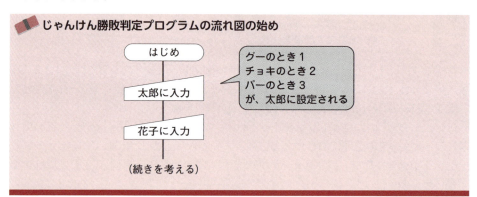

簡単だけど、面倒くさいなぁ。グー、チョキ、パーの3通りと3通りを掛けるので、組合せは9通りかな？

　私の思う壺なので、ニンマリです。流れ図をノートに書いて、ぜひ「面倒くさい！」ということを体験してください。後ほど、全身から力が抜けるような、手品をご覧にいれます。

　グーとチョキならグーの勝ち、グーとパーならパーの勝ち、チョキとパーならチョキの勝ちだから、と頭の中で考えていると混乱します。条件が複雑なときは、次のように表で整理するとわかりやすくなります。

じゃんけんの勝敗表

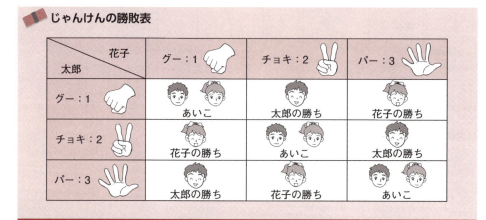

88　第2章　アルゴリズムの考え方

> 表にしてもらって助かりました。
> 流れ図ができましたよ！

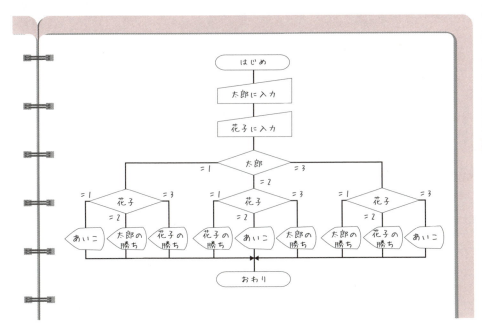

　どんな処理を行っているのか、わかりやすい流れ図です。この集中ゼミに参加している他の方も、このような流れ図ができたと思います。
　太郎、花子にそれぞれ1から3が入力されて、まず太郎の値でグー、チョキ、パーの3つに分岐し、その後、花子の値で3つに分岐するので、正しい結果を表示することができます。よくできました。

> わぁーい！　アルゴリズムのゼミで褒められた！
> 今度は、先生が、手品を見せてください。

　手品は、もう少しお待ちくださいね。
　流れ図を書いたからこそ、「ああ、面倒くさい！」と実感できましたよね。自分で書くから身につくのです。
　では、宿題を出します。この流れ図を擬似言語プログラムに直してください。必ずノートに書いてみましょうね。

アルゴリズムを考えよう1　｜　89

LESSON 4

アルゴリズムを考えよう2

されど、じゃんけん

3分岐だって書ける

宿題のじゃんけん勝敗判定の流れ図を擬似言語プログラムにできましたか？

> グー、チョキ、パーの3つに分かれるので、擬似言語では書けないです。C言語ならswitch文というのがあるそうです。

　条件によって3つ以上に分かれる選択処理を**多岐選択処理**（多分岐構造）といいます。多くの高水準言語では、多岐選択処理の制御文をもっています。自分の選択言語でないものを覚える必要はありませんが、例えば、C言語やJavaには、switch文、COBOLにはEVALUATE文があります。

　擬似言語の仕様には、多岐選択処理がないので、双岐選択処理を入れ子にして、多岐選択処理を実現します。

　試験の擬似言語プログラムでも、このような多岐選択処理をよく見かけます。

```
例)   switch(式){
         case 値1:
            処理1
            break;
         case 値2:
            処理2
            break;
         default:
            処理3
      }
```

多岐選択処理の書き方

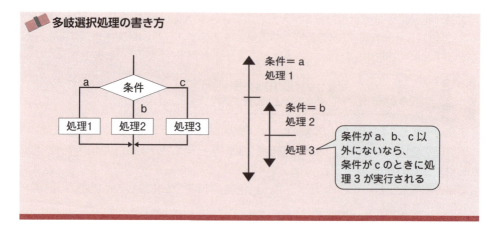

第2章　アルゴリズムの考え方

じゃんけん勝敗判定の流れ図を、擬似言語プログラムで書きました。流れ図の手操作入力記号のところは「〇〇に入力」、表示記号のところは「表示 "表示する文字"」で表しています。

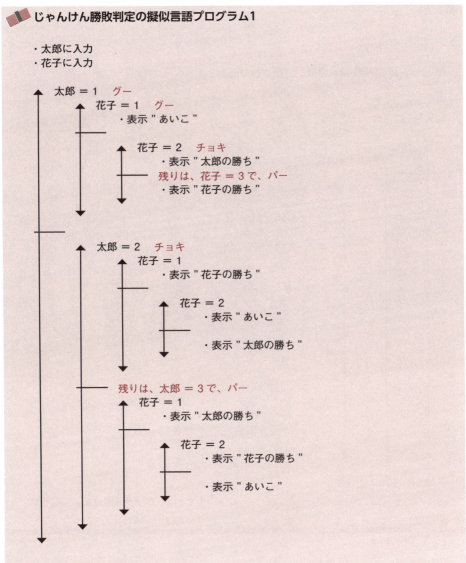

注）色文字はプログラムではなく説明です。

もっと工夫できませんか？　「あいこ」に注目してみましょう。

あっ！　太郎や花子が何を出そうと「太郎＝花子」のときは、「あいこ」です。

「あいこ」かどうかを先に調べれば、残りは「太郎が勝ち」か「花子が勝ち」のどちらかですね。

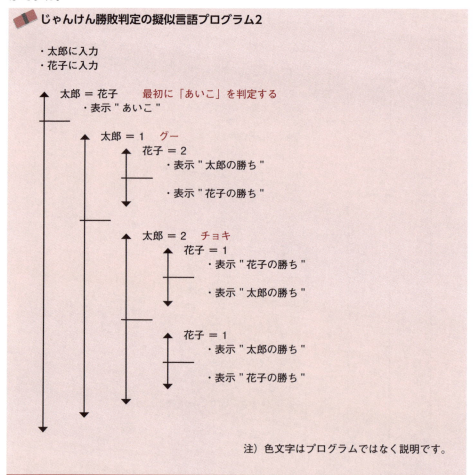

プログラムが短くなりました。
　じゃんけん勝敗判定は、条件が簡単なので、OrやAndなどの論理演算子を使ってプログラムをもっと短くすることもできます。88ページの勝敗表を見て、太郎が勝つケースを書き出して考えてみましょう。

勝つ条件を一気に並べてみる

「条件1　かつ　条件2」は、「条件1　And　条件2」と書きます。3つの条件の中のいずれかが真になれば条件式全体が真になる場合は、「条件1　Or　条件2　Or　条件3」です。

太郎が1(グー)で花子が2(チョキ)か、または、太郎が2(チョキ)で花子が3(パー)か、または、太郎が3(パー)で花子が1(グー)なら、太郎が勝ちです。

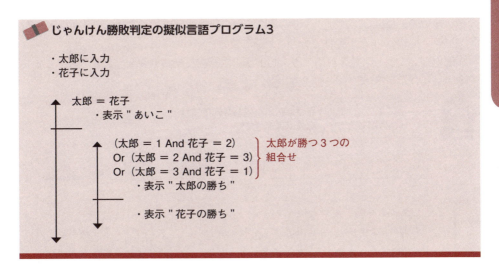

じゃんけん勝敗判定の擬似言語プログラム1は、表示が9つありましたが、表示が3つになり簡潔なプログラムになりました。ただし、良いことばかりではありません。選択処理(▲)の条件式は、AndやOrを多用するとわかりにくいプログラムになりがちで、ミスも発生しやすいので十分なテストが必要になります。

手品って、AndやOrを使ったプログラム3のことだったんですか？
確かにプログラムは短くはなったけど……

いえ。次回も続けて「じゃんけん勝敗判定」のアルゴリズムを検討します。同じ結果を出すプログラムでも、いろいろな処理手順があるのが、アルゴリズムの面白いところです。太郎君が勝つケースを見ていて、何か気づきませんか？

次回までに、他のアルゴリズムを考えてみてください。

LESSON 5
アルゴリズムは面白い1
コンピュータっぽい勝敗判定

計算でじゃんけん勝敗判定ができるよ

　じゃんけん勝敗判定の新たなアルゴリズムを考えてみましたか？

　これまでのアルゴリズムは、人の考えに沿って、太郎君や花子さんの出す手によって、「〇〇ならば、××」と、条件で分岐させました。

　太郎君が勝つケースをながめてみましょう。太郎君が勝つ条件を、数式で表すことはできませんか？

上の2つは太郎に1足せば花子と同じなんですけど……
3つめがあるので、数式では無理です。

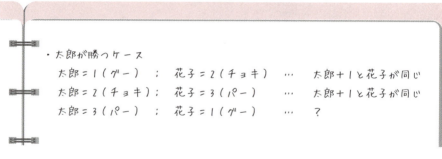

　よく気づきましたね。数字だけを書き出してみると、

太郎	花子	
1	2	太郎＋1＝花子のとき
2	3	太郎＋1＝花子のとき
3	1	

　上の2つは、「太郎＋1＝花子のとき、太郎君が勝ち」です。手は1から3までしかありませんから、太郎＋1を計算して、もし4になっていれば1に戻すことにしましょう。太郎が3、花子が1の場合は、太郎＋1は1にして花子と比較することになり、同じ条件式を使用できます。

　このような工夫をしたのが次の流れ図です。太郎君や花子さんが何を出しても、全てのケースで正しく判定できることがトレース表を見ればわかります。

計算によるじゃんけん勝敗判定の流れ図

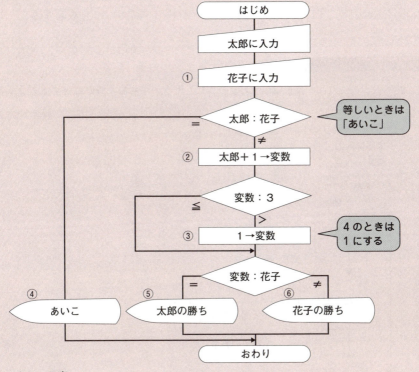

・トレース表

	太郎	花子	変数
①	1	1	?
④	あいこ		

	太郎	花子	変数
①	1	2	?
②	1	2	2
⑤	太郎の勝ち		

	太郎	花子	変数
①	1	3	?
②	1	3	2
⑥	花子の勝ち		

	太郎	花子	変数
①	2	1	?
②	2	1	3
⑥	花子の勝ち		

	太郎	花子	変数
①	2	2	?
④	あいこ		

	太郎	花子	変数
①	2	3	?
②	2	3	3
⑤	太郎の勝ち		

	太郎	花子	変数
①	3	1	?
②	3	1	4
③	3	1	1
⑤	太郎の勝ち		

	太郎	花子	変数
①	3	2	?
②	3	2	4
③	3	2	1
⑥	花子の勝ち		

	太郎	花子	変数
①	3	3	?
③	あいこ		

アルゴリズムは面白い1

擬似言語プログラムに直してみよう

流れ図を擬似言語プログラムに直しました。流れ図を見ないで、空欄を埋めてみましょう。

練習問題

95ページの流れ図を擬似言語プログラムにしたものである。擬似言語プログラム中の空欄を埋めなさい。

```
①    ・太郎に入力
②    ・花子に入力
③
④  ▲  太郎 = 花子
⑤  │    ・表示 "あいこ"
⑥  ▼
⑦       ・変数 ← 太郎 + 1
⑧  ▲  ▓▓▓▓▓▓▓▓▓▓▓
⑨  │    ・変数 ← 1
⑩  ▼
⑪
⑫  ▲  変数 = 花子
⑬  │    ・表示 "太郎の勝ち"
⑭
⑮       ・表示 "花子の勝ち"
⑯  │
⑰  ▼
```

解説

流れ図は複雑に見えましたが、擬似言語プログラムに直してみると、それほど複雑なプログラムではないことがわかります。

【解答】 変数 > 3

最初のプログラム(91ページ)に比べると、とっても短くて、手品みたいです。

ありがとう。でも、これは予告していた手品ではありません。このプログラムは、もっと短くできますよ。これ以上、どこを短くするのでしょうね？
次回も、引き続きじゃんけんの勝敗判定を考えます。

LESSON 6
アルゴリズムは面白い2
よりコンピュータっぽい勝敗判定

とっても重要なコード設計

　秋元康さんがプロデュースされた、おニャン子クラブの会員番号8番は、国生さゆりさんでした。AKBには、メンバーの会員番号がないそうですね。

番号といえば、ヤクルトスワローズのつば九郎には背番号があるんですよね。たしか、2896。

　学校では、出席番号や学籍番号、会社では社員番号などをつけています。番号をつけておくと、管理しやすいですね。
　世の中のものをコンピュータで扱うために、番号などの識別符号をつける必要があり、これを**コード**といいます。コードには、ユーザも目にする社員コードのような**外部コード**と、コンピュータの内部だけで用いる**内部コード**があります。外部コードは、処理のしやすさだけでなく、ユーザにとってのわかりやすさ、ユーザに不快感を与えないような配慮も必要です。例えば、社員コードに入社年度をそのまま入れると、後輩が先に出世したのが誰の目にもわかり、不評をかうことがあります。内部コードは、ユーザの目には触れないので、処理のしやすさで決めることができます。
　じゃんけん勝敗判定では、グー、チョキ、パーに、順に1から3までの番号をつけました。もしも、順に0から2までの番号をつけたら、何か変わるでしょうか？
　グー、チョキ、パーに、(1)は順に1から3、(2)は0から2までの番号をつけたとき、太郎君が勝つ組合せを次に書き出しました。

太郎君が勝つケース

(1) 順に 1、2、3 をつけた場合

太郎	花子
1	2
2	3
3	1

(2) 順に 0、1、2 をつけた場合

太郎	花子
0	1
1	2
2	0

どちらも似ていて、大きな違いは感じられません。

実は、「4になったら1に戻す」というように、あるところまで達したら最初に戻す、という処理は、いろいろなアルゴリズムでしばしば必要になります。条件式で分岐させる方法もありますが、もう1つ余りを求める方法があります。

多くの高水準言語には、余りを求めるための演算子や関数が用意されています。例えば、午前の問題でも、余りを求めるMod関数の問題がたびたび出題されます。

ここでは、「a Mod b」で、a÷bの余りを求める関数だと定義しましょう。

　　　(太郎＋1) Mod 3

これを計算したものを色文字で示しました。例えば、太郎が1のときは、(1＋1)÷3の余りなので2です。順に、0、1、2とつけたほうは、花子と同じ値になります。

太郎君が勝つ条件を余りで考える

(1) 順に1、2、3をつけた場合

太郎	花子	余り
1	2	2
2	3	0
3	1	1

(2) 順に0、1、2をつけた場合

太郎	花子	余り
0	1	1
1	2	2
2	0	0

花子と同じ

したがって、次のように書くことができ、「4になったら1に戻す」という処理がいらなくなります。今回は、①と②で1、2、3で入力されるという仕様なので、④と⑤で1を引いて0、1、2に変換しています。最初から0、1、2のコードにしていれば、この2行は必要ありません。

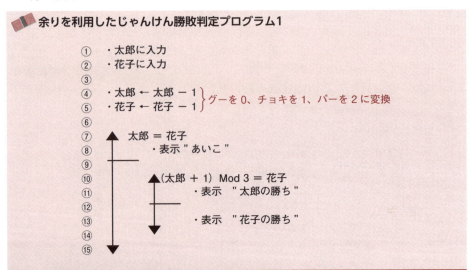

余りを利用したじゃんけん勝敗判定プログラム1

① ・太郎に入力
② ・花子に入力
③
④ ・太郎 ← 太郎 － 1 ┐グーを0、チョキを1、パーを2に変換
⑤ ・花子 ← 花子 － 1 ┘
⑥
⑦ ▲太郎 ＝ 花子
⑧ 　・表示 "あいこ"
⑨
⑩ ▲(太郎 ＋ 1) Mod 3 ＝ 花子
⑪ 　・表示 "太郎の勝ち"
⑫
⑬ 　・表示 "花子の勝ち"
⑭
⑮ ▼

午前の試験でよく出るMod

次の午前の問題を解いてください。Modではなく、modで出題されています。

> **練習問題**
>
> p を2以上の整数とする。任意の整数 n に対して、
> $n = kp + m \quad (0 \leq m < p)$
> を満たす整数 k と m が一意に存在する。この m を n の p による剰余といい、$n \bmod p$ で表す。$(-10000) \bmod 32768$ に等しくなるものはどれか。
>
> ア　$-(10000 \bmod 32768)$　　イ　$(-22768) \bmod 32768$
> ウ　$10000 \bmod 32768$　　　　エ　$22768 \bmod 32768$

解説

負数を割った余りって、どうなるんですか？

後ほど説明しますが、負数の余りは難しいですね。しかし、この問題は簡単です。
n = kp + m (0≦m＜p)
この式のnを被除数、pを除数、kを商、mを剰余（余り）といいます。式を変形すると、
m = －kp + n
になり、剰余mを求める式です。つまり、m = n mod pは、m = －kp + nで求めることができます。

問題のm =（－10000) mod 32768は、m =－(k)×32768＋(－10000）です。mは剰余（余り）なので、0≦m＜32768の範囲にあり、これを満たすkは－1です。
m =－(－1)×32768＋(－10000) = 22768

同様にして、解答群のアからエも計算してます。イ以外は、被除数も除数も正数で、被除数が除数よりも小さいので、単純に被除数が剰余です。
ア　－(10000 mod 32768) =－(10000) =－10000
ウ　10000 mod 32768 = 10000
エ　22768 mod 32768 = 22768
　これでエが正解だとわかりました。イは被除数が負数です。
イ　m =－(k)×32768＋(－22768) =－32768k －22768
　　k =－1のとき、m = 10000

【解答】　エ

じゃんけん勝敗判定を一発でやろう

あいこの条件、太郎が勝つ条件、花子が勝つ条件を書き出してみます。

 勝敗判定をする式を考える

・グーが1、チョキが2、パーが3の場合

(1) あいこの条件

太郎	花子	差
1	1	0
2	2	0
3	3	0

(2) 太郎が勝つ条件

太郎	花子	差
1	2	−1
2	3	−1
3	1	2

(3) 花子が勝つ条件

太郎	花子	差
1	3	−2
2	1	1
3	2	1

・グーが0、チョキが1、パーが2の場合

(1) あいこの条件

太郎	花子	差
0	0	0
1	1	0
2	2	0

(2) 太郎が勝つ条件

太郎	花子	差
0	1	−1
1	2	−1
2	0	2

(3) 花子が勝つ条件

太郎	花子	差
0	2	−2
1	0	1
2	1	1

太郎−花子の値を色文字で示しました。

 あれぇ？ グーを1としても0としても、差は同じですよ。「あいこ」のときは、差が全部0になってます。

　あいこは、同じ手なので同じ番号になりますから、差は0ですね。グーを1とする場合とグーを0とする場合で差が同じなので、わざわざ1を引いて、0、1、2にコードを変換する必要がありません。入力されたままの1、2、3のコードで計算できます。
　−1 Mod 3や−2 Mod 3は、いくらになるでしょう？
　Mod関数が先の試験問題の仕様なら、m＝−kp＋nで求めることができます。
　m＝−1 Mod 3は、m＝−k×3＋(−1)で、0≦m＜3なので、k＝−1のときに2になります。
　m＝−2 Mod 3は、m＝−k×3＋(−2)で、0≦m＜3なので、k＝−1のときに1になります。
　つまり、(太郎−花子) Mod 3を計算すれば、あいこのときは0、太郎が勝つときは2、花子が勝つときは1になるのです。
　Visual BasicやC言語などのプログラムの実行環境がある人は、これでプログラムを作ってみて実行してみてください。

実は、うまくいかないかもしれません。被除数が負数の場合、負数の余りの求め方は、プログラム言語によって異なります。例えば、C言語は％で余りを求めますが、一昔前は、C言語コンパイラのバージョンや処理系の違いで、結果が異なることがありました。

現在のC言語は、－2 ％ 3の結果は、－2になります。

そこで、被除数が負数にならないように、3を加えて余りを求めることにします。
　　　（太郎－花子＋3）　Mod　3

これなら被除数は、必ず正数になりますから、どのプログラム言語でも同じ結果になります。次のような擬似言語プログラムになります。

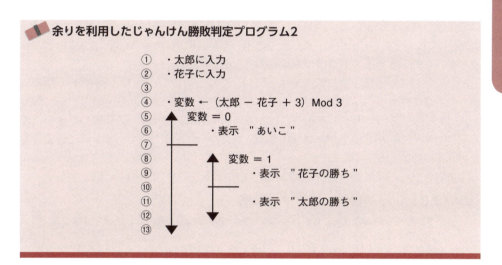

擬似言語の仕様には、多岐選択処理用の制御文がないので、双岐選択処理を2つ使うしかありませんが、とても単純なプログラムです。

91ページのじゃんけん勝敗判定の擬似言語プログラム1に比べて、ずいぶん短くなっていますね。

> 本当に手品みたいに短いです。
> アルゴリズムの面白さが、ほんの少しだけ…わかったような……

実は、まだ手品ではありません。じゃんけんプログラムは、まだまだ続きます。

次回は、ちょっと変わったOKじゃんけんのプログラムを作ります。

LESSON 7
プログラムの拡張
必ず勝てるOKじゃんけん

OKじゃんけんって知ってる？

　缶蹴りをしたことがありますか？
　私が育った宮崎県のほにゃらら小学校の周辺は、田んぼや畑の多い農村で、暗くなるまで缶蹴りをしていました。当時は、1年生から6年生まで一緒に遊ぶのが普通でした。でも、小さい子は、ずっと鬼が続くと泣き出しちゃいます。かといって、小さい子の鬼を無条件に免除すると、緊張感がなくて面白くありません。
　そこで、ほにゃらら小学校の悪ガキ組には、OKじゃんけんという特別ルールがありました。3年生以下の小さい子は、1日に1回だけグー、チョキ、パーの代わりに親指と人差し指で丸を作ったOKを出すことができるのです。OKは、必ず勝つことができる特別な手です。小さい子が、もう鬼をやりたくないなぁ、と泣く一歩手前に使えるお助けルールでした。
　今回は、このOKじゃんけんの勝敗判定プログラムを作ってみましょう。

OKじゃんけん勝敗判定プログラムの概要

- 太郎君と花子さんの2人でOKじゃんけんをして、どちらが勝ったかを表示するプログラムである。
- 太郎君と花子さんは、それぞれ、「グー」「チョキ」「パー」「OK」のボタンを1つ押すと、「太郎」と「花子」という変数に1～4が設定される。
- 10回勝負で、「OK」は1回しか出すことができない（あいこを除く）。
- 「OK」はいずれの手よりも強いが、2人とも「OK」を出したときにはあいこになる。

太郎	グー	チョキ	パー	OK
花子	グー	チョキ	パー	OK

- どちらかが勝ちの場合は、「太郎の勝ち」「花子の勝ち」、あいこの場合は「あいこ」と表示する。

すでにあるプログラムの利用を考えよう

　OKじゃんけん勝敗判定プログラムは、普通のじゃんけん勝敗判定プログラムを機能拡張したものです。このような場合には、すでにあるプログラムを利用して、それを改良することで、新しいプログラムを作る手法がとられます。
　OKじゃんけんの勝敗表は次のとおりです。

OKじゃんけんの勝敗表

太郎＼花子	グー	チョキ	パー	OK
グー	あいこ	太郎の勝ち	花子の勝ち	花子の勝ち
チョキ	花子の勝ち	あいこ	太郎の勝ち	花子の勝ち
パー	太郎の勝ち	花子の勝ち	あいこ	花子の勝ち
OK	太郎の勝ち	太郎の勝ち	太郎の勝ち	あいこ

　これまで学んできたじゃんけん勝敗判定のいずれかを利用して、OKじゃんけん勝敗判定の流れ図を書いてください。

> 太郎－花子が、4－3でも、3－2でも1になってしまいます。
> これでは、余りで判定するのは無理じゃないかと…

　引き算とModで勝敗判定をしていたアルゴリズムは、OKじゃんけん用に拡張しにくいですね。しかも、勝ち負けを表示するだけでなく、OKボタンが押されたときには、ボタンを消すために、条件で分岐させる必要もあります。
　89ページの流れ図を拡張するには、3分岐している全ての判断記号を4分岐させないといけないので、とても大変そうです。

> OKの4のときも、同じなら「あいこ」なので、
> 最初に「あいこ」かどうかを調べるといいと思います。

　そうですね。「あいこ」を分岐させたら、次に4を出した人がいたら、その人が勝ちです。

プログラムの拡張　103

93ページの計算によるじゃんけん勝敗判定の流れ図をOKじゃんけん用に改造して機能を拡張してみました。

OKじゃんけん勝敗判定の流れ図

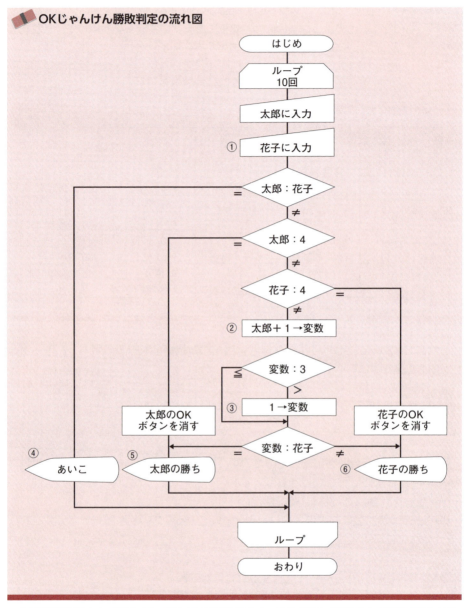

10回繰り返すようにして、「あいこ」以外のとき、OKボタンを消すようにしています。

104 第2章 アルゴリズムの考え方

左の流れ図を擬似言語プログラムに直そうとすると、これも少し大変です。流れ図は、行きたいところに線を引っ張ればいいのですが、擬似言語ではそうはいきません。

> **練習問題**
>
> OKじゃんけん勝敗判定を行う擬似言語プログラムである。空欄を埋めなさい。

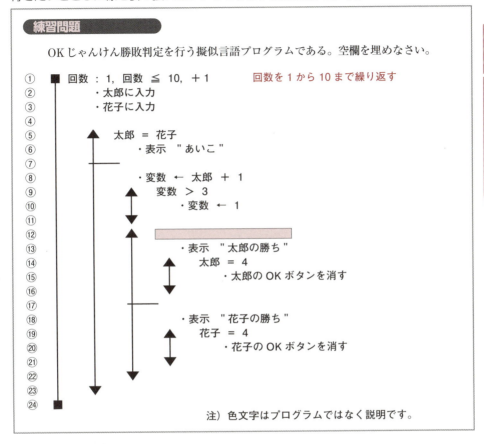

解説

　空欄には、太郎が勝つ条件式を書きます。先の流れ図は、「変数＝花子」という条件でしたが、太郎＝4のときも太郎の勝ちなので一工夫が必要です。

太郎が4のとき、⑩で変数が1になっちゃいますよ。
「変数＝花子」を工夫するって言っても？

　「変数＝花子」の後ろに、「Or　太郎＝4」としておけば、「変数＝花子」の真偽に関係なく、「太郎の勝ち」になります。

【解答】　変数 = 花子 Or 太郎 = 4

プログラムの拡張　105

もう1つのじゃんけん勝敗判定プログラム

お待たせしました。学生にじゃんけん勝敗判定プログラムを作らせた後に見せるのが、次の流れ図と擬似言語プログラムです（本当は、プログラムをプロジェクタで写します）。

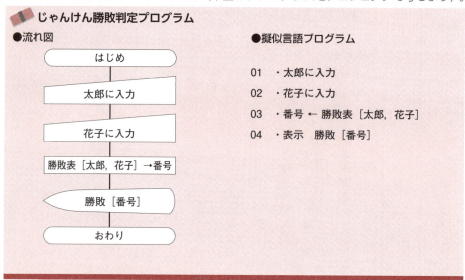

長いプログラムをせっせと入力していた学生たちは、キョトンとします。そして、気付いた学生が、「先生、ずるいよ！」と言います。

「勝敗表は、何度も説明しているよ」

と、私は笑いをかみ殺しながら言い放つのです（ああ快感！）。

どうやって勝敗を判定してるかも、何がずるいのかも、さっぱり……？

実は、次のような「勝敗表」という2次元配列と、「勝敗」という1次元配列を用意しているのです。88ページの「じゃんけんの勝敗表」を配列にしただけです。

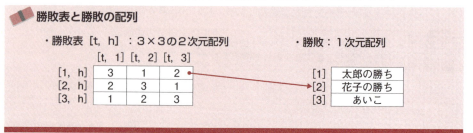

文字列はプログラム言語によって扱い方が変わりますが、ここでは文字列の配列を作ることができるものとします。

　例えば、太郎＝1（グー）、花子＝3（パー）のときは、勝敗表[1,3]の値は2で、勝敗[2]には「花子の勝ち」が設定されています。太郎君や花子さんが何を出そうが、正しい勝敗を表示できるのです。

　このプログラムは、仕様変更にも柔軟に対応できます。もしも「グーより、チョキが強い」というルールに変更する場合、勝敗表に設定する値を変更するだけです。

　では、OKじゃんけんに対応させるにはどうすればいいでしょう？　わずかな変更でOKじゃんけんに対応できますよ。

> す、すごい！
> 配列にOKの部分を付け加えるだけでいいんじゃ？

　そうです。次のように勝敗表を4×4にすれば、実行文（流れ図や擬似言語プログラムの実行部分）の修正なしに、OKじゃんけんの勝敗を判定できます。

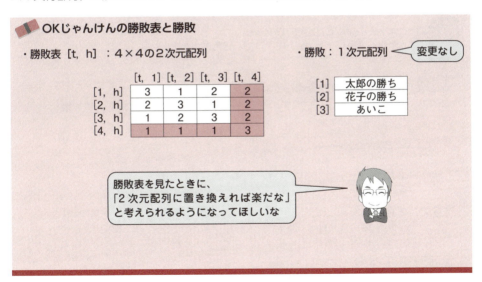

OKじゃんけんの勝敗表と勝敗

・勝敗表 [t, h] ：4×4の2次元配列

	[t, 1]	[t, 2]	[t, 3]	[t, 4]
[1, h]	3	1	2	2
[2, h]	2	3	1	2
[3, h]	1	2	3	2
[4, h]	1	1	1	3

・勝敗：1次元配列 ← 変更なし

[1]	太郎の勝ち
[2]	花子の勝ち
[3]	あいこ

> 勝敗表を見たときに、
> 「2次元配列に置き換えれば楽だな」
> と考えられるようになってほしいな

　後は、10回繰り返すようにすることと、OKを出したらOKボタンを使えないようにする処理を加えるだけです。

　このように、あらかじめ配列に意味のあるデータを設定しておくことで、処理を簡潔に記述できたり、計算回数を減らしたり、仕様変更に容易に対応できるようになります。特に意味のあるデータを設定してある配列は、**テーブル**と呼ぶことが多いです。この例では、「勝敗表テーブル」とか、「勝敗テーブル」と呼ぶのが自然です。

LESSON 8

通算日数の計算

誕生日は何曜日ですか？

元旦から今日まで何日経ってる？

　皆さんは、自分が生まれた日の曜日を知っていますか？
　今日の曜日がわかるので、逆算すれば、生まれた日の曜日を知ることができます。そのためには、生まれた日から今日まで何日経過しているか、通算日数をまず求めなければなりません。2月はうるう年もありますから、少し面倒ですけどね。
　手始めに1月1日から今日までの通算日数を計算するアルゴリズムについて考えましょう。今回は、うるう年は考えません。2月は28日で計算してください。
　31日のときを大として、大小大小大小大大小大小大と覚えているはずです。月によって、日数が違うので大変です。

> 大小大小なんて、初めて聞きました。
> 西向く獣医（2、4、6、9、11）で、覚えましたよ。

　へぇ、そのような覚え方もあるんですね。
　1月25日、2月25日、3月25日、5月25日までの通算日数を求めてみました。

通算日数の求め方

例1）1月25日
　　通算日数 = 25日

例2）2月25日
　　通算日数 = 31日 + 25日 = 56日
　　　　　　　（1月）

例3）3月25日
　　通算日数 = 31日 + 28日 + 25日 = 84日
　　　　　　　（1月）（2月）

例4）5月25日
　　通算日数 = 31日 + 28日 + 31日 + 30日 + 25日 = 145日
　　　　　　　（1月）（2月）（3月）（4月）

108　第2章　アルゴリズムの考え方

工夫して通算日数を求めよう

31日の月や30日、28日の月があり、交互でもないので、判断記号で分岐するのは大変です。どうしますか？

こういうとき、「テーブルにすれば、楽だな」って思いついてほしいんですよねっ！　ちゃんと思いつきましたよ！

そのとおり！　次のような月別の日数テーブルを作ります。

日数テーブル

日数［t］：t＝1～12の1次元配列

	1月	2月	3月	4月	5月	6月	7月	8月	9月	10月	11月	12月
日数	[1]	[2]	[3]	[4]	[5]	[6]	[7]	[8]	[9]	[10]	[11]	[12]
設定値	31	28	31	30	31	30	31	31	30	31	30	31

この日数テーブルを利用して、通算日数を求める流れ図を考えましょう。キーボードから、月と日が入力され、入力エラーはないものとします。

通算日数を求める流れ図

・トレース表
5月25日の例

	月	日	日数［数］	通算日数
①	5	?	?	?
②	5	25	?	?
③	5	25	?	25
④	5	25	31	56
④	5	25	28	84
④	5	25	31	115
④	5	25	30	145

通算日数の計算

毎回計算するのは無駄じゃん、という発想が大事

　前ページの流れ図をトレースしてみましたか？

　ループ記号は、数を1から月−1まで変化させながら繰り返すという意味です。このような書き方で出題されたこともあります。

　例えば、5月25日の通算日数なら、1月から4月までの各月の日数を足して、最後に25を加えます。5月の日数31は足しません。

> あれ？　12月でも11月までしか足さないから、日数テーブルの日数[12]はいらないんじゃないですか？

　鋭い！　ある理由で、12月まで設定しています。しかし、12月25日でも、日数テーブルの12月の日数は使いません。この流れ図は、最初に日の25を通算日数に設定して、それに1月から11月までの日数を足しているので、12月の日数は必要ないのです。

　日数テーブルを利用することで、簡潔な流れ図になりました。このようなアルゴリズムが、流れ図やC言語、COBOLの問題として過去に出題されたことがあります。

　さて、もっと工夫できませんか？

　もっと短い流れ図にしてください。

　5月25日までの通算日数を求める例では、繰返し処理で、1月から4月までの日数を加えています。しかし、1月1日から4月30日までの日数は、うるう年を考えないなら、いつも決まっています。

> あっ！
> 最初から計算しておけばいいんだ！

　そうですね。あらかじめ計算した日数をテーブルに設定しておいたらどうでしょう？

　例えば、日数[4]には、1月1日から4月30日までの日数（31 + 28 + 31 + 30 = 120）を設定しておきます。

📕 新日数テーブル

日数 [t] : t＝1〜12の1次元配列

	1月	2月	3月	4月	5月	6月	7月	8月	9月	10月	11月	12月
日数	[1]	[2]	[3]	[4]	[5]	[6]	[7]	[8]	[9]	[10]	[11]	[12]
設定値	31	59	90	120	151	181	212	243	273	304	334	365

　　　　　　　　　　　　1月1日から4月30日までの日数

この日数テーブルを使うと、次のような簡単な流れ図になります。

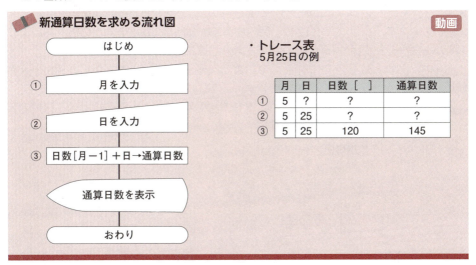

単にテーブルを使えばいいのではなく、処理目的に応じて、どんなテーブルを使うと効率がいいのか、便利なのか、ということを考えなければならないわけです。

通算日数を求める2つのアルゴリズムを説明しました。あなたがプログラマなら、どちらのアルゴリズムを採用しますか？

2番目のほうに決まってるでしょ。
先生、何を言ってるの？

アルゴリズムには、長所や短所があります。

今回説明した流れ図は、焦点がボケないようにするために、入力値のデータ検査を省いています。

日付の入力データ検査

検査名	説　　明	例
数字検査	入力データが数字であるかどうかを検査する	0（ゼロ）や1（イチ）の代わりに誤って、O（オー）やI（アイ）などがないか検査する
限度検査	データ値が限度を超えていないか検査する	月は12月までしかないのに、13などが入力されていないか検査する
範囲検査	データ値が範囲を超えていないか検査する。下限と上限で限度検査を組み合わせたものである	日は月によって範囲が決まっているので、その範囲を超えていないか検査する

通算日数の計算 | 111

実際に仕事で使用するプログラムなら、オペレータ（操作する人）が誤入力をしても、入力データ検査（入力値のエラーチェック）をして、誤りを知らせる必要があります。
　日付の入力なら、月が1〜12の範囲内にあるか、日が1からその月の最大日数まであるかを調べて、範囲外の場合にはエラーメッセージを表示します。
　例えば、3月は31日まで、4月は30日まで、ということがわからないと日付の入力が正しいかどうかの検査ができません。
　日数テーブルに各月の日数をもっている1つ目の流れ図（109ページ）では、日付のデータ検査を簡単に行うことができます。

日付のデータ検査の例

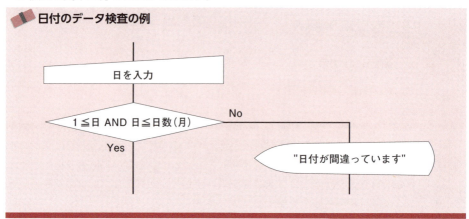

　その月までの通算日数をあらかじめ計算して設定した新日数テーブルを使った2つ目の流れ図（111ページ）では、各月が何日まであるかわからないので、日付のデータ検査をすることができません。

 > そっかぁ。1つ目の日数テーブルに12月があったのは、12月の日付の検査もできるようにするためだったんだぁ。

　12月の日付の検査をするためには、12月の日数も必要ですね。

　流れ図は、単純な方がわかりやすいですが、プログラマになりたかったら、**いろいろな条件を想定して広い視野で物事を考えられる**ようにならなければいけません。
　関係ないですが、プログラマになったら、仕事をしている姿を彼氏や彼女に見せないほうがいいですよ。
　プログラマは、いろいろなことに考えを巡らせるので、独り言が多いのです。深夜にパソコンや端末に向かって、「この条件のときはこうだから……」と、しゃべっている姿はとっても怖いそうです。

112　第2章　アルゴリズムの考え方

> はーい！ いい案が浮かびました。
> 月別の日数と通算日数の両方をテーブルにもてばいいんです。

1次元配列：日数[　]、通算[　]

	[1]	[2]	[3]	[4]	[5]	[6]	[7]	[8]	[9]	[10]	[11]	[12]
日数	31	28	31	30	31	30	31	31	30	31	30	31
通算	31	59	90	120	151	181	212	243	273	304	334	365

　良いアイデアですね。もしも、この計算が全国の端末から頻繁に要求されるなど、高速性を要求される場合は、テーブルに両方をもっていれば効率がいいです。たかだか12個の配列を2つ取るぐらい（ただし、配列「通算」は12月は必要ない）で、メモリ容量を気にすることはありません。月の日数が、近い将来に変更になることは考えにくいので、プログラム作成時にちょっと手間をかけるだけで、その後の処理は楽になります。

　しかし、それほどサービス要求がない場合は、月別の日数だけをもち、繰返し処理で加算しても、最大11回程度のループですから、応答速度にも体感できるような影響はありません。また、組み込みシステムなど、メモリ容量を少しでも節約したい場合には、テーブルをなるべくもたないように工夫する必要があるかもしれません。

　どのようなアルゴリズムを採用するかは、そのプログラムが使われる状況やどのくらいのサービス要求があるのかなどを考えて決めることも大切です。

応用問題に挑戦　　　　　　　　　　　　　　　　　　　　　　　動画

　西暦の生年月日と今日の日付と曜日（1から7で1が日曜日）を入力すると、生年月日から今日までの通算日数と生年月日の曜日を表示する流れ図か擬似言語プログラムを考えてください。年は1900年以降とします。
　今回は、うるう年も考慮してください。うるう年は、次のようにして判定できます。

　**4で割り切れ、かつ、100で割り切れない年、
　または、400で割り切れる年**

　できれば、午後の選択言語で作ってみると勉強になるでしょう。C言語、Java、COBOLは作りやすいですが、CASL IIでも可能です。
　この問題の解答はしませんが、私のサイト（401ページ参照）で参考になるプログラムを紹介しています。

LESSON 9

金種計算

ピザ屋さんでもITが大活躍！

『クーポン券』が呼んでいる

　何を隠そう、私は『クーポン券』に弱いのです。チラシに『クーポン券』がついていると、「注文しなければならない」という義務感に襲われます。てなわけで、今日も宅配ピザを注文してしまうのでした。

　電話番号を告げるだけで、どこの誰だかわかってしまうし、注文が終わるとすぐに合計金額を教えてくれます。電話の向こうでは、コンピュータが活躍しているのでしょう。

> てりやきチキンピザが大好きです。
> 宅配のお兄さんたちは、お釣りの計算が速いですよね。

　暗算の得意な人ばかりではないので、工夫されていますよ。
　ある日、レシートをまじまじと見ていたら、あら賢い！
　お客さんが出す紙幣によって、お釣りがいくらかが書いてあるのです。これを見れば、出された紙幣によってお釣りがいくらか、あらかじめ用意しておくお釣りなどが、簡単にわかります。

📝 用意するお釣り

例）支払い金額 3,265 円の場合

お客さんが出すと予想できる紙幣	お釣り
1 万円札を出した場合	6,735 円
5 千円札を出した場合	1,735 円
千円札で 4,000 円出した場合	735 円
札と硬貨で 3,500 円出した場合	235 円

　気を利かせたつもりで 4,065 円を払う客は、嫌な客なのでしょうか？
　集中ゼミの第1回（16ページ）は、自動販売機について考えました。お釣りの出し方については、保留したのを覚えていますか？
　今回は、お釣りについて考えてみましょう。

簡単そうで、簡単ではないお釣りの計算

500円玉で120円の缶ジュースを買ったとき、お釣りを考えてみましょう。

お釣りって引き算するだけですよね？
500円－120円＝380円

380円のお釣りを出すには、どうしますか？ 380円硬貨はありませんよ。
お金の種類が多いと説明しにくいですから、次のような4種類の硬貨だけが利用できる自動販売機があるとします。

自動販売機で使える硬貨の種類

500円玉で120円の缶ジュースを買ったとき、お釣りに必要な硬貨の枚数を求めてみてください。硬貨の金額で割れば、その硬貨が何枚必要なのかがわかりますよ。
全部10円硬貨でお釣りを出すなら、380円÷10円＝38枚になります。

そっか。
100円が何枚いるかとか、計算しないといけないんだ。

> **❶ お釣りの計算**
> ① お釣りの金額　　　500円 － 120円 ＝ 380円
> ② 100円硬貨の枚数　380円 ÷ 100円 ＝ 3枚　余り 80円
> ③ 50円硬貨の枚数　　80円 ÷ 50円 ＝ 1枚　余り 30円
> ④ 10円硬貨の枚数　　30円 ÷ 10円 ＝ 3枚

その手順を流れ図にすると、どうなりますか？
投入したお金の金額と選択した商品の定価は、キーボードから入力するとします。また、入力エラーはないものとします。
なお、割り算の商と余りを別々に求めることができます。

テーブルを活用しよう

単純に流れ図に直すと、次のとおりです。

お釣りに必要な硬貨の枚数を求める流れ図1

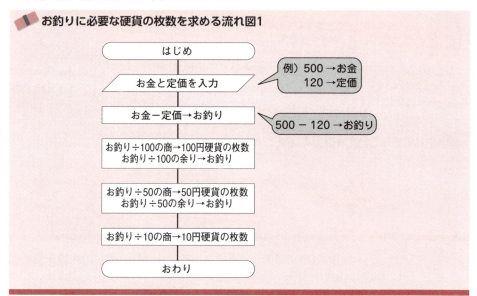

この流れ図を、もっと工夫して書くことはできませんか？

今回は、硬貨を4種類に限定していますが、千円札を利用できる自動販売機もあります。1万円札や5千円札が使える券売機もありますね。これがヒントです。

ヒントの意味がさっぱりわかりません。
1万円があると、かえって難しくなるじゃないですか！

硬貨の種類が何枚あろうと、結局は、硬貨の金額で割って、商と余りを求めていますよね。次のようなテーブルを用意したらどうでしょう？ もしも、お金の種類が増えても、容易に対応できますよ。500円はお釣りには必要ありませんが、講義の都合で入れておきます。

硬貨テーブルと枚数テーブル

	硬貨[1]	硬貨[2]	硬貨[3]	硬貨[4]
設定値	10	50	100	500
	枚数[1]	枚数[2]	枚数[3]	枚数[4]
初期値	0	0	0	0

このテーブルを利用すると、次のように書くことができます。

お釣りに必要な硬貨の枚数を求める流れ図2

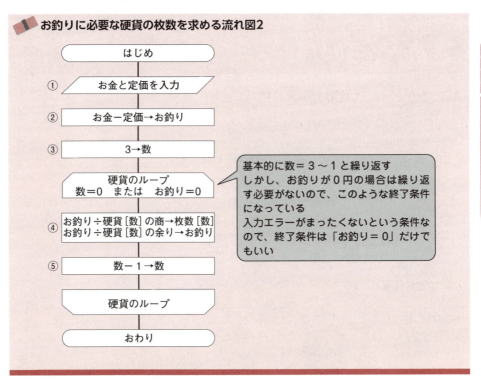

500円玉で120円の缶ジュースを買う場合の例でトレースしてみましょう。

トレース表

	お金	定価	お釣り	数	枚数[1]	枚数[2]	枚数[3]
①	500	120	?	?	0	0	0
②	500	120	380	?	0	0	0
③	500	120	380	3	0	0	0
④	500	120	80	3	0	0	3
⑤	500	120	80	2	0	0	3
④	500	120	30	2	0	1	3
⑤	500	120	30	1	0	1	3
④	500	120	0	1	3	1	3
⑤	500	120	0	0	3	1	3
					10円	50円	100円

金種計算

LESSON 10

金種計算の応用

されど、釣り銭

ところがどっこい釣り銭切れだ！

もしも釣り銭が十分に用意されていなかったら、どうすればいいのでしょう？

まず考えてもらいます。『自動販売機カード』(巻末付録)を出して、1円玉を5枚、10円玉を15枚、50円玉を2枚、100円玉を5枚、500円玉を1枚以上用意してください。1円玉は、缶ジュースの代わりに使います。

缶ジュース (1円玉) 5個をカードの上にセットしてください。缶ジュースは、全て120円です。まだ、500円玉では釣り銭切れで買えません。10円玉2枚と50円玉2枚で缶ジュースを1つ買うと、自動販売機の中の硬貨は次のようになります。

自動販売機カード

缶ジュース	10円	50円	100円	500円
① ① ① ①	10 10	50 50		

次の操作を続けて、順にやってみてください。

①10円玉7枚と50円玉1枚で缶ジュースを買う。

②100円玉1枚と50円玉1枚で缶ジュースを買う。　→　お釣りが30円出ます。

③100円玉1枚と10円玉2枚で缶ジュースを買う。

　さて、500円玉で缶ジュースを買えますか？

118　第2章　アルゴリズムの考え方

お釣りを出すアルゴリズムを自分で考えよう

　ここでは、10円玉が38枚あれば380円のお釣りを出すことができるものとします。普通は、枚数制限がありますけどね。ただし、なるべく少ない枚数でお釣りを出すようにしてください。100円玉があるのに10円玉10枚でお釣りを出すのはダメです。

　もうお気づきかもしれませんが、この集中ゼミでは、皆さんの頭の中に、アルゴリズムを考えることができる思考回路を作ろうとしています。手作業をどのようにしてプログラムに置き換えていくか、自分でとことん考えてみないと思考回路ができません。

　前のページの①～③までを続けると次のような状態になります。

自動販売機にあるお金

缶ジュース	10円	50円	100円	500円
●	●	●	②	
	●	●	③	
	①	①		
	①	②		
	①			
	①			
	③			
	③			

①で7枚投入された10円は、②で3枚お釣りに出す

500円玉で缶ジュースを買えるかどうか考えるときにどうしましたか？
お釣りは380円です。
380 ÷ 100 = 3　余り　80
しかし、100円玉が3枚ありません。

普通は、出せるだけ100円を出して、足りない分を50円や10円で出すんじゃないかな？

(1)　100円玉2枚を取り出して、200円。残り180円。
(2)　50円玉3枚を取り出して、150円。残り30円。
(3)　10円玉3枚を取り出して、30円。残り0円。　お釣りが出せる！

お釣り用の硬貨を取り出すのは、割り算ではなく引き算ですね。

釣り銭切れに対応しよう

流れ図で使用するテーブルを示します。

■ テーブルの種類と役割

	[1]	[2]	[3]	[4]	
硬貨	10	50	100	500	←硬貨の金額
販売機					←自動販売機にある硬貨の枚数
投入金					←投入した硬貨の枚数
枚数					←お釣りの硬貨の枚数

この流れ図では、「お金の投入」で「投入金」テーブルに、投入した硬貨の枚数が設定されるものとします。お釣りに必要な硬貨の枚数は、「枚数」テーブルに求めます

■ 釣り銭切れに対応したお釣りを出す流れ図

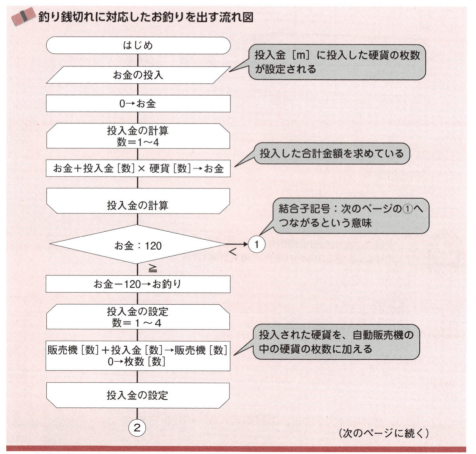

（次のページに続く）

「投入金の計算」ループで、投入された硬貨の合計金額を「お金」に求めます。
「投入金の設定」で、いったん投入された硬貨を「販売機」テーブルに置きます。これは、間違って50円玉4枚を投入した場合、もしもその時点で自動販売機に50円が1枚もなくても、投入された50円1枚と自動販売機にある10円玉3枚で、正しくお釣りを出すためです。

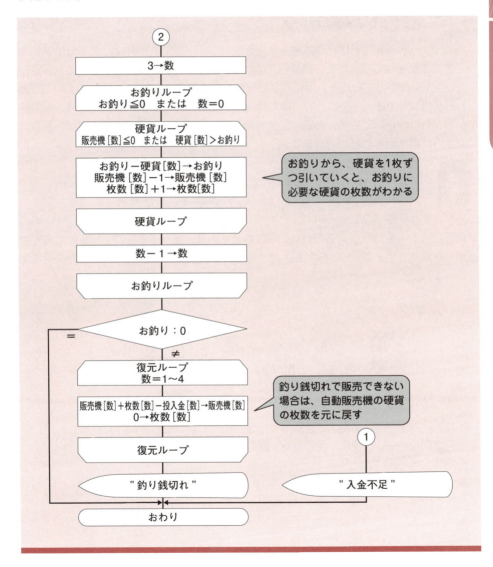

この流れ図は、「枚数」テーブルにお釣りの枚数を設定するところまでです。実際にお釣りの硬貨を出す処理や釣り銭切れでの返金処理は別に行うものとします。

金種計算の応用 | 121

LESSON 11

テーブル操作自由自在

たくさん買えば、割引します

テーブルを使えば効率アップ

　じゃんけん勝敗判定では、勝敗表を2次元配列のテーブルにすれば、効率の良い処理ができることを説明しました。通算日数の計算のように、あらかじめ計算して計算結果をテーブルに保存しておくと、毎回同じ計算をしなくてすむので効率が上がります。「あらかじめ計算しておく」という方法は、社会生活でも使われています。例えば、所得税をいちいち計算しなくても、あらかじめ計算して一覧表にした税額表を使えば、所得の範囲から税額を知ることができます。

　　　　九九も、掛け算の計算結果を覚えているんですよね。

　そうですね。後（206ページ）で、九九の表も作りますよ。
　判断記号で場合分けしたら複雑な処理になるものを、テーブルを使えば簡単に書くことができます。キーボードから月を入力すると、春夏秋冬の季節を表示する流れ図を考えてみましょう。

月と季節の対応

　　春 … 3月、4月、5月　　　夏 … 6月、7月、8月
　　秋 … 9月、10月、11月　　冬 … 1月、2月、12月

　多岐選択処理を書ける高水準言語なら、選択処理で書いても手間はありませんが、双岐選択処理（2分岐）しかない擬似言語で書くのは大変です。
　例えば、春の判定は、
　▲　3≦月　And　月≦5
　と書くか、
　▲　月＝3　Or　月＝4　Or　月＝5
　と書くことになります。

ところが、次のような季節テーブルを用意しておけば、月を添字にして、一発で季節を表示できます。

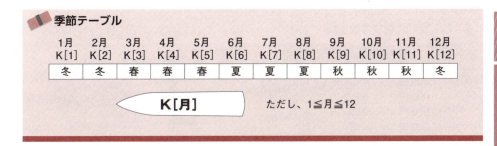

季節テーブルは、文字を記憶できる配列を利用していますが、長い文章の場合は3つずつ記憶するのは大変です。そこで、じゃんけん勝敗判定で2つのテーブルを利用したように、長い文字列の添字をもつ方法もあります。ここでは、文字列を記憶できる配列を作ることができるものとします。

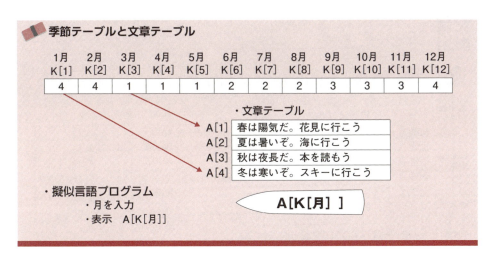

季節テーブルの配列Kには、文章テーブルの番号が設定されています。K[月]を文章テーブルの配列Aの添字にすれば、長い文章が表示されます。擬似言語プログラムの実行文は、たった2行です。ただし、テーブルを作るために、宣言部でAやKの配列を作ったり、初期値を設定したりしなければなりません。宣言部については、もう少し講義が進んでから、第4章で説明します。

購入金額によって割引率が変わる

次の表のように、たくさんまとめて買えば安くしてもらえる商店があるとします。

 購入金額に対する割引率

購入金額	割引率
1,000 円 未満	0%
1,000 円 ～ 4,999 円	10%
5,000 円 ～ 9,999 円	15%
10,000 円 ～ 29,999 円	20%
30,000 円 ～ 49,999 円	25%
50,000 円 以上	30%

割引後の支払い金額を求める流れ図を考えてみましょう。ここでは、値引き額は必要ないものとします。割引条件が変更になったときに容易に対処できるように、テーブルを作ります。どんなテーブルを作りますか？

表をそのまま、「購入金額」テーブルと「割引率」テーブルにしたらどうでしょう？

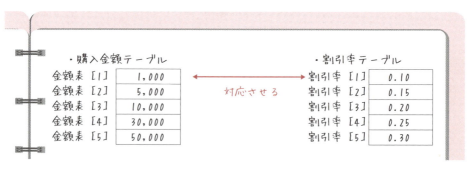

例えば、合計金額が6000円だったとき、
　　金額表[1]と比較して、1,000円＜6,000円
　　金額表[2]と比較して、5,000円＜6,000円
　　金額表[3]と比較して、10,000円＞6,000円
したがって、割引率[2]を利用して支払い金額が計算できますね。
6,000円×(1.00－0.15)＝5,100円
　さて、この手順で流れ図を書いてみましょう。合計金額が999円、1,000円、5,000円、10,000円、30,000円、50,000円などのケースでうまくいきますか？

なかなか難しいですね。金額表[0]はありませんから、添字が0になると誤りです。

今回は、値引き額を出す必要がないので、割引率ではなく、1－割引率をテーブルに設定しておいたらどうでしょう？ 次のようなテーブルを考えました。

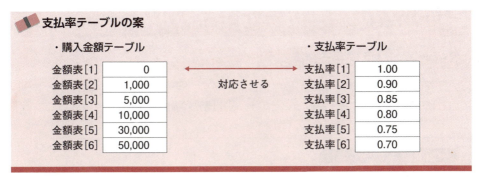

金額表[1]には0円を設定しました。次の流れ図を見れば、この役割がわかるでしょう。

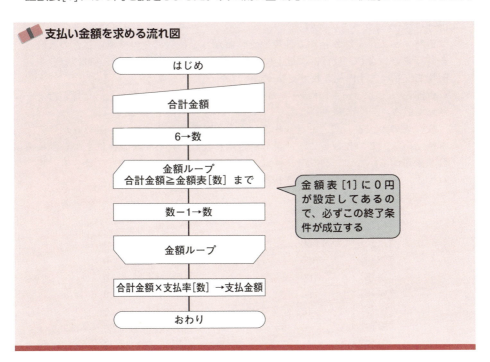

金額表の大きい金額から先に比較しています。合計金額は必ず0円以上なので、金額表[1]に0を設定しておくことで、数のチェックがいらなくなります。

LESSON 12

練習問題

テーブルを使いこなせるかな？

ボーナスだけは現金支給だ

　太郎君の会社では、ボーナスだけは現金支給です。経理の太郎君は、銀行から下ろして会社まで運ぶのもドキドキもの。その上、各紙幣が何枚ずつ必要かを計算してから下ろしてこないと、袋詰できないのです。

練習問題

　　次の金種計算の擬似言語プログラム中の ▢▢▢▢ に入れるべき字句を解答群から選びなさい。

〔擬似言語プログラムの説明〕
　給料ファイルを読み込んで、現金支給額から金種（お金の種類）ごとの枚数を計算する。なお、枚数は、最少になるようにする。たとえば、5,000円は5千円札で支払い、千円札5枚で支払うことはない。
　金種表の TBL［m］（m = 1 〜 9）には、図1のようにあらかじめ金種が設定されている。
　枚数表の MNY［m］（m = 1 〜 9）には、図2のようにあらかじめ0が設定されている。この枚数表に、社員全員の給料支払いに必要な金種ごとの合計枚数を設定する。なお、MNY[1] には1万円札の枚数、MNY[2] には5千円札の枚数、……、MNY[9] には1円硬貨の枚数が設定される。

TBL[1]	10,000	MNY[1]	0
TBL[2]	5,000	MNY[2]	0
TBL[3]	1,000	MNY[3]	0
TBL[4]	500	MNY[4]	0
TBL[5]	100	MNY[5]	0
TBL[6]	50	MNY[6]	0
TBL[7]	10	MNY[7]	0
TBL[8]	5	MNY[8]	0
TBL[9]	1	MNY[9]	0

図1　金種表　　　　　　　　　図2　枚数表

126　第2章　アルゴリズムの考え方

〔擬似言語プログラム〕

```
①       ・給料ファイルを開く
②       ・給料ファイルを読む
③
④       ■ 給料ファイルが終わりでない間
⑤           ・GNK ← 現金支給額
⑥           ・N ← 1
⑦         ■ GNK ＞ 0
⑧             ・M ← Int(GNK ÷ TBL[N])
⑨             ・MNY[N] ← MNY[N] ＋ M
⑩             ・        a
⑪             ・        b
⑫         ■
⑬         ・給料ファイルを読む
⑭       ■
```

注）Int(a)は、aの小数点以下を切り捨てる。

解答群
ア　N ← N+1　　　　イ　N ← N − 1　　　　　ウ　N ← 1
エ　M ← GNK ÷ N　　オ　GNK ← GNK − TBL[N]　カ　GNK ＋ TBL[N] → GNK
キ　GNK ← GNK ＋ M × TBL[N]　　ク　GNK ← GNK − M × TBL[N]
ケ　GNK ← GNK ＋ M × MNY[N]　　コ　GNK ← GNK − M × MNY[N]

解説

給料ファイルの現金支給額を読み込むと、後は自動販売機のお釣りの計算と同じパターンですね。できましたよ！

　基本的に117ページで説明したアルゴリズムです。ファイルが使われていますが、⑤の現金支給額に16,789円などを設定して、考えてみるといいでしょう。
　空欄aは残りの金額を求めるための計算式、空欄bはNの更新です。
　⑧で、Int(16,789 ÷ 10,000) ＝ 1なので、⑨でMNY[1]に1を加えます。
　残りは、16,789 − 10,000 ＝ 6,789ですね。この計算をするために、空欄aで
　　GNK ← GNK − M × TBL[N]
と、します。
　最近は、銀行振込が主流ですから金種計算アルゴリズムの出題頻度は落ちています。とはいえ、アルゴリズムを考える訓練には、具体的にイメージできて非常に良いテーマですよ。

【解答】　a　ク　　b　ア

距離テーブルを参照した運賃計算

練習問題

次の説明と擬似言語プログラムを読んで、設問1、2に答えよ。

〔擬似言語プログラムの説明〕
　乗車区間の距離を与え、図1及び図2に示す配列を用いて運賃を計算するプログラムである。ただし、距離は1km未満を切り上げた整数とする。配列の添字は1から始まる。配列Dの要素は距離、配列Pの要素は運賃計算に用いる値を示す。また、配列Dの末尾には、距離としてはありえないほど大きな値が設定されている。

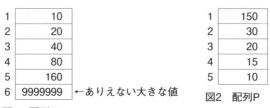

図1　配列D　　　　　　　　　図2　配列P

〔擬似言語プログラム〕
① 　・距離を入力
②
③ 　・L ← 5
④ 　・料金 ← P[1]
⑤ 　　距離 ＞ D[1]
⑥ 　　　・i ← 2
⑦ 　■　距離 ＞ D[i]
⑧ 　　　　・料金 ← 料金 ＋ (D[i] － D[i － 1]) × P[i]
⑨ 　　　　・i ← i ＋ 1
⑩ 　■
⑪ 　　　i ≦ L
⑫ 　　　・料金 ← 料金 ＋ (距離 － D[i － 1]) × P[i]
⑬ 　　　・表示　料金
⑭
⑮ 　　　・表示　"距離入力エラー"
⑯
⑰

設問1　乗車区間の距離が35kmのときの運賃は何円か。正しい答えを、解答群の中から選べ。

解答群
ア 650　　イ 700　　ウ 750　　エ 850　　オ 1,450

設問2　次に示すように、距離区分ごとの追加料金を固定として運賃を計算するように配列P（図3）及び擬似言語プログラムを変更する（配列Dは変更しない）。

表　距離区分と追加料金の関係

距離区分（km）	追加料金（円）
1 ～　10	250
11 ～　20	150
21 ～　40	200
41 ～　80	300
81 ～ 160	400
161以上	エラー

1	250
2	150
3	200
4	300
5	400
6	0

図3　配列P

変更後の擬似言語プログラム中の　　　　　　　　に入れる正しい答えを、解答群の中から選べ。

〔変更後の擬似言語プログラム〕
① 　　・距離を入力
② 　　・L ← 5
③ 　　・i ← 0
④ 　　・料金 ← 0
⑤ ■
⑥ 　　　　　・i ← i ＋ 1
⑦ 　　　　　・
⑧ ■　　距離 ＞ D［i］
⑨ ▲　　i ≦ L
⑩ 　　　　　・表示　料金
⑪
⑫ 　　　　　・表示　" 距離入力エラー "
⑬ ▼

解答群

ア　料金←D［i］　　　　　　イ　料金←P［i］　　　　　ウ　料金← 料金＋D［i］

エ　料金←料金＋P［i］　　　オ　料金←料金＋D［i−1］×P［i］

解説

設問1 この問題は、テーブルを使った擬似言語プログラムを理解できるかを試しています。距離に35を入れて、トレースしてみましょう。

距離テーブルの配列Dと、それに対応した運賃テーブルの配列Pを参照しています。D[i－1]は、iが3ならD[3－1]＝D[2]になります。つまり、1つ前の距離です。

行番号	距離	i	D[i]	P[i]	L	料金	
①〜④	35	?		150	5	150	
⑤	〃	?	10	〃	〃	〃	35＞10だから、⑥行へ
⑥	〃	2	〃	〃	〃	〃	
⑦	〃	〃	20	〃	〃	〃	35＞20だから、⑧行へ
⑧、⑨	〃	3	20	30	〃	450	150＋（20－10）×30＝450
⑦	〃	〃	40	〃	〃	〃	35＜40だから、⑪行へ
⑪	〃	〃	〃	〃	〃	〃	3＜5なので、⑫行へ
⑫	〃	〃	〃	20	〃	750	450＋（35－20）×20＝750
⑬	〃	〃	〃	〃	〃	〃	750を表示

トレースしてみると、距離35のときの料金は750円で、各テーブルの意味や料金の計算方法がわかりました。

距離区分	料　金
1〜10kmの基本料金	150円
11〜20kmの追加料金	1kmにつき30円
21〜40kmの追加料金	1kmにつき20円
41〜80kmの追加料金	1kmにつき15円
81〜160kmの追加料金	1kmにつき10円

設問2 1kmごとの追加ではなく、各距離区分の追加料金を固定にします。したがって、距離区分に該当するところまでの追加料金を加えればいいので、35ｋｍなら距離区分「21〜40」の範囲なので、次のような計算式になります。

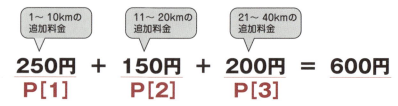

上の例で考えれば、距離≦D[3]の場合、P[1]からP[3]までを加えればいいわけです。
⑤から⑧の繰返し処理は、⑧に繰返し条件がある後判定型です。⑥で1回目のiは1、2回目のiは2、3回目のiは3で、⑧の条件が、距離＜D[3]になるので、⑨へ抜けます。つまり、料金にP[1]、P[2]、P[3]を順に加える式が空欄に入ります。

【解答】　設問1　ウ　設問2　エ

第2章で学んだこと

擬似言語の仕様

記述形式	説明	対応する流れ図
↑ 条件式 処理 ↓	**単岐選択処理** 条件式が 真のときに処理を 実行する。	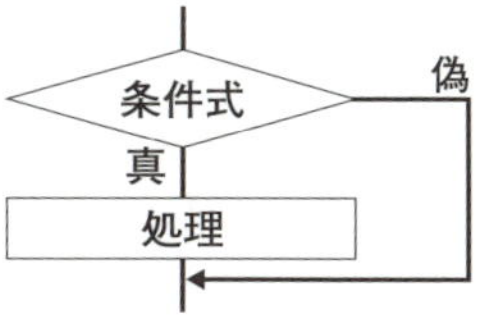 条件式 —偽→ ↓真 処理
↑ 条件式 処理1 ——— 処理2 ↓	**双岐選択処理** 条件式が 真のときに処理1を 偽のときに処理2を 実行する。	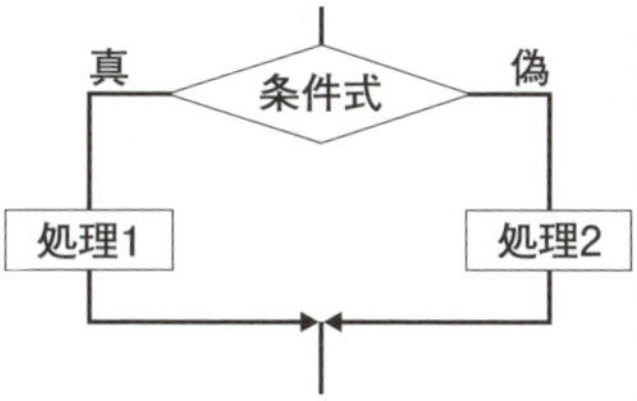 真← 条件式 →偽 処理1　　　処理2
■ 条件式 処理 ■	**前判定繰返し処理** ループの前で条件式を調べ、 <u>条件式の値が真の間</u>、 処理を繰り返す。	 ループ 繰返し条件式 処理 ループ
■ 処理 ■ 条件式	**後判定繰返し処理** ループの後ろで条件式を調 べ、<u>条件式の値が真の間</u>、 処理を繰り返す。	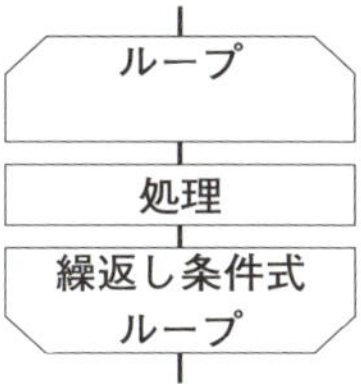 ループ 処理 繰返し条件式 ループ

第2章で学んだこと　131

第2章 アルゴリズムの考え方

擬似言語の繰返し処理は、終了条件ではなく、条件式の値が真の間繰り返す繰返し条件です。流れ図では終了条件を用いますが、ここでは繰返し条件式にしました。

なお、試験問題では、午前の問題も午後の擬似言語プログラムの問題も、次の記述形式の繰返し処理を用いられることが多くなりました。

繰返し処理の記述形式

記述形式	説明	対応する流れ図
■ 変数:初期値, 条件式, 増分 処理 ■	**繰返し処理** 変数に初期値を設定し、条件式の値が真の間、処理を繰り返す。 1回繰り返すごとに変数に増分を加える。 通常、終値まで繰返す条件式を指定する。	ループ 変数=初期値, 増分, 終値 処理 ループ

流れ図と違う繰返し処理の注意点

繰返し処理は、条件式が真の間だけ繰り返し、偽になったら繰返しから出ます。次のプログラムは、「数は1から3まで変化します」とよく説明されます。

では、②の数はいくつでしょうか？

	数	表示
①	1	1
①	2	2
①	3	3
②	4	4

数を初期値の1に増分1を足しながら3まで変化させて①を繰り返します。ループの中では、数は1から3まで変化します。通常は、繰り返す処理（ここでは①）の回数が重要なので、「数は1から3まで変化します」と説明します。

流れ図では、終値が3なら数は3までしか変化しません。しかし、擬似言語の繰返し処理には、繰返しの条件式を書きます。数が3まで①を繰り返して、数に1を足して数が4になると「数≦3」の条件を満たさないので繰返し処理を出ます。②で数を表示すると3ではなく4になっているのです。

試験の擬似言語プログラムでは、この更新された数を以降の処理で利用することがありますので、注意してください。

多分岐処理

・2分岐(双岐選択処理)を組み合わせて3分岐の制御構造を作ることができる。

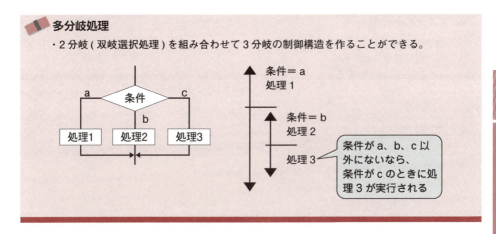

この3分岐構造は、試験の擬似言語プログラムでも登場することがあります。次のように、条件式の関係演算子(＝、＜など)だけが異なるものも、3分岐構造です。「.品番」や「.数量」などの書き方は、ここでは気にしないでください。

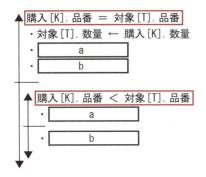

注) 平成25年春期・午後問8の擬似言語プログラムの一部

まず等号(＝)のとき、それ以外のときに分岐し、それ以外のときは、「購入[K].品番＜対象[T].品番」のときと、それ以外のとき(「購入[K].品番＞対象[T].品番」)に分岐しています。

試験問題の擬似言語プログラムでも、まず制御構造を大きくとらえることが大切なんですね

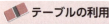

テーブルの利用

・配列に意味のある値をあらかじめ設定して並べたテーブルを利用すると、プログラムが簡潔になることがある。

　じゃんけん、通算日数の計算、金種計算、料金の計算などで、テーブルの使い方を学びました。

　まだ基礎力を養成する章なので、特に「じゃんけん」などは、試験とはかけ離れたことを学んでいるように思われるかもしれません。例えば、次の擬似言語の問題は、経路の地点間の距離を2次元の配列で表現しています。

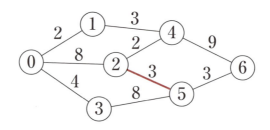

注) 平成29年春期・午後問8の問題の一部

　例えば、②から⑤へ行く距離は、配列[2][5]に設定されている3です。経路がない場合は-1が設定されています。じゃんけんの勝敗テーブルと少し似ていませんか？

i \ j	0	1	2	3	4	5	6
0	0	2	8	4	-1	-1	-1
1	2	0	-1	-1	3	-1	-1
2	8	-1	0	-1	2	3	-1
3	4	-1	-1	0	-1	8	-1
4	-1	3	2	-1	0	-1	9
5	-1	-1	3	8	-1	0	3
6	-1	-1	-1	-1	9	3	0

注) 平成29年春期・午後問8の問題の一部

　試験の擬似言語プログラムでは、問題文の表の値が配列にあらかじめ設定されており、擬似言語プログラムには表現されていないこともあります。

第 3 章

基本アルゴリズム

LESSON1	最大値を見つけよう
LESSON2	最大値の考え方
LESSON3	選択ソート
LESSON4	バブルソート
LESSON5	挿入ソート
LESSON6	線形探索法
LESSON7	2分探索法
LESSON8	ハッシュ表探索
LESSON9	オープンアドレス法
LESSON10	チェイン法
LESSON11	文字列処理
LESSON12	文字列の挿入
LESSON13	アルゴリズムの計算量
LESSON14	計算量の演習問題

LESSON 1
最大値を見つけよう
りんごカードで考えよう

天秤を使って重いりんごを見つけよう

　今回は、『りんごカード』(巻末付録)を使って、アルゴリズムを考える練習をします。

　『りんごカード』には、軽い順に1から18までの番号がついています。例えば、1のりんごよりも5のりんごが重いです。わかりやすいように、りんごの大きさを変えていますが、見た目は同じで、りんごの重さはわからないとします。

　りんごが多いと説明しにくいので、ここでは5枚のカードを使いましょう。りんごカードの1から5を机の上に並べてください。

　次のように、天秤を使って2つのりんごを1回比較すると、どちらのりんごが重いのかがわかります。

　天秤を使って、5個のリンゴの中から、一番重いりんごを見つけ出すにはどうしますか？一番重いりんごを何回の比較で見つけることができますか？

りんごがどのように並んでいても、一番重いりんごを見つける手順を考えなければなりません。りんごの並びを変えてみました。

ランダムに並んだ5個のりんご

基子さんが考えた方法は、この並びでもうまくいきますか？

できました。
トーナメントみたいに比較すればいいので、4回です。

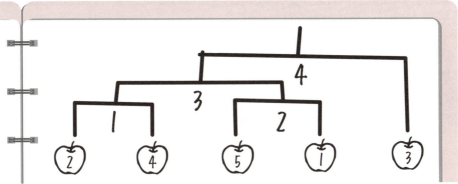

面白いアイデアですね。このプログラムも作ってみたいですが、今の段階では少し大変です。もう少し学習が進んでから考えることにしましょう。
ほかにアイデアはありませんか？

学生さんからよく出るアルゴリズムは、2つのりんごを比較して、重いほうのりんごを天秤に残して、軽いほうのりんごを取り換えていくものです。
1回目：　②＜④　重い④を残して、②を次のりんごと交換する。
2回目：　⑤＞④　重い⑤を残して、④を次のりんごと交換する。
3回目：　⑤＞①　重い⑤を残して、①を次のりんごと交換する。
4回目：　⑤＞③　重い⑤が一番重いことがわかる。
　この方法も、4回の比較で、一番重いりんごを見つけることがでます。

重いりんごを見つける流れ図

　今回は、軽いりんごを置き換えていくことで、一番重いりんごを見つけ出す流れ図を考えましょう。
　りんごをコンピュータで扱うために、「りんご」という配列にし、重さの順につけられた番号を記憶することにします。軽いりんごほど番号が若いので、重さを記憶しても番号を記憶しても大小関係は同じで、まったく同じ流れ図になります。

りんごの配列

配列	りんご[1]	りんご[2]	りんご[3]	りんご[4]	りんご[5]
	2	4	5	1	3

　天秤で2つのりんごを比較するところは、流れ図ではどう書きますか？

> 判断記号の中に、「りんご[1]：りんご[2]」とか書けば、比較できますよ。

　そのとおり。判断記号ですね。1回目は、りんご[1]とりんご[2]を比較しますが、2回目は重いほうのりんごと、りんご[3]を比較することになります。
　そこで、天秤の左に置くりんごの添字を変数「左」、右に置くりんごの添字を変数「右」に記憶することにします。

りんごの比較

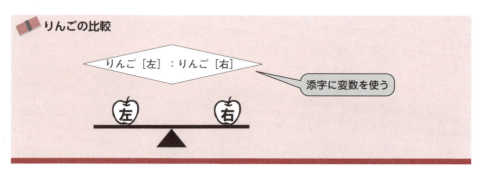

　例えば、りんご[1]とりんご[2]を比較するなら、左に1を右に2を代入しておけばいいわけです。天秤にりんごがないときは、－1を設定することにします。
　次の流れ図は、りんごが5個の例です。ぜひ、トレースしておきましょう。

重いりんごを見つける流れ図

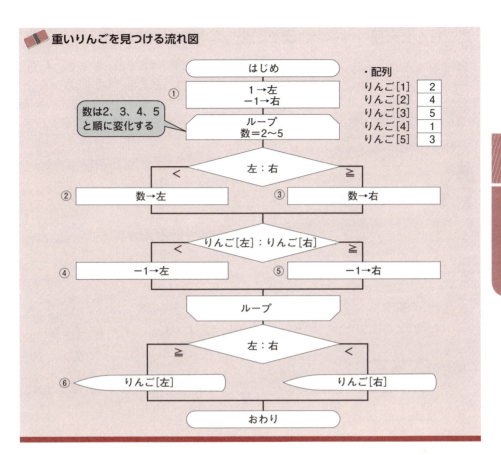

トレースしたら、ちゃんと、
りんご[3]の5が表示されました。

・トレース表

	数	左	右	りんご[左]	りんご[右]	
①	?	1	-1	2		左に、りんご[1]をのせる
③	2	1	2	2	4	右に、りんご[2]をのせる
④	2	-1	2	ー	4	左を空にする
②	3	3	2	5	4	左に、りんご[3]をのせる
⑤	3	3	-1	5	ー	右を空にする
③	4	3	4	5	1	右に、りんご[4]をのせる
⑤	4	3	-1	5	ー	右を空にする
③	5	3	5	5	3	右に、りんご[5]をのせる
⑤	5	3	-1	5	ー	右を空にする
⑥	5	3	-1	5	ー	左のりんご[3]の値5を表示する

最大値を見つけよう

重いりんごを見つける流れ図を工夫しよう

　重いりんごを天秤に残し、軽いりんごを次のりんごと取り換えていく方法を、人が行うのは簡単です。しかし、コンピュータで処理を行うには、左右のどちらに次のりんごをのせるかが決まっていないので、判断記号で切り替えていかなければなりません。最後も、左右のどちらに重いりんごがのっているかを調べるために、判断記号が必要です。
　もう少し工夫できませんか？

重かったりんごは、必ず左にのせかえるようにしたらどうでしょう？
次のりんごをいつも右にのせられますよ。

　いいアイデアですね。そこで、次のように処理手順を変更します。

新しい処理手順

・人手の操作	・コンピュータの処理
(1) 左に1番目のりんごをのせる 	変数「左」に、りんご[1]の添字である1を設定する。
(2) 右に次のりんごをのせる 	常に、変数「右」に、次のりんごの添字を設定する。
(3) 左右のりんごを比較する 	りんご[左]とりんご[右]を比較する。りんご[左]が重ければ(5)へ
(4) 右のりんごを左にのせる 	りんご[右]が重かったので、右の値を左に代入する。
(5) りんごが残っていれば、(2)へ	りんごの個数に達していなかったら(2)へ。
(6) 一番重いりんごを表示	重いりんごは左にあるので、りんご[左]を表示する。

　(3)で、りんご[左]が重い場合は、りんご[右]はそのままですが、(2)で右に新しいりんごの添字が設定されるので、新しいりんごで置き換えたことになります。

流れ図を書くと、判断記号が1つになって、すっきりしたものになりました。

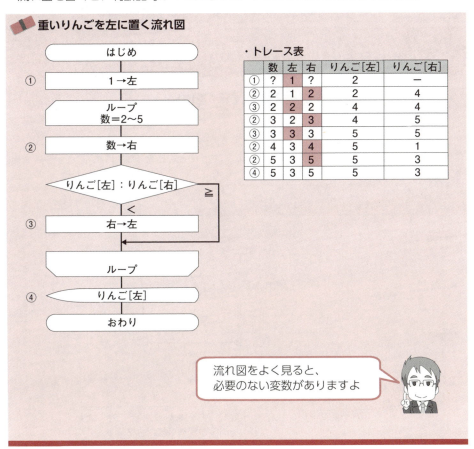

①で左に1番目のりんごをのせ、②で次のりんごをのせ比較しました。もしも、右のりんごが重い場合には、③で左にのせかえます。これを繰り返すことで、ループを終了したときは、必ず左に重いりんごがあるので、④で左のりんごを表示します。

さて、この流れ図をよく見てください。何か無駄は、ありませんか？

こんなに簡単になったのに、まだ無駄があるんですか？

はい、あります。これは、次回までの宿題にしましょう。

LESSON 2
最大値の考え方

最大値は初期値に注意せよ

大きなりんごの位置を覚えておくだけでいい

宿題(141ページ)は、できましたか？

「数」を「右」に代入しているので、「右」のところを「数」にすれば、「右」という変数がいらないです

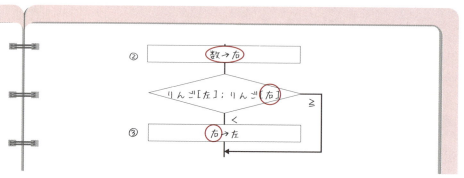

最大値の添字を記憶しておく流れ図

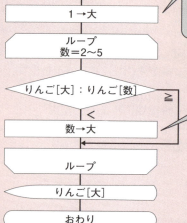

変数「右」をなくすと、「左」だけあるのも変なので、大きいりんごの添字を記憶するという意味で、変数名を「大」に変更した

新たに比較した「りんご[数]」が大きいときは、「数」を「大」に設定すれば、その時点まで一番大きいりんごの添字が「大」に設定される

142　第3章　基本アルゴリズム

最大値を求める一般的な流れ図

今回は、「重いりんご」のことを「大きいりんご」と呼んでいます。今まで考えてきた流れ図は、配列の中から一番大きな値である最大値を見つけるためのアルゴリズムだからです。

コンピュータでは、値のコピーがしやすいので、大きいりんごの添字ではなく、大きいりんごの値そのものを記憶しておくようにしたのが次の流れ図です。

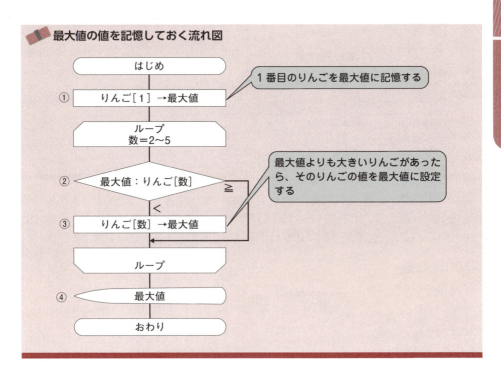

①で、1件目のりんごを最大値に設定します。②で、最大値と次のりんごを比較し、最大値よりも大きなりんごがあれば、③で、そのりんごを最大値にします。

最大値は、添字の番号ではなく、値を記憶しています。このため、④で表示するのは、「りんご[最大値]」ではなく、単に「最大値」です。

この流れ図は、配列の最大値を求めるための典型的な流れ図です。最大値の流れ図は、すでに54ページで説明しました。今回の流れ図と比較するために、変数名や配列名、ループ条件などを変更して、流れ図を次に示します。

最大値を求める流れ図

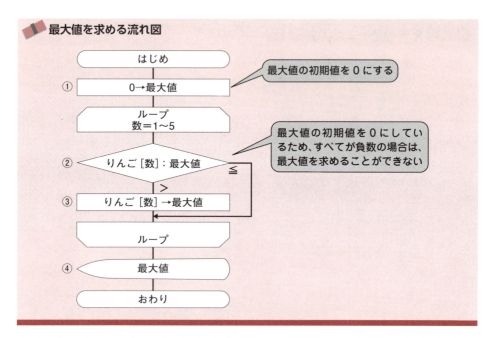

この流れ図は、配列に設定された値が全て負数であったとき、うまくいきませんでした。それは、最大値の初期値に0を設定しているからです。0と比較すると、負数はいつも小さいので、一度も最大値に値が設定されることなく、最大値は0のままです。

トレース表

頭の中だけで考えると、このような流れ図を作ってしまいがちです。人手で行う操作を考えて、それを流れ図にすれば、こんな間違いは起きまん。

天秤に1個目のりんごをのせるのは、当たり前ですね。

最大値と最小値のアルゴリズムは基本中の基本

次の問題は、なんと昭和の時代に基本情報技術者試験（当時は第二種試験）に出た流れ図の問題を、擬似言語プログラムにしたものです。今では、こんなにやさしい問題は出ませんが、全問正解して気分よく次のLESSONに進んでください。

第3章 基本アルゴリズム

練習問題

次の擬似言語プログラム中の　　a　　～　　d　　に入れるべき適当な操作を答えよ。

m個（m ≧ 1）の数値（非負）について、最大値（MAX）と最小値（MIN）、および、平均値（AVE）を求める擬似言語プログラムである。

m個の数値は、配列Aの要素A[1]、A[2]、……、A[m]に格納されており、A[m + 1]には負数が格納されている。

・TOTAL ← A [1]
・MIN ← A [1]
・MAX ← A [1]
・ a

■ A [N] ≧ 0
　　　　A [N] < MIN
　　　　・ b

　　　　A [N] > MAX
　　　　・ c

・TOTAL ← TOTAL + A [N]
・N ← N + 1

・ d

解説

A[1]をTOTAL、MIN、MAXに代入しています。空欄aは、Nの初期設定です。A[2]以降をループ内で比較すればいいので、Nの初期値は2です。空欄cとdは、MINとMAXの設定です。空欄dは、平均（AVE）を求めます。データ件数はNに1を加えてカウントしていますが、配列の最後にはデータではない負数が格納されているので、TOTALをN－1で割ります。

【解答】　a N←2　b MIN ← A[N]　c MAX ← A[N]　d AVE ← TOTAL÷(N−1)

最大値の考え方 | **145**

LESSON 3
選択ソート
りんごを並べ替えよう

りんごを小さい順に並べ替えよう

机の上に『りんごカード』を5枚並べてください。

ランダムに並んだりんご

　10分間の時間をあげますから、りんごを数字の小さい順に並べる方法を考えてください。いつも教室では、いろいろなアイデアが出ます。
　ぜひ、『りんごカード』を使って、実際に手を動かして考えてください。その手順を、後で流れ図にします。

一番小さいりんごを選び出して、残りのりんごで、それを繰り返せばいいんじゃないですか？

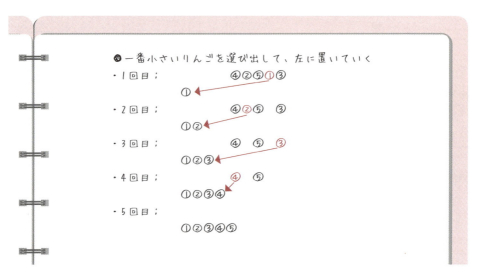

146　第3章　基本アルゴリズム

いいですよ。一番小さなりんごを選んでいく、とか、一番大きなりんごを選んでいく、というのが最もよく出るアイデアです。最小値や最大値を見つけることを繰り返すわけですから、LESSON2で学んだ最大値の位置を見つけるアルゴリズムの応用です。
　りんごを配列で表すと、小さい順に並べ替えるとは、次のようになることです。

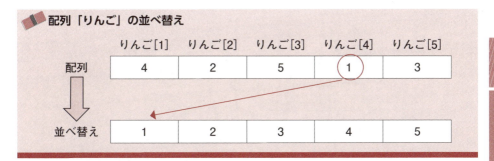

　一番小さなりんごを探し出して、りんご[1]にもってくればいいのですが、りんご[1]を空けないと、もってくることができません。どうしますか？

 一番小さいりんごの値を変数に覚えておいて、1つずつ後ろにずらして、空けるしかないですね

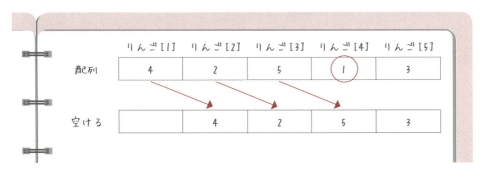

　それも1つの方法です。そのようにして、並べ替えるアルゴリズムもあります。しかし、例えば、データがたくさんあると、いちいち後ろにずらすのは時間がかかりますね。
　データを並べ替えることを**ソート**といいます。最小値、あるいは、最大値を選択して並べ替えるのが、**選択ソート**です。選択ソートは、最小値を1つ選択して先頭に置きますが、このとき残ったグループは元の順番を守る必要がありません。
　そこで、一番小さい「りんご[4]」と「りんご[1]」を交換します。これで、一番小さいりんごが先頭にきたので、残った4個の中から一番小さいりんごを探して、「りんご[2]」に置きます（この例では2のまま）。このような操作を繰り返すと、りんごを小さい順に並べることができます。

りんごの個数をN個として、小さい順に並べ替える流れ図を書きました。

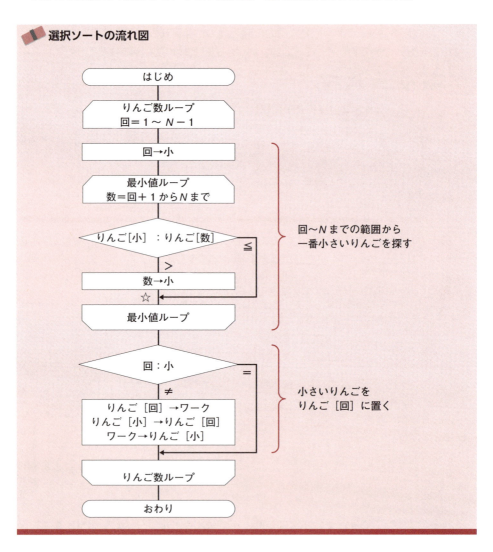

　一番小さいりんごを選び出す処理を、「りんご数ループ」ではさんで、りんごの個数－1だけ繰り返すようにしたものです。
　流れ図の☆の位置で、N＝5とN＝8の例でトレースしたものを示しました。
　☆の位置でトレースしているので、例2)は90と85が並んでいませんが、最後に90と85を交換して、全てのデータが小さな順に並びます。ぜひ、自分でトレース表を確認してください。

選択ソートのトレース

例1）N=5

回	数	小	りんご[1]	[2]	[3]	[4]	[5]	
	実行前		4	2	5	1	3	
1	2	2	4	2	5	1	3	
	3	2	4	2	5	1	3	
	4	4	4	2	5	1	3	
	5	4	4	2	5	1	3	交換
2	3	2	1	2	5	4	3	
	4	2	1	2	5	4	3	
	5	2	1	2	5	4	3	
3	4	4	1	2	5	4	3	
	5	5	1	2	5	4	3	交換
4	5	4	1	2	3	4	5	

例2）N=8

回	数	小	りんご[1]	[2]	[3]	[4]	[5]	[6]	[7]	[8]	
	実行前		25	43	34	61	85	90	37	12	
1	2	1	25	43	34	61	85	90	37	12	
	3	1	25	43	34	61	85	90	37	12	
	4	1	25	43	34	61	85	90	37	12	
	5	1	25	43	34	61	85	90	37	12	
	6	1	25	43	34	61	85	90	37	12	
	7	1	25	43	34	61	85	90	37	12	
	8	8	25	43	34	61	85	90	37	12	交換
2	3	3	12	43	34	61	85	90	37	25	
	4	3	12	43	34	61	85	90	37	25	
	5	3	12	43	34	61	85	90	37	25	
	6	3	12	43	34	61	85	90	37	25	
	7	3	12	43	34	61	85	90	37	25	
	8	8	12	43	34	61	85	90	37	25	交換
3	4	3	12	25	34	61	85	90	37	43	
	5	3	12	25	34	61	85	90	37	43	
	6	3	12	25	34	61	85	90	37	43	
	7	3	12	25	34	61	85	90	37	43	
	8	3	12	25	34	61	85	90	37	43	
4	5	4	12	25	34	61	85	90	37	43	
	6	4	12	25	34	61	85	90	37	43	
	7	7	12	25	34	61	85	90	37	43	
	8	7	12	25	34	61	85	90	37	43	交換
5	6	5	12	25	34	37	85	90	61	43	
	7	7	12	25	34	37	85	90	61	43	
	8	8	12	25	34	37	85	90	61	43	交換
6	7	7	12	25	34	37	43	90	61	85	
	8	7	12	25	34	37	43	90	61	85	交換
7	8	8	12	25	34	37	43	61	90	85	交換

注）2けたのデータを適当に決めてトレースした例

練習問題

次の擬似言語プログラムは、N個の要素をもつ配列Aを、値の小さい順に並べ替えるものである。色網で示した空欄を埋めよ。

なお、繰返し処理（■）は、「変数：初期値、条件式、増分」の意味で、条件式が真の間、変数に増分を加えながら繰り返す。

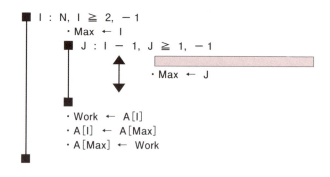

解説

Maxとあるから、きっと最大値を選び出すんですね。
どうして小さい順に並べられるのかな？

そのとおり、Maxは最大値です。最大値を選び出して、後ろから置いていく選択ソートです。したがって、小さい順に並びますよ。

N＝5にして、具体的に考えるといいでしょう。外側のループの最後でトレースしています。したがって、Jの欄は空白にしました。

I	J	Max	りんご [1]	[2]	[3]	[4]	[5]
	実行前		5	4	2	1	3
5		1	3	4	2	1	5
4		2	3	1	2	4	5
3		1	2	1	3	4	5
2		1	1	2	3	4	5

外側のループは、IをNから1ずつ引いていき、Iが2以上の間繰り返すという条件です。内側のループでは、JをI－1から1ずつ引いていき、Iが1以上の間繰り返します。Iが5のとき、Jは、4、3、2、1と4回繰返し、一番大きなものを探し、その添字JをMaxに設定します。空欄は、A[Max]とA[J]とを比較する条件式になります。

【解答】　A[Max]＜A[J]

LESSON 4
バブルソート
隣のりんごと交換していく

大きなりんごを選ぶもう1つの方法

並んだ5個のりんごの中で、一番大きなりんごを右に置くことを考えます。

個々のりんごが、自分で動けるものとします。どうすれば、一番大きなりんごは、右端に行けるでしょうか？

　自分よりも小さいりんごが右にいたら、追い越して右に行けばいいかも？
　大きいりんごが右にいたら、動きません。

そうですね。一番左のりんごから始めましょうか。隣に自分より小さいりんごがいたら、場所を交換して右へ進みます。

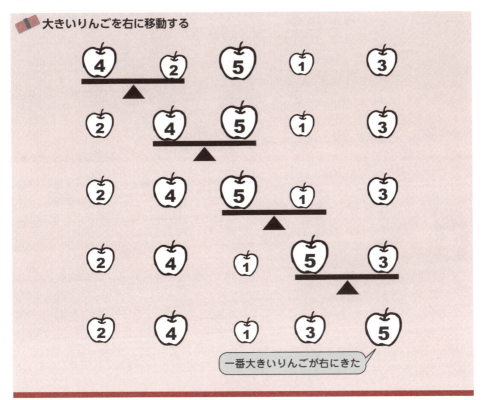

大きいりんごを右に移動する

一番大きいりんごが右にきた

大きなりんごを右に移動していけば、最終的に小さな順に並びます。この手順で並べ替える流れ図を示します。

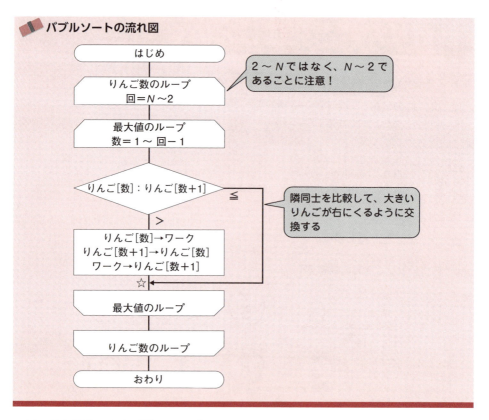

N＝5の場合、りんご数のループの回は、5、4、3、2と変化します。1回目の最大値のループは、数を1、2、3、4と変化させ、隣同士のりんごを比較しています。

判断記号の「りんご[数]：りんご[数＋1]」のところが、1つ隣と比較しているところですね。

そうです。例えば、数が4のとき、りんご[4]とりんご[4＋1]を比較します。
そして、一番大きなものがりんご[5]に置かれます。
このアルゴリズムは、隣同士を比較して、右側が大きな値になるように交換していくので**交換ソート**、あるいは、値が移動していく様子が水中の泡に似ているので、**バブルソート**と呼ばれています。ソートアルゴリズムの中では最も単純で、午前の問題にも流れ図が出題されたことがあります。

152 　第3章　基本アルゴリズム

バブルソートのトレース表

例1）N=5

回	数	りんご [1]	[2]	[3]	[4]	[5]	
実行前		4	2	5	1	3	
5	1	2	4	5	1	3	交換
	2	2	4	5	1	3	
	3	2	4	1	5	3	交換
	4	2	4	1	3	5	交換
4	1	2	4	1	3	5	
	2	2	1	4	3	5	交換
	3	2	1	3	4	5	交換
3	1	1	2	3	4	5	交換
	2	1	2	3	4	5	
2	1	1	2	3	4	5	

黒網は、確定したもの

例2）N=8

回	数	りんご [1]	[2]	[3]	[4]	[5]	[6]	[7]	[8]	
実行前		25	43	34	61	85	90	37	12	
8	1	25	43	34	61	85	90	37	12	
	2	25	34	43	61	85	90	37	12	交換
	3	25	34	43	61	85	90	37	12	
	4	25	34	43	61	85	90	37	12	
	5	25	34	43	61	85	90	37	12	
	6	25	34	43	61	85	37	90	12	交換
	7	25	34	43	61	85	37	12	90	交換
7	1	25	34	43	61	85	37	12	90	
	2	25	34	43	61	85	37	12	90	
	3	25	34	43	61	85	37	12	90	
	4	25	34	43	61	85	37	12	90	
	5	25	34	43	61	37	85	12	90	交換
	6	25	34	43	61	37	12	85	90	交換
6	1	25	34	43	61	37	12	85	90	
	2	25	34	43	61	37	12	85	90	
	3	25	34	43	61	37	12	85	90	
	4	25	34	43	37	61	12	85	90	交換
	5	25	34	43	37	12	61	85	90	交換
5	1	25	34	43	37	12	61	85	90	
	2	25	34	43	37	12	61	85	90	
	3	25	34	37	43	12	61	85	90	交換
	4	25	34	37	12	43	61	85	90	交換
4	1	25	34	37	12	43	61	85	90	
	2	25	34	37	12	43	61	85	90	
	3	25	34	12	37	43	61	85	90	交換
3	1	25	34	12	37	43	61	85	90	
	2	25	12	34	37	43	61	85	90	交換
2	1	12	25	34	37	43	61	85	90	交換

バブルソート

ちょっとだけ速い交換法

先のバブルソート(152ページ)の流れ図は、途中でデータが小さい順に並んでしまっても、隣同士の比較を最後までやります。

次の問題は、途中で小さい順に並んだら、プログラムを終了するように工夫されていますよ。

練習問題

整列の擬似言語プログラムの空欄a～cに入れるべき、適切な字句を埋めなさい。

〔擬似言語プログラムの説明〕

配列A［m］（m = 1, 2, …, N）に設定されている数値データを昇順に並べ替える処理である。

並替えは、「配列の後から順に隣り合う要素同士を比較し、大小関係の逆転がある場合には値の交換を行う」という処理を繰り返し、もっとも小さな要素がA［1］にくるようにする。

その後、範囲を縮小しながら同様の処理をN - 1回繰り返す。

〔擬似言語プログラムの説明〕

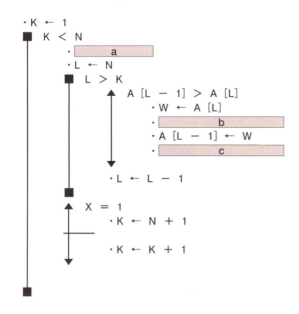

解説

並べ替え（ソート）のことを**整列**、小さい順のことを**昇順**、大きい順のことを**降順**といいます。隣同士を比較して交換するので、バブルソート（交換ソート）です。ただし、配列の後（下図では右側）から比べていき、小さい値を先頭（下図では左）に置いていきます。

隣同士を比較して、一度も交換が起きなかったらすでに並べ替えが済んでいるので、終了するように工夫されています。変数Xがスイッチ（38ページ）として用いられ、X＝1のときに「K←N＋1」として、Kを強制的にNより大きくしてループを終了させています。したがって、1回でも交換が起きたらX＝0、1回も起きなかったらX＝1になるようにするのでしょう。

空欄aとcが、このXの操作、空欄bはA[L－1]とA[L]をワークエリアWを使って交換するときのいつものパターンです。

空欄を埋めて、トレースした例を示します。もしもXがなかったら、Kは1から7まで変化しますが、K＝4で1回も交換が起きないので終了します。

K	L	X	A[1]	A[2]	A[3]	A[4]	A[5]	A[6]	A[7]	A[8]	
	実行前		25	43	34	61	85	90	37	12	
1	8	0	25	43	34	61	85	90	12	37	交換
	7	0	25	43	34	61	85	12	90	37	交換
	6	0	25	43	34	61	12	85	90	37	交換
	5	0	25	43	34	12	61	85	90	37	交換
	4	0	25	43	12	34	61	85	90	37	交換
	3	0	25	12	43	34	61	85	90	37	交換
	2	0	12	25	43	34	61	85	90	37	交換
2	8	0	12	25	43	34	61	85	37	90	交換
	7	0	12	25	43	34	61	37	85	90	交換
	6	0	12	25	43	34	37	61	85	90	交換
	5	0	12	25	43	34	37	61	85	90	
	4	0	12	25	34	43	37	61	85	90	交換
	3	0	12	25	34	43	37	61	85	90	
3	8	1	12	25	34	43	37	61	85	90	
	7	1	12	25	34	43	37	61	85	90	
	6	1	12	25	34	43	37	61	85	90	
	5	0	12	25	34	37	43	61	85	90	交換
	4	0	12	25	34	37	43	61	85	90	
4	8	1	12	25	34	37	43	61	85	90	
	7	1	12	25	34	37	43	61	85	90	
	6	1	12	25	34	37	43	61	85	90	
	5	1	12	25	34	37	43	61	85	90	

Xが1なので、終了する

【解答】　a　X←1　　b　A[L]←A[L－1]　　c　X←0

LESSON 5

挿入ソート

1枚めくって並べよう

はじめから並べていく方法もある

　選択ソートやバブルソート(交換ソート)について学びました。これらは、ランダムに並んだデータを、後から並べ替える方法でした。
　『りんごカード』を裏返しにして重ね、机に置きます。ここでは、5枚で説明しますが、全部のカードを使って実際に並べてみてください。
　カードを1枚めくり、机に置きます。4のカードでした。

カードを並べる1

　もう1枚めくると、2のカードでした。りんごが左から小さい順に並ぶようにするには、2のカードをどこに置きますか？

4の左側ですね。

　そうですね。2＜4なので、4のカードを右に1つずらして、2のカードを置くところを空け、そこに2のカードを置きます。

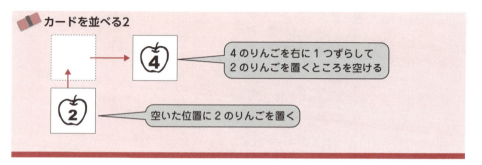

カードを並べる2

156　第3章　基本アルゴリズム

次は、5のカードだったので、一番後ろに置きます。

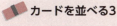

　カードを置くべき位置に挿入していくので、カードのりんごは、常に小さい順に並んでいます。次は、1のカードだったので、一番左に置きます。

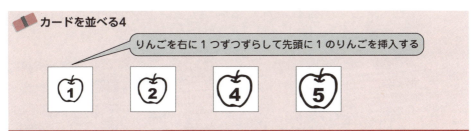

次は、3のカードでした。どうしますか？

> 4と5を右にずらして1枚分を空け、そこに3を置きます。

　そのとおり。4と5のカードを右にずらして、2のカードの次に挿入します。

　これで、5個のりんごが小さい順に並びました。
　このアルゴリズムは、データの並びを保ちながら、適切な位置にデータを挿入していくので、**挿入ソート**と呼びます。すでにデータが設定されている配列の並べ替えにも利用できます。ただし、挿入位置を空けるためにデータを移動させる必要があるので、データ件数が多いと並べ替えに時間がかかます。

挿入ソート　|　**157**

挿入ソートの流れ図

次に、配列に設定されているN件のデータを並べ替える挿入ソートの流れ図を示します。

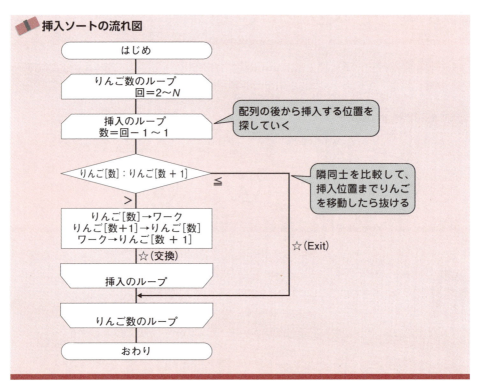

この流れ図では、挿入位置を空けて挿入するのではなく、配列の後から挿入位置まで隣と交換させながら移動することで挿入を行っています。

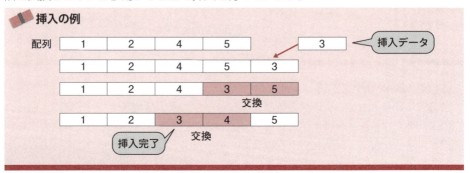

流れ図の☆の位置のトレース表を示します。色網をつけているのが挿入するデータです。
配列の後から挿入位置まで移動しています。

■ 挿入ソートのトレース表

例1）N=5

回	数	りんご					
		[1]	[2]	[3]	[4]	[5]	
実行前		4	2	5	1	3	
2	1	2	4	5	1	3	交換
3	2	2	4	5	1	3	Exit
4	3	2	4	1	5	3	交換
	2	2	1	4	5	3	交換
	1	1	2	4	5	3	交換
5	4	1	2	4	3	5	交換
	3	1	2	3	4	5	交換
	2	1	2	3	4	5	Exit

黒網は、挿入前のデータ

例2）N=8

回	数	りんご							
		[1]	[2]	[3]	[4]	[5]	[6]	[7]	[8]
実行前		25	43	34	61	85	90	37	12
2	1	25	43	34	61	85	90	37	12	Exit
3	2	25	34	43	61	85	90	37	12	交換
	1	25	34	43	61	85	90	37	12	Exit
4	3	25	34	43	61	85	90	37	12	Exit
5	4	25	34	43	61	85	90	37	12	Exit
6	5	25	34	43	61	85	90	37	12	Exit
7	6	25	34	43	61	85	37	90	12	交換
	5	25	34	43	61	37	85	90	12	交換
	4	25	34	43	37	61	85	90	12	交換
	3	25	34	37	43	61	85	90	12	交換
	2	25	34	37	43	61	85	90	12	Exit
8	7	25	34	37	43	61	85	12	90	交換
	6	25	34	37	43	61	12	85	90	交換
	5	25	34	37	43	12	61	85	90	交換
	4	25	34	37	12	43	61	85	90	交換
	3	25	34	12	37	43	61	85	90	交換
	2	25	12	34	37	43	61	85	90	交換
	1	12	25	34	37	43	61	85	90	交換

挿入ソート | 159

データを読みながら整列することができる

挿入ソートは、ファイルからデータを読み込みながら並べ替えるのに向いています。次の問題は、流れ図で出題されたものを擬似言語プログラムに直したものです。

練習問題 　　　　　　　　　　　　　　　　　　　　　　　　動画

整列に関する擬似言語プログラムの空欄a〜cに入れるべき適切な字句を答えよ。

〔擬似言語プログラムの説明〕
(1) ファイルからデータを読み込んで、その内容を降順に整列して配列Mに格納する。
(2) 入力するファイルのデータ数Nは、配列Mの要素よりも少ない。
(3) 配列Mの添字は1から始まる。

〔擬似言語プログラム〕

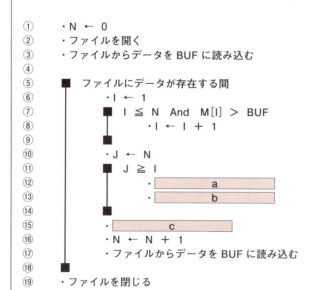

```
①    ・N ← 0
②    ・ファイルを開く
③    ・ファイルからデータを BUF に読み込む
④
⑤  ■  ファイルにデータが存在する間
⑥       ・I ← 1
⑦     ■  I ≦ N And M[I] > BUF
⑧         ・I ← I + 1
⑨
⑩       ・J ← N
⑪     ■  J ≧ I
⑫         ・     a
⑬         ・     b
⑭
⑮       ・     c
⑯       ・N ← N + 1
⑰       ・ファイルからデータを BUF に読み込む
⑱
⑲    ・ファイルを閉じる
```

注）説明のために行番号を付けた。

解説を読む前に、ファイルに4、2、5、1、3が記録されているとして、トレースして空欄を考えてみよう。

解説

ファイルからデータを読み込んで、配列に挿入しながら整列する挿入ソートです。降順（大きい順）ですから、気をつけてください。

①で、BUFにデータを1つ読み込みます。64ページで説明したパターンと同じで、ループの前で1件目を読み込みます。そして、⑤行から⑱までをファイルのデータがなくなるまで繰り返します。

⑥から⑨は、配列Mの先頭からM[I]とBUFを比較し、挿入する位置を探しています。

⑦の繰返し条件の「I ≦ N And M[I] ＞ BUF」は、「I ≦ N」でIが配列に存在する要素数以下である、かつ、「M[I] ＞ BUF」でBUFが小さいという条件で、挿入位置を探しています。1回目はIが1、Nが0であるため偽になり、ループ内の⑧は1回も実行されません。

⑩から⑭は、挿入位置にあるデータを後ろにずらす処理です。

例えば、データが4、2、5と順に読み込まれた場合、5を格納する位置を空ける必要があります。

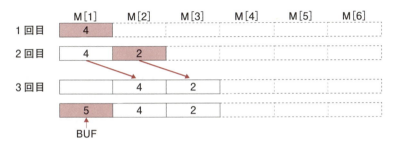

空欄aは、M[J]のデータをM[J+1]に移動する処理です。
(1)　M[1 + 1]　←　M[1]
(2)　M[2 + 1]　←　M[2]
の順では、(1)でM[2]の内容が変更されてうまくいきません。
そこで、⑩でJにNを設定し、
①　M[2 + 1]　←　M[2]
②　M[1 + 1]　←　M[1]
という順番で移動します。そのためには、空欄bで、Jから1を引きます。

これで、データの5を格納するM[1]が空きました。空欄cでBUFをM[I]に代入すれば、5、4、2と降順に並びます。

【解答】　a　M[J+1]←M[J]　b　J←J−1　c　M[I]←BUF

LESSON 6

線形探索法

番兵：「ここが終わりです」

地道に探せば、いつかは見つけられる

　試験の答案を集めてから、「名前を書き忘れました」と言ってくる学生がいます。終わった人から答案を提出して教室を出ていくので、答案はばらばらに並んでいます。1枚1枚めくりながら、名前のない答案を探していくしかありません。面倒くさいので、「10点引いとくぞ！」と脅してやります。

　配列などデータが集まったところから、特定のデータを探し出すことを**データの探索**といいます。答案の例のように、データを1件目から順々に比較して探していくのが、**線形探索法**（逐次探索法）です。

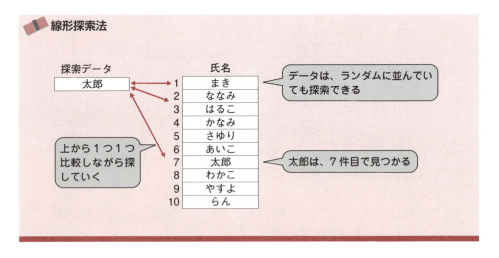

　100枚の答案があるとき、答案を何枚めくれば指定した人の答案を探索できますか？

それは運しだいでは？　偶然1枚目にあればラッキーだし、100枚目にあると超ブルーです。

　そのとおりです。運がよければ1枚目で見つかりますが、最悪の場合は100枚目に見つかるかもしれません。平均的には、50枚ぐらい比較すると見つけることができます。

線形探索法の比較回数

データが N 件のとき、
　平均比較回数：$[(N+1)\div 2]$ 回
　最大比較回数：N 回

注）[ ] は小数点以下切り捨て

> データが 100 件のとき
> 平均比較回数：$(100+1)\div 2 = 50$ 回
> 最大比較回数：100 回

配列「氏名」に「探索データ」と同じものがあるかを探索する流れ図です。

線形探索法の流れ図

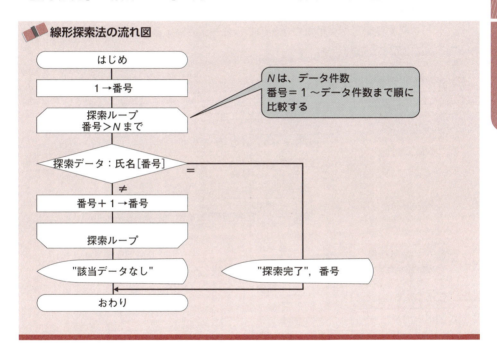

「探索データ」と「氏名[番号]」を比較し、一致するデータがあれば、データが格納されている要素の番号を表示します。

線形探索法は、判断記号で比較することを繰り返せばいいので、流れ図は簡単です。ある工夫をすると、探索ループの中の判断記号をなくすことができます。どんな工夫をすればいいでしょうか？

> 探索ループの中から判断記号をとったら、「番号＋1→番号」だけになっちゃいますよ。そもそも比較できないし…

「番号＋1→番号」だけになりますが、ループ記号の条件などを工夫しす。

出題者は番兵が好きらしい

　探索データを、配列の最後（データがN件ならば、N＋1件目）に置く方法があり、基本情報技術者試験では、**番兵法**という名称で午前の試験でも出題されます。

　番兵は、番人とか、標識とも呼ばれます。遊園地などで長い行列の末尾がわかるように、「ここが終わりです」という看板を持った人が立っていたりします。配列の最後を管理するための目印が番兵です。

　45ページの流れ図で、データの最後に－1を入力しました。あれと同じでデータの最後に目印をつけるものですが、探索データと同じデータを設定するところが重要です。これによって必ず探索データが見つかるので、ループの終了条件は、「該当データが見つかったら」だけでよくなります。

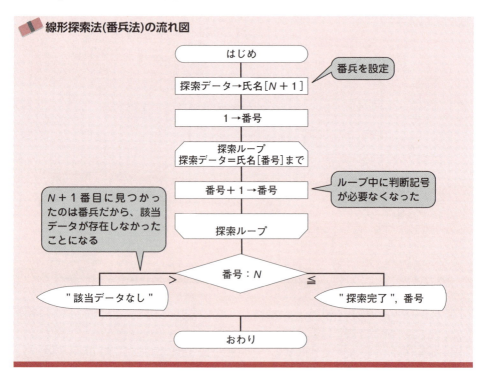

線形探索法(番兵法)の流れ図

> 探索ループの中には判断記号がないけど、探索ループの下に判断記号があるので、判断記号は、結局、減ってませんよ。

　ループの中にある判断記号は、何回も繰り返しますが、ループの外にある判断記号は最後に1回通るだけです。

擬似言語のプログラムも読んでおこう

　前ページの流れ図を、擬似言語プログラムに直した練習問題です。流れ図を見ずに解いてみてください。流れ図にはないデータの設定例も作りました。

練習問題

　線形探索法の擬似言語プログラムの空欄を埋めなさい。

〔擬似言語プログラム〕
　キーボードから入力した氏名を探索して、番号を表示する。

〔擬似言語プログラム〕

- 氏名[1] ← "まき"
- 氏名[2] ← "ななみ"
- 氏名[3] ← "はるこ"
- 氏名[4] ← "かなみ"
- 氏名[5] ← "さゆり"
- 氏名[6] ← "あいこ"
- 氏名[7] ← "太郎"
- 氏名[8] ← "わかこ"
- 氏名[9] ← "やすよ"
- 氏名[10] ← "らん"
- N ← 10
- キーボードから探索データを入力

　　　　　　　　　　　　　　　　　}　流れ図にはない

- 氏名[N + 1] ← 探索データ
- 番号 ← 1

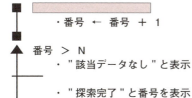

　　　・番号 ← 番号 + 1

　番号 > N
　　・"該当データなし"と表示

　　・"探索完了"と番号を表示

解説

　流れ図のループ記号には終了条件を書きますが、擬似言語は繰返し条件なので、探索データと氏名(番号)が一致しないという条件になります。

【解答】　探索データ ≠ 氏名[番号]

LESSON 7
2分探索法
英和辞典で単語を探せるワケ

探す範囲を半分にしていこう

　最近は、高校入学時の学校推薦が電子辞書だったりして、紙の辞書を使う人は少なくなっているようですね。紙の英和辞典で、「school」という単語を簡単に探せるのはどうしてですか？

> アルファベット順に単語が並んでいるので、だいたいどのあたりにあるかがわかるからだと思います。

　だいたいこのあたりだな、とページを開いても「rich」などの単語が並んでいて、そのページになかったらどうしますか？

> 「rich」があったら、「s」で始まる「school」は、もう少し後ろのページだと見当をつけます。

　ありがとう。
　文字の場合は、「A」、「B」、「C」、…や「あ」、「い」、「う」、…の順を昇順、逆の順を降順といいます。ここで重要なのは、辞書は、単語が昇順に並んでいるので、だいたいの位置がわかり、目的の単語がだいたいの位置の前にあるか後ろにあるかもわかる、ということです。
　この探索方法は、辞書以外でも使っています。例えば、答案がばらばらに並んでいると特定の学生の答案を探すのは大変です。1枚1枚めくりながら比較していくのは、線形探索法でした。
　答案を出席番号の順番に並べ替えると、だいたいどのへんに探している答案があるのかがわかって便利です。例えば、30番の答案を探しているとき、あたりをつけて見た答案が25番なら、もう少し後にあることがわかりますね。
　2分探索法は、まず中央を調べて、前半にあるか後半にあるかを判断し、探索範囲を半分に絞り込んでいくことを繰り返します。

重要 2分探索法を使うには、
データが昇順か降順に整列されていなければならない。

配列「氏名」に格納されたデータから、探索データ「たろう」と一致するものを2分探索法で探す例を示します。

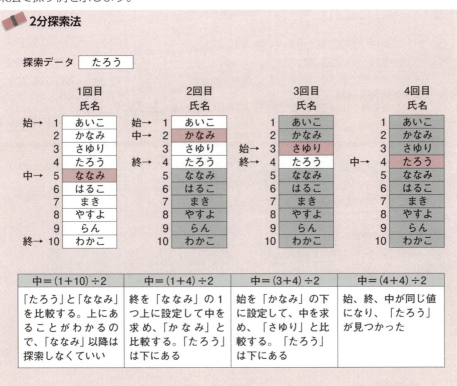

データが10件なので、(1 + 10)÷2で中央値を計算します。5.5の小数点以下を切り捨てて5です。5は「ななみ」で、「たろう＜ななみ」なので、上にあることがわかり、5から10の範囲は探索範囲から外れます。つまり、1回の比較で、探索範囲を半分にすることができるのです。

半分なら残りが5つのはずなのに、残りが1から4の4つになってますけど？

もしも、「やすよ」を探索していたら「ななみ＜やすよ」なので、6から10の5件が探索範囲になります。半分から1つずれることがありますので、ほぼ半分といえばよかったかもしれませんが、1回の比較で半分になるというのは重要です。

データ件数が少ないとわかりにくいですが、10万件のデータがあったとき、中央のデータと1回比較するだけで、半分の約5万件に絞り込むことができます。もう1回比較すれば、2万5千件です。

データ件数をN、比較回数をxとします。xを1つ増やすと、探索できるデータ領域が2倍になります。つまり、$2^x = N$という関係が成り立ちます。$2^x = N$は、$X = \log_2 N$と表すことができ、これが平均比較回数です。

2分探索法の比較回数

午前の試験で出題されるので、logの式も覚えておかなければなりませんが、上の不等号の式で覚えておくと忘れませんし、間違いません。

2分探索法の流れ図を示します。

2分探索法の流れ図

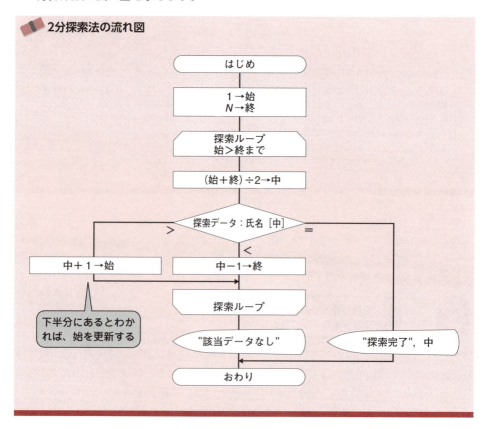

168　第3章　基本アルゴリズム

練習問題

次の擬似言語プログラムの中の空欄aとbを埋めなさい。

〔擬似言語プログラムの説明〕

大きさnの配列Tの各要素T[1]、T[2]、…、T[n]に異なる値が昇順に格納されている。与えられた変数Tkeyと同じ値が格納されている要素を2分探索法で見つける。変数Tkeyの値と一致した要素が見つかると、その要素番号を変数idxに格納して検索を終了する。見つからなかったときは、変数idxを0とする。

2分探索法による検索の概要は、次のとおりである。
(1) 最初の探索範囲は、配列全体とする。
(2) 探索範囲の中央の位置にある配列要素の値と検索する値とを比較する。なお、割り算（÷）は、小数点以下切捨てとする。
(3) 比較の結果、2つの値が等しければ検索を終了する。2つの値が一致せず、しかも探索範囲の要素数が0個となったときは、検索を終了する。

〔擬似言語プログラムの説明〕

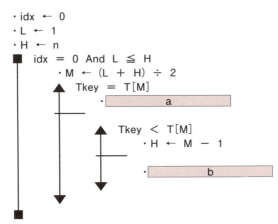

解説

LとHは、LowとHighを表しているのでしょう。配列の添字の小さいほうがL、大きいほうがHです。この範囲を半分にしながら絞り込んでいきます。

空欄aは、探索データであるTkeyと同じ値が配列T[M]にあった場合ですから、問題文にあるとおり「その要素番号を変数idxに格納して検索を終了する」処理を書きます。

空欄bは、Tkey＞T[M]のときなので、中央の位置Mよりも下（添字が大きいほう）にありますから、Lを更新します。

【解答】 a　idx←M　b　L←M＋1

LESSON 8
ハッシュ表探索

一発で探す方法

決まった場所に置いておけばすぐに見つかる

探索法について教えていますが、物をよくなくして、探すのが苦手です。今朝も、爪切りが見つからなくて、探し回っていました。

物に帰るべき場所を決めてあげないからですよ。
使ったら必ず元のところ戻せば、1発で見つかりますよ。

素晴らしい。1発でそんな返事が返ってくるなんて！ 基子さんを沈黙の教室(*)にスカウトしたいぐらいです。にっこり。

線形探索法や2分探索法は、データがどこに格納されているかわからないので、順々に比較したり、中央のデータと比較して絞り込んだりして探索しました。

データを格納するときにデータの格納位置を決めて、特定のデータを一発で探せるようにしたのが、**ハッシュ表探索**です。データを格納する配列などを**ハッシュ表**と呼び、データの格納位置は**ハッシュ関数**という計算式で求めます。

まず、3けたの数字をハッシュ表に格納する簡単な例を説明します。

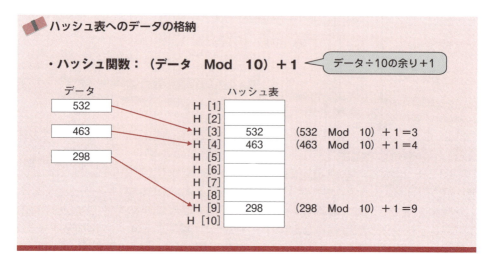

---

* ウンともスンとも返事の返ってこない教室

170　第3章　基本アルゴリズム

この例では、配列Hをハッシュ表にしています。ハッシュ関数は、データを10で割った余りに1を加える式で、ハッシュ関数の計算値を**ハッシュ値**といいます。ハッシュ値を配列Hの添字にして、データを格納する位置を決めています。

　データが532の場合は、10で割った余りは2で、1を加えると3になるので、H[3]に格納します。463の場合は、10で割った余りは3で、1を加えると4になるので、H[4]に格納します。

　では、999はどこに格納されますか？

> 999÷10の余りは9です。
> 1を足した10の位置のH[10]です。

正解です。
　さて、このハッシュ表からデータを見つけるには、どうすればいいでしょうか？
次のような流れ図になります。

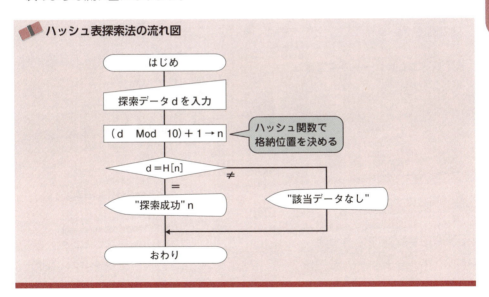

ハッシュ表探索法の流れ図

　先の例で、463を入力すると、(463　Mod　10)＋1＝4で、H[4]＝463なので、探索は成功し、データの格納位置nを表示します。もしも、895を入力すると、(895　Mod　10)＋1＝6で、H[6]≠895なので"該当データなし"と表示します。

ハッシュ表探索は、ハッシュ関数で格納位置を決めているので、
ほぼ1回の比較で探し出すことができる

恐怖のダブルブッキング

　ホテルや座席などの予約をすることを「ブッキング」、手違いで同じ部屋や同じ座席を2人の客に予約させてしまうことを「ダブルブッキング」といいます。

> 旅行したとき、予約した飛行機が定員オーバーだったみたいで、後の便に変更するだけで航空会社から1万円もらっちゃいました。

　それは、座席数以上の予約を入れてしまったオーバーブッキングですね。
　ハッシュ表でも、用意した配列の要素数以上のデータを、ハッシュ表に登録することはできません。そして、ダブルブッキングみたいなことも発生します。
　ハッシュ表探索は、一発でデータを探索できるものでした。ところが、異なるデータなのに、ハッシュ関数で格納位置を求めると、同じ位置になる**衝突**が発生することがあります。衝突のために格納できないレコード（データ）を**シノニムレコード**、すでに格納されているレコードを**ホームレコード**といいます。
　先の例（170ページ）で、308を続けて格納しようとするとどうなるでしょうか？

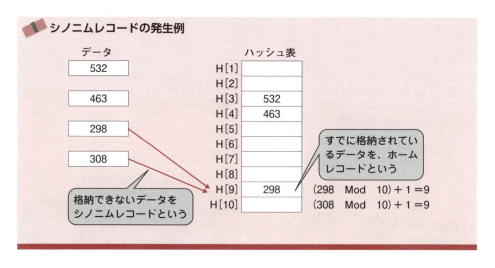

シノニムレコードの発生例

> ほんとだ。（308　Mod　10）＋1＝9で、H[9]に格納しようとすると、298があるので困ります。

　308をH[9]に格納しようとしますが、H[9]には298が格納されているため、格納できません。なんとかして、工夫して格納する方法はありませんか？
　次回は、衝突を回避するアルゴリズムを考えてみましょう。

LESSON 9
オープンアドレス法

隣の部屋を使ってください

空いているところに格納するオープンアドレス法

　ハッシュ表への格納時に発生する衝突は、配列の各要素をホテルの部屋と考えれば、ダブルブッキング状態です。ダブルブッキングを解決するには、後から来た人には、空いている他の部屋に移ってもらうしかありません。こんな感じで、シノニムレコードを空いているところに格納するのが**オープンアドレス法**です。

オープンアドレス法のイメージ

　たとえば、308のハッシュ値は、(308 Mod 10) + 1 = 9で、H[9]に格納しようとしたら、すでに298が格納されていて、衝突が発生します。

衝突の発生

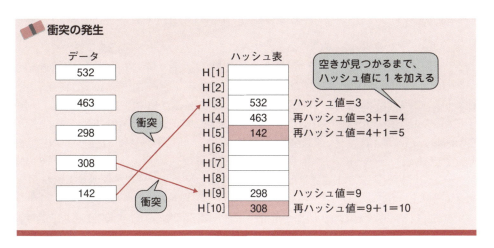

オープンアドレス法は、衝突したら再びハッシュ値を求めます。このとき、同じハッシュ関数を使うと同じハッシュ値になるので、ハッシュ値＋1を使うことが多いです。再ハッシュ値は9＋1＝10で、H[10]に格納します。
　では、142を格納するには、どうすればいいでしょう？
　142のハッシュ値は3ですがH[3]は格納済みです。再ハッシュ値を求めると4ですがH[4]も格納済みなので、再ハッシュ値を求めH[5]に格納します。

簡単にいえば、衝突したところより下のほうを見て、空いているところに入れるだけですね。

簡単にいえばそうですが、続けて219を格納する場合、どこに格納されますか？

(219　Mod 10)＋1＝10だけど、H[10]は衝突するので、再ハッシュして、10＋1＝11。あれれ！　H[11]はありませんよ……

　再ハッシュ値の11は、配列の大きさを超えるので、先頭に戻りH[1]に格納したいですね。そこで、再ハッシュ関数を、次のように定義しましょう。

 再ハッシュ関数
　（1）「ハッシュ値＜配列の大きさ」のとき
　　　再ハッシュ関数＝ハッシュ値＋1

　（2）「ハッシュ値＝配列の大きさ」のとき
　　　再ハッシュ関数＝1

　オープンアドレス法は、空いているところにシノニムレコードを格納するので、ハッシュ表（配列）の中に探索データが存在していても、ハッシュ値の位置にデータがあるとは限りません。ハッシュ値の位置にあるデータが一致しない場合は、再ハッシュ値を求め、比較していかなければならないのです。ハッシュ値の位置から下へ比較していき、一番下にいったら一番上から調べていくことになります。ハッシュ表の要素に全て格納済みの場合は、ハッシュ表のデータを全て調べてみないと、該当データが存在しないことがわかりません。
　オープンアドレス法で作成されたハッシュ表から、特定のデータを探索する流れ図を考えてみましょう。
　データが格納されていないハッシュ表（配列H）の要素には、－1を設定しておきます。流れ図を書く前に、次の図のようにデータが格納されているとき、データを探索する手順を具体的に考えてみます。

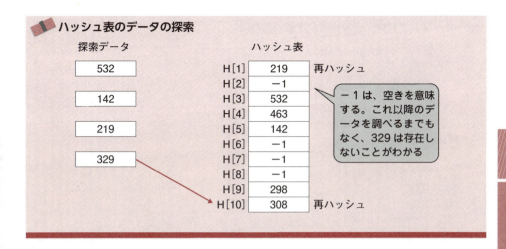

　532のハッシュ値は3で、H[3]を参照すると一発で見つかります。
　142のハッシュ値は3ですがH[3]は一致しないので、再ハッシュ値を求めます。しかし、H[4]も該当せず、再ハッシュしてH[5]で一致します。
　219のハッシュ値は10で、H[10]は一致しないので、再ハッシュしてH[1]で一致します。
　329のハッシュ値は10で、H[10]は一致しないので、再ハッシュしますがH[1]でも一致しません。再ハッシュしてH[2]を参照すると－1（空き）であり、該当データは存在しないことになります。もしも、329がハッシュ表の中にあるのなら、H[2]に格納されているはずです。
　ハッシュ値の位置のデータと一致しないときは再ハッシュ値を求める必要があり、流れ図はループ構造になります。ループの終了条件を整理しておきましょう。

ループの終了条件
① 探索データが見つかったとき
② 再ハッシュ値の要素が空（－1）であったとき
③ すべてのデータと比較しても探索データと一致しないとき

　ループの終了条件が複雑なので、次に示す流れ図では、flgという変数を用いています。また、流れ図中の①～③は、上に示した終了条件に対応します。先に考えた探索データの例で、流れ図をトレースしてみてください。

オープンアドレス法のデータ探索の流れ図

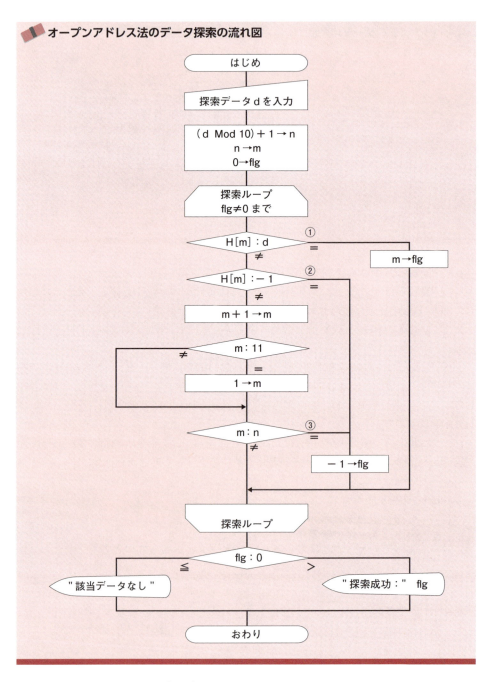

　この流れ図から擬似言語プログラムを書きました。じっくり読んでもらうために、練習問題にしています。

練習問題

次のハッシュ法の擬似言語プログラムの空欄を埋めなさい。

・探索データdを入力
・n ← (d Mod 10) + 1   ハッシュ関数でハッシュ値nを求める
・m ← n
・flg ← 0

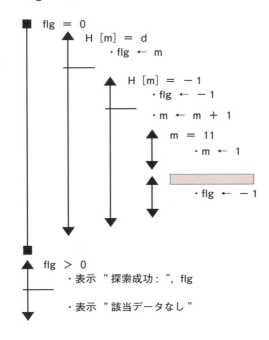

解説

流れ図と対応付ければ空欄は「m = n」とわかりますが、本当はよくわかりません。

空欄の条件は、「③すべてのデータと比較しても探索データと一致しないとき」(175ページ)です。簡単な例なので、配列の大きさは10しかありませんが、nが3だったとしましょう。mの最初の値は3です。一致しない場合、再ハッシュしてmを1ずつ増やします。10になったら1に戻して、1ずつ増やしていきます。そして、mがnと同じ3になったら、1周したのでflgを−1にして終わります。

【解答】m = n

LESSON 10
チェイン法

シノニムをポインタでつなごう

運が悪いと再ハッシュが頻発する

　オープンアドレス法は、シノニムレコードを空いているところに格納するのですが、このため、本来、その位置に格納されるはずのデータが格納できないことがあります。

　ハッシュ関数が、(データ　Mod　10)＋1の場合、1けた目の数字＋1がハッシュ値で、1けた目が異なれば、違うハッシュ値になります。したがって、110、111、112、113、114のハッシュ値は、1、2、3、4、5です。

　次の例を見てください。120がなければ、本来の位置に一発で格納することができます。ところが、2番目に120を格納すると、ことごとく再ハッシュが必要になります。

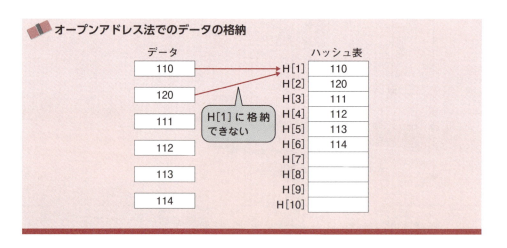

オープンアドレス法でのデータの格納

　ハッシュ表が非常に大きく、衝突が滅多に発生しないハッシュ関数ならば、オープンアドレス法は単純で良い方法です。しかし、ハッシュ表が小さかったり、シノニムレコードが多かったりすると、衝突が頻繁に発生し効率が悪いです。また、ハッシュ表に登録されたデータを削除する場合、工夫が必要になります。例えば、上の図のハッシュ表から112を削除して、H[4]に空きの意味で−1などの値を入れた場合、113を探索するとH[4]が空いているので、"該当なし"で探索を終了します。

シノニムの連結リストを作ろう

あらかじめシノニムレコードの領域を用意しておき、衝突が発生したら、そこへポインタでつなぐのが**チェイン法**です。

ポインタでつなぐ、というのはどういう意味ですか？

ポインタは指し示すものですが、ここではハッシュ表として用いる配列の要素の位置を示す添字と考えてください。同じハッシュ値になるデータをポインタで指し示すようにします。

次の例は、H[1]〜H[5]までをホームレコードの領域、H[6]〜H[10]までをシノニムレコードの領域にしています。ハッシュ表の大きさは同じですが、ハッシュ関数が今まで使ってきたものと変わっているので注意してください。

■ チェイン法のデータ格納

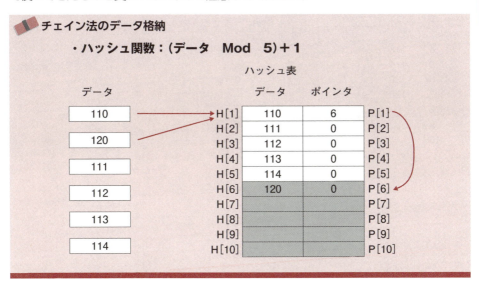

ポインタ用の配列Pを用いて、シノニムレコードの格納位置を示します。シノニムレコードがない場合は配列Pの値は0です。

110は、(110 Mod 5)+1=1で、H[1]に格納されます。120も、ハッシュ値は1でH[1]に格納しようとします。しかし、すでに110が格納されているので、シノニムレコードの領域であるH[6]に120を格納し、P[1]を6にしてつなぎます。

さらに130を格納しようとするとハッシュ値は1です。空いているH[7])に格納して、P[1]からポインタをたどり、P[6]のポインタを7にします。

チェイン法 | **179**

130の格納

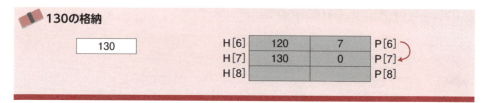

チェイン法の流れ図を示します。130まで格納した先の例で、探索データdに130を入力して、流れ図をトレースしてみてください。

チェイン法のデータ探索の流れ図

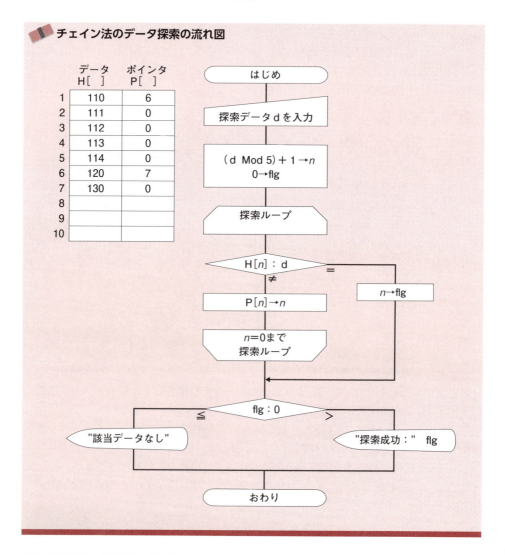

「P[n]→n」で、次のポインタを取り出しているところが重要です。dに130を入力すると、(130 Mod 5) + 1 = 1なのでn=1になります。探索ループに入ると、H[1]≠130なので、P[1]→nで、nが6になります。H[6]≠130なので、P[6]→nで、nが7になります。H[7]=130で条件が真になり、flgにnの値の7を設定し、探索ループを抜けます。

練習問題

次のハッシュ法の擬似言語プログラムの空欄を埋めなさい。

・探索データdを入力
・n ← (d Mod 5) + 1
・flg ← 0

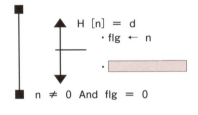

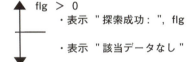

解説

ループの繰返し条件に注目してください。条件をループの後で判定する後判定型繰返し処理なので、どのような条件でもループ内を必ず1回は実行します。

前ページの流れ図は、探索データdが見つかったとき、ループを飛び出していましたが、この擬似言語プログラムでは、後判定の繰返し条件にflg＝0を加えることで、探索データが見つかってflgにnが設定されたときにループを抜けるようにしています。

空欄は、H[n]とdが異なるときに行う処理です。ハッシュ値nの位置に格納されていない場合は、ポインタP[n]で他の領域の位置を指していますから、nにP(n)を代入します。

【解答】 n ← P[n]

チェイン法 | **181**

LESSON 11

文字列処理

1文字ずつ記憶している

文字データもハッシュ表に格納できるよ

英単語の「ABC」などの文字列は、どのようにして記憶されるのでしょうか？

> じゃんけんのところで、「太郎君の勝ち」とか、文字列を入れることができる変数があると言ってませんでしたか？

多くの高水準言語は、文字を記憶できる変数をもっています。1つの変数に "ABC" のような文字列を代入できる言語もあります。じゃんけんの勝敗判定アルゴリズムでは、流れ図を簡単にするために、文字列を代入できる配列を用いました。

コンピュータは、文字ごとに文字コードという番号を割り当てて、その番号を記憶しています。例えば、JISコードでは、次のような8ビットの番号が決められています。

JISコードの一部

・8ビットの文字コードで、上位4ビットを列、下位4ビットを行で表す。

行＼列	2	3	4	5	6	7
0	間隔	0	@	P	`	p
1	!	1	A	Q	a	q
2	"	2	B	R	b	r
3	#	3	C	S	c	s
4	$	4	D	T	d	t
5	%	5	E	U	e	u
6	&	6	F	V	f	v
7	'	7	G	W	g	w
8	(	8	H	X	h	x
9	)	9	I	Y	i	y
A	*	:	J	Z	j	z
B	+	;	K	[	k	{
C	,	<	L	¥	l	|
D	-	=	M	]	m	}
E	.	>	N	^	n	~
F	/	?	O	_	o	

'A' は16進数の41
'1' は16進数の31

注）「JIS X 0201 ローマ字・片仮名用8単位符号」の一部

"A"の文字コードは、列が4、行が1なので、16進数の41、2進数の0100 0001、10進数の16×4+1＝65です。

> 1にも文字コードがあるんですか？
> そのままの1ではダメなんですか？

　コンピュータでは、数値の1と文字の"1"は、違うデータです。数値の1は、演算などに用いることができ、2進数で表せば00000001です。文字の"1"は、表示や印字に用いるもので、JISコードなら16進数の31、2進数の00110001で表されています。
　数値の1は、どのコンピュータでも2進数の00000001ですが、文字の"1"は文字コードの種類によって異なります。例えば、IBM社のEBCDICコードでは、文字の"1"は16進数のF1です。このような細かいことを覚える必要はありませんが、数値の1と文字の"1"は違うということを覚えておきましょう。
　これからの説明では、わかりやすいように、10進数の文字コードを使います。

JISコードの一部を10進数で表したもの

文字	A	B	C	D	E	F	G	H	I	J
文字コード	65	66	67	68	69	70	71	72	73	74

　例えば、"ABC"という文字列は、1次元の配列に1文字ずつ文字コードで記憶されています。

文字列の記憶例

M[1]	M[2]	M[3]	
65	66	67	← 文字コードの10進数
A	B	C	← 文字

　1つの変数に文字列"ABC"を代入できる言語でも、内部では1文字ずつ文字コードが格納されています。基本情報技術者試験で出題される文字列の問題は、1次元配列に文字を1文字ずつ記憶しているものがほとんどです。したがって、文字列操作の問題は配列操作の問題といえます。

文字列処理　**183**

英単語帳のハッシュ表に英単語を登録しよう

　英単語を登録する英単語帳のハッシュ表を考えます。実際に多数の英単語を登録するなら、少なくとも登録する単語数の1.3倍ぐらいの大きさのハッシュ表を用意し、ハッシュ関数を工夫しないと衝突が頻繁に発生してしまいます。

　ここでは、説明のために、文字列を記憶できる10個の要素をもつ配列をハッシュ表として用います。英単語の1文字目の文字コードだけを計算に使う単純なハッシュ関数を用います。

英単語帳のハッシュ表

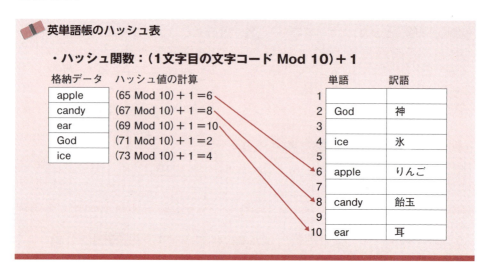

　英大文字と英小文字は文字コードが違いますが、全て大文字に変換して大文字の文字コードで計算しているものとします。例えば、"apple"の1文字目の"a"の文字コードである65を使って、(65　Mod　10)＋1＝6でハッシュ値を計算しています。このハッシュ関数では、1文字目が同じ英字で始まる英単語は、全てシノニムレコードになります。

　"apple"も内部では、文字コードで1文字ずつ格納されています。一般的な高水準言語では、文字列のn文字目の文字を取り出す関数などが用意されています。

実際に英単語帳を作る場合は、どういうふうにハッシュ関数を工夫するんですか？

　例えば、1文字目だけではなくて、すべての文字の文字コードを足したり、1文字目だけでなく、中間の文字、最後の文字の文字コードを足したりします。英単語帳の場合は、英単語はアルファベット順に登録して、検索のためのハッシュ表には英単語を指すポインタだけを格納する方法もあります。なぜなら、アルファベット順にも閲覧できたほう便利だからです。

184　第3章　基本アルゴリズム

文字の探索も基本は同じ

　文字列は、配列の中に文字コードという数値が記憶されているわけですから、特定の文字を探索したり、文字の昇順（A、B、C、…の順）に並べ替えたりするのは、すでに学んだアルゴリズムを用いることができます。

　しかし、文字列"apple"を探索したり、英単語を昇順に並べ替えたりするのは、文字単位で比較しなければならないので少し大変です。

　基本情報技術者試験で、複雑な文字列の操作が出題されることはないでしょう。ここでは、文字列の探索について、そのアルゴリズムを考えてみます。

　英字が並んでいると見にくいので、わかりやすいように平仮名や漢字を用います。本当は、平仮名や漢字は、16ビットなどの文字コードで記憶され、8ビットの英数字とは文字コードが異なります。しかし、ここでは配列Mの各要素に1文字を記憶できると考えてください。

文字列の検索

	M[1]	M[2]	M[3]	M[4]	M[5]	M[6]	M[7]	M[8]	M[9]
配列	ゆ	り	子	ゆ	り	あ	ゆ	め	代

	K[1]	K[2]	K[3]
検索語	ゆ	り	あ

　配列Mに格納されている文字列の中から、どのようにして、検索語の配列Kに設定されている"ゆりあ"を探索すればいいでしょうか？

　線形探索法で、配列Mから"ゆ"を探せばいいかも？

　すると、M[1]で"ゆ"が見つかりますよ。次にどうしますか？

　"ゆ"の次が"り"かどうかを調べて、その次が"あ"かどうか調べて…。
　違うときは、他の"ゆ"を探します。

　なかなかいいですよ。配列Mの中に、"ゆ"があるかを線形探索法で調べ、「ゆ」が見つかったら、次の文字も調べていき、K[1]からK[3]までの3文字が一致すれば、"ゆりあ"が見つかったことになりますね。途中で一致しない場合は、さらに後ろに"ゆ"がないかを探します。

　このようなアルゴリズムの流れ図を次に示します。

文字列の検索の流れ図

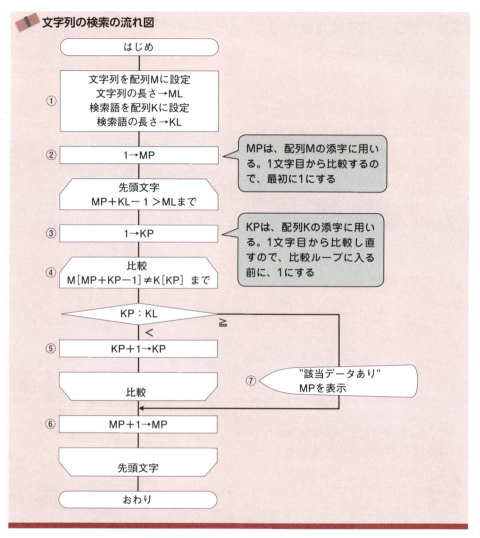

　文字列の文字位置をMP、検索語の文字位置をKPで表しています。先頭文字ループで、最初の1文字が一致するかどうかを調べ、一致したら比較ループでKPを更新しながら次の文字を比較していきます。

　次のページのトレース表を確認してください。トレースしてみると、この方式は効率があまりよくないことに気づかれるでしょう。出題の可能性が低いので詳細は省略しますが、より効率の良いアルゴリズムがいくつか発表されています。

流れ図のトレース

	M[1]	M[2]	M[3]	M[4]	M[5]	M[6]	M[7]	M[8]	M[9]
配列	ゆ	り	子	ゆ	り	あ	ゆ	め	代

	K[1]	K[2]	K[3]	
検索語	ゆ	り	あ	ML＝9、KL＝3

・トレース表

注）値が変化するところだけ、多重ループのようすがわかるように示した。

⌐M[MP＋KP－1]

		MP	文字	KP	K[KP]
①					
②		1			
③				1	
	④	1	ゆ	1	ゆ
	⑤			2	
	④	1	り	2	り
	⑤			3	
	④	1	子	3	あ
⑥		2			
③				1	
	④	2	り	1	ゆ
⑥		3			
③				1	
	④	3	子	1	ゆ
⑥		4			
③				1	
	④	4	ゆ	1	ゆ
	⑤			2	
	④	4	り	2	り
	⑤			3	
	④	4	あ	3	あ
	⑦				
⑥		5			
③				1	
	④	5	り	1	ゆ
⑥		6			
③				1	
	④	6	あ	1	ゆ
⑥		7			
③				1	
	④	7	ゆ	1	ゆ
	⑤			2	
	④	7	め	2	り
⑥		8			

「ゆ」が一致したので、KPを更新し次の文字を調べる

「子」が一致しないので、比較ループを抜ける

「ゆ」が一致したので、KPを更新し次の文字を調べる

「あ」まで一致し、KP＝KLなので、⑦へ行き、表示する

先頭文字ループの終了条件 MP＋KL－1＞ML（8＋3－1）（9）

文字列処理 | **187**

LESSON 12

文字列の挿入

文字列の問題を解いてみよう

文字列操作は配列操作だ

　文字列も基本的には1次元配列ですので、ある文字列に他の文字列を挿入するときには、挿入する文字数だけ文字をずらして挿入する位置を空ける必要があります。

　次の問題は、Minという関数が用いられています。

　　　n←Min(3,5)

　で、nには小さいほうの3が代入されます。

練習問題　　　　　　　　　　　　　　　　　　　　　　　　　　　　　動画

　　次の擬似言語プログラムの空欄a～cに入れるべき字句を解答群から選びなさい。

〔擬似言語プログラムの説明〕

(1) 配列Aに格納されている文字列の指定された位置に、配列Bに格納されている文字列を挿入する。

(2) 配列Aの大きさはAmaxに、文字列の長さはAXに、各文字はA［1］、A［2］、…、A［AX］に格納されている。

(3) 挿入する文字列の長さはBXに、各文字はB［1］、B［2］、…、B［BX］に格納されている。

(4) 挿入位置は、PX（1≦PX≦Amax）に格納されている。

(5) PXがAX＋1より大きい場合は、A［AX＋1］～A［PX－1］に空白文字を挿入する。

(6) 挿入によって配列Aからあふれる部分は捨てる。

(7) 利用する関数Minの仕様は、次のとおりである。

> Min（X、Y）
> 　X＜YのときはXを返し、それ以外のときはYを返す。

188　第3章　基本アルゴリズム

例

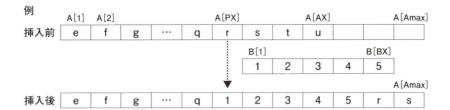

〔擬似言語プログラム〕

```
①        ▲  PX < AX + 1
②        │     ・Y ← Min (      a      , AX)
③        │     ■ X : Y , X ≧ PX , -1
④        │         ・A[X + BX] ← A[X]
⑤        ■
⑥        
⑦        ▲  PX > AX + 1
⑧        │     ■ X : AX + 1 , X ≦ PX - 1 , 1
⑨        │         ・A[X] ← 空白文字
⑩        │
⑪        │
⑫        ▼
⑬        
⑭        ・Y ← Min (      b      , Amax)
⑮        ■ X : PX , X ≦ Y , 1
⑯            ・A[X] ←      c
⑰        ■
```

注1) 繰返し処理の指定は、変数:初期値, 繰返し条件, 増分
注2) 説明のために行番号を付けた。

a に関する解答群
ア Amax - BX   イ Amax - BX + 1   ウ Amax - BX - 1
エ Amax - PX   オ Amax - PX + 1   カ Amax - PX - 1

b に関する解答群
ア AX + BX   イ AX + BX + 1   ウ AX + BX - 1
エ PX + BX   オ PX + BX + 1   カ PX + BX - 1

c に関する解答群
ア B[X + PX]   イ B[X + PX + 1]   ウ B[X + PX - 1]
エ B[X - PX]   オ B[X - PX + 1]   カ B[X - PX - 1]

解説

●何をするプログラムなのか？

短いプログラムですが、文字列操作の定石が詰まっています。この問題にじっくり取り組めば、文字列の問題は攻略できるでしょう。

説明のために、配列Aに格納されている文字列を文字列A、配列Bに格納されている文字列を文字列Bと呼ぶことにします。

例えば、配列Aの要素が10個、文字列Aを"abc"、文字列Bを"123"とすると、次の図のように格納されています。実際は、文字コードで格納されていますが、わかりやすいように文字で示します。

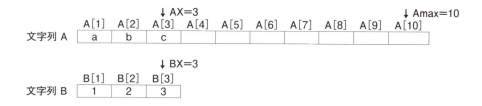

文字列AのPXで指定された位置に文字列Bを挿入します。

PXのところから、3文字分を後ろにずらして、空いたところに文字列Bの"123"をコピーしちゃえばいいです

文字列の挿入ですから、基本的にそのとおりです。ただし、「PXがAX＋1より大きい場合は、A[AX＋1]～A[PX－1]に空白文字を挿入」し、「挿入によって配列Aからあふれる部分は捨て」ます。

上の例で、PXが6とかなら、A[4]とA[5]に空白文字を入れちゃうんですね。空白も、文字なんだ！

空白にも文字コードがついていますよ。

上の図では、A[AX＋1]がA[3＋1]＝A[4]で、A[PX－1]がA[6－1]＝A[5]ということです。

●擬似言語プログラムを大きくとらえよう

では、擬似言語プログラムを見ましょう。

いきなり1行目から読み始めるのではなく、プログラム全体を見て、プログラムの構造を大きくつかむことが大切です。

①から⑫までは、何をしていると思いますか？

> 2分岐の選択処理です。文字をBXだけ後ろにずらす場合と、A[X]に空白文字を代入する場合に分けています。

おしいですね。実はこれ、90ページで説明した3分岐ですよ。過去試験問題で、よく見かけるパターンです。

> **重要** 選択処理の中に、変数が同じで等号や不等号だけが違う条件式の選択処理があったら、それは3分岐！

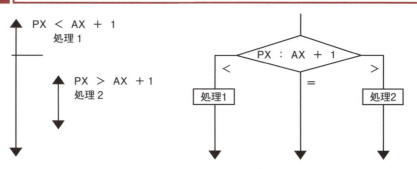

2つの選択処理の条件式は、挿入位置のPXと文字列Aの最後の文字の次の位置AX＋1を比較しています。等しい場合は、何もしません。

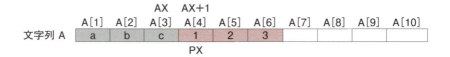

PXとAX＋1が等しければ、挿入位置を空ける必要もないし、間に空白を挿入する必要もありません。①から⑫では、何もしていないから、文字列Bをコピーして挿入するのは⑭～⑰で行うと考えられます。

●PX＜AX+1のときの処理

では、PX＜AX＋1のとき、②～⑤までは何をしていますか？

> 挿入位置が文字列Aの途中にあるときなので、ここが後ろにずらして挿入スペースを空ける処理ですね。

そのとおり。文字列Aの間に文字列Bを挿入するので、PX以降を文字列Bの文字数BXだけ後ろにずらします。

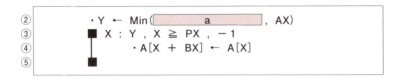

③〜⑤は、変数XをYから1ずつ引きながら、PXより大きい間だけ繰り返します。

配列の要素を後ろに移動する場合は、移動前のデータが変更されないように、後ろの要素からコピーしていく。

挿入ソートの問題の解説 (161ページ) でも説明しましたが、後ろからコピーしていきます。文字列の移動も、文字列の後ろからコピーしていくのが基本パターンです。

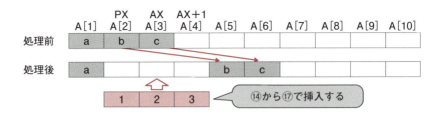

A[6] ← A[3]　　A[3 + 3] ← A[3]
A[5] ← A[2]　　A[2 + 3] ← A[2]

これをA[X+BX] ← A[X]に当てはめると、AXからPXまで、Xを3、2と変化させればいいので、③のYがAXならうまくいきます。

②は、Yは空欄aか、AXの小さいほうになります。解答群を見ると、Amaxが使われています。さて、ここでMin関数を使っているのは、なぜでしょうか？

Amaxって、配列Aの大きさなのに…。
関係ありますか？

問題文の「(6) 挿入によって配列Aからあふれる部分は捨てる」に注目してください。

文字列Bを挿入したときにAmaxよりも長くなる場合は、あふれる部分を捨てる、つまり、その部分はコピーしなくていいということです。例えば、上の例で、配列Aの大きさAmaxが5なら、"c"をA[6]にコピーする必要はありません。

挿入後の文字列の長さ：　　　AX + BX 文字
配列Aからあふれる文字数：　AX + BX − Amax 文字

コピーを始める初期値は、AX文字よりAX + BX − Amax文字だけ少なくていいわけです。

AX －（AX ＋ BX － Amax）＝－BX ＋ Amax ＝ Amax － BX

　この式に、BX ＝ 3 と Amax ＝ 5 を当てはめて計算すると、5 － 3 ＝ 2 になり、正しいことがわかります。つまり、②で、Amax － BX（空欄 a）か AX か、小さいほうを Y に設定すればいいのです。

●PX ＞ AX＋1 のときの処理

　X を AX ＋ 1 から PX-1 まで変化させて、空白文字を挿入しています。

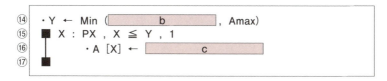

●文字列 B を挿入する処理

　文字列 B を挿入すると配列 A をあふれる場合は Amax まで、あふれない場合は全部を転送します。

```
⑭   ・Y ← Min (          b          , Amax)
⑮   ■ X : PX , X ≦ Y , 1
⑯         ・A [X] ←           c
⑰   ■
```

　⑮の繰返し処理は、変数 X を PX から Y になるまで 1 を加えながら、⑯を繰返します。

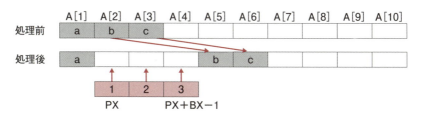

　この例では、Y は 4 にならなければなりません。PX に文字列 B の長さ BX を加えて 1 を引いたものです。PX ＋ BX － 1 ＝ 2 ＋ 3 － 1 ＝ 4 になります。空欄 b は、PX ＋ BX － 1 です。

　空欄 c は、B[1] から B[3] をコピーできる添字の式を考えます。あふれがないとき、X は PX から PX ＋ BX － 1 まで変化するので、この X を使って表すことを考えます。最後の A[PX ＋ BX － 1] には B[BX] をコピーすればいいので、配列 A の添字 PX ＋ BX － 1 から、PX － 1 を引いたものが BX になります。つまり、X －（PX － 1）を展開した B（X － PX ＋ 1）です。

【解答】 a ア b カ c オ

LESSON 13
アルゴリズムの計算量

線形探索法は O(n)

アルゴリズムを評価しよう

良いアルゴリズムは、どんなものでしょうか？

もちろん、速く計算できることです！

そうですね。使用する主記憶の容量が少ないとか、単純で作成しやすいとか、いろいろありますが、実行速度が速いということは重要です。

コンピュータの性能は、機種によって異なります。コンパイラが生成する機械語によっても、実行時間は差が出ます。そこで、実行にかかる時間を**計算量**（時間計算量）という客観的な尺度を用いて、アルゴリズムを評価することがあります。計算量を表すときに **O** という記号を用います。オーダとか、ビッグオーと読みます。

次の流れ図は、163ページで説明した線形探索法です。

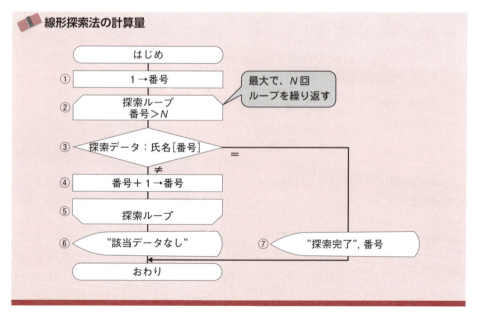

線形探索法の計算量

データがN件のときに、①から⑦までが、最大で何回実行されるかを考えます。

> ①は１回だけ。②から⑤は、探索データの氏名が最後にあるときN回実行されます。⑥と⑦はどちらかが最後に１回です。

よくできました。②から⑤は最大でN回実行されます。ただし、該当データがない場合には、②のN＋1回目を実行してループを抜けます。⑥と⑦は、どちらかが1回実行されます。これを加えると次のように計算できます。

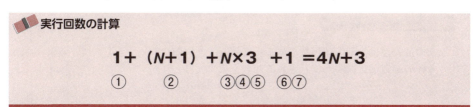

4N＋3回となりました。ただし、プログラム言語の違いやコンパイラが生成する機械語命令の違いによって、この回数はあまり意味がありません。そこで、アルゴリズムの計算量を、ザックリと大きくとらえるために**O**を用います。**O**は、データ数をｎで表し、ｎの式の係数や定数を無視して、最高次数だけを示したものです。

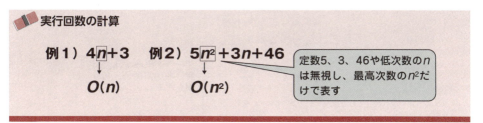

4ｎ＋3の場合は、係数の4と定数の3を無視してｎだけを残し、**O**(n)と書きます。線形探索法の平均比較回数は、（ｎ＋1）÷2でしたから、係数や定数を無視すると、やはり**O**(n)です。つまり、ｎに比例して実行時間が増えることを示しています。

簡単にいえば、**O**は最も時間のかかる部分が、データ数ｎに対して、どのように実行時間に影響を与えるのかを示しています。

2分探索法は、データが倍になっても比較回数は1回しか増えません。平均比較回数は、$\log_2 n$でした。したがって、2分探索法の計算量は**O**($\log_2 n$)になります。基本情報技術者試験では、logの底は2で出題されることが多いです。一般的には、底を省略して、**O**(log n)と表します。

ハッシュ法は衝突がなければ、1回で見つけることができますから、平均的な計算量は**O**(1)です。

logの底の2を省略したら、**O**($\log_{10}$ n)とかと間違われるかもしれませんよ。

底の変換公式を使うと、次のように$\log_{10}$ nと表すことができます。
計算量のlogの底は2でも10でもよく、一般に底を省略して表します。

$$\log_2 n = \frac{\log_{10} n}{\log_{10} 2}$$

分母は定数なので無視できる
計算量は、分子だけを考えればいい

練習問題

次の流れ図は、最大値選択法によって値を大きい順に整列するものである。
＊印の処理（比較）が実行される回数を表す式はどれか。

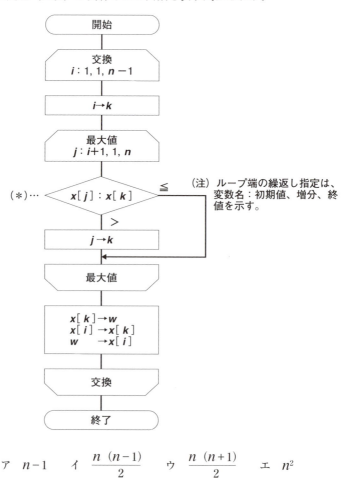

ア $n-1$　イ $\dfrac{n(n-1)}{2}$　ウ $\dfrac{n(n+1)}{2}$　エ n^2

解説

最大値を選択する選択ソートの流れ図です。

交換ループのiが1〜n−1、最大値ループのjがi＋1〜nまで変化します。

この種の問題は、n＝5ぐらいでトレースして、解答群の数式に代入して計算するのが確実です。

i	j	回数	数式での回数
1	2〜5	4	$n-1$
2	3〜5	3	$n-2$
3	4〜5	2	$n-3$
4	5〜5	1	$n-4$

ア	$5-1=4$回	×
イ	$5(5-1)/2=10$回	○
ウ	$5(5+1)/2=15$回	×
エ	$5^2=25$回	×

$4+3+2+1=10$回。nに5を代入して10になるのは、イです。

上の表には、数式での回数を示しました。合計は、次の式になります。

$(n-1)+(n-2)+\cdots +2+1$

1から$(n-1)$までの合計が比較回数です。1からNまでの和は、等差数列の和の公式$N(N+1)/2$で求めることができます。Nに$(n-1)$を代入すると、次のとおりです。

$N(N+1)/2=(n-1)((n-1)+1)/2=(n-1)n/2$　　**イと同じ式**

選択ソートの計算量は、この回数の最高次数だけを考えるので、$O(n^2)$です。

【解答　イ

代表的なアルゴリズムの〇を覚えておこう

各ソート法や探索法の **O** を覚えていることを前提にした問題もあります。代表的なアルゴリズムの **O** を覚えておきましょう。

代表的なアルゴリズムの計算量

アルゴリズム	計算量
基本交換法（バブルソート）	$O(n^2)$
基本挿入法（挿入ソート）	$O(n^2)$
基本選択法（選択ソート）	$O(n^2)$
マージソート	$O(n \log n)$
クイックソート	$O(n \log n)$　　最悪　$O(n^2)$
線型探索法	$O(n)$
2分探索法	$O(\log n)$
ハッシュ探索法	$O(1)$

マージソートやクイックソートは、第4章の応用アルゴリズムで説明しますが、整列範囲を半分にしていくようなアルゴリズムです。

アルゴリズムの計算量　**197**

LESSON 14
計算量の演習問題

擬似言語プログラムの計算量を求める

オーダの計算を確認しよう

計算量は、理解できましたか？

> 午前の過去問で、**O**(n)とか見かけたとき、適当に暗記で乗り切ろうと思ったんですけど、もうバッチリです。

午前の試験では、各ソートや各探索法の計算量を覚えておけば解くことができます。試験では、暗記も大切です。
では、バッチリかどうか、午後の過去問題を解いてみてください。

練習問題

プログラムの実行時間に関する次の記述を読んで、設問に答えよ。

処理するデータ量によって、プログラムの実行時間がどのように変化するかを考えるときに、オーダ（という概念）を用いる。例えば、n個のデータを処理する最大実行時間がCn^2（Cは定数）で抑えられるとき、実行時間のオーダがn^2であるという。

実行時間	オーダ
C（定数）	1
$100n$	n
$3n^2+5n+1000$	n^2

設問　次の記述中の　　　　　に入れる適切な答えを、解答群の中から選べ。なお、解答は重複して選んでもよい。

プログラムの各行の実行時間が一定であり、その時間をkと考える（行番号5、12、14についてもkだけの時間を要す）。このとき、α部分の実行時間は　a　となるので、オーダは　b　となる。β部分もα部分と同様に計算し、両者の実行時間を足してからプログラム全体のオーダを求めることができる。しかし、次の二つの規則を用いることで、より簡単にオーダを求めることが可能となる。

198　第3章　基本アルゴリズム

規則1:順次処理で構成されている部分は、実行時間の最も長い行のオーダが、全体の実行時間のオーダとなる。
規則2:繰返し処理で構成されている部分は、繰り返される部分のオーダに繰返し数を掛けた値のオーダ(定数は無視する)が、全体の実行時間のオーダになる。例えば、繰り返される部分のオーダがn^2で、繰返し数が$100n$ならば、繰返し処理全体のオーダはn^3である。

 行番号10と11の実行時間のオーダは、規則1から1となる。行番号9~12は行番号10と11をn回繰り返すので、ここのオーダは規則2から c となる。同様に考えていくと、β部分の実行時間のオーダは d となる。

 したがって、プログラム全体の実行時間のオーダは e となる。

〔プログラム〕
(行番号)

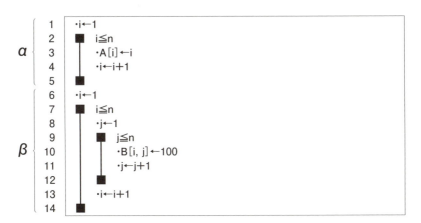

aに関する解答群
ア $2kn + k$ イ $2kn + 2k$ ウ $3kn + k$
エ $3kn + 2k$ オ $4kn + k$ カ $4kn + 2k$

b~eに関する解答群
ア $\log_2 n$ イ n ウ $n\log_2 n$
エ n^2 オ n^3

解説

●α部分

各行の実行時間をkと考えるので、実行回数×kが実行時間です。
iの初期値が1で、iを1増やしながら、i≦nの間繰返します。n＝5で考えると、

- 行1　　：1回
- 行2　　：6回　　　　n＝6でループ条件が偽となりループを抜ける
- 行3～5：5回×3行

1回＋6回＋5×3行＝22回で、時間は22kです。選択肢の式を計算してみましょう。

ア　$2kn+k=(2n+1)k=11k$　×　　　イ　$2kn+2k=(2n+2)k=12k$　×
ウ　$3kn+k=(3n+1)k=16k$　×　　　エ　$3kn+2k=(3n+2)k=17k$　×
オ　$4kn+k=(4n+1)k=21k$　×　　　カ　$4kn+2k=(4n+2)k=22k$　○

空欄aはカになります。また、$4kn+2k$の最高次数nの係数や定数を無視すると、計算量は**O**(n)になります。空欄bはイです。

●β部分

今度はオーダだけを求めます。

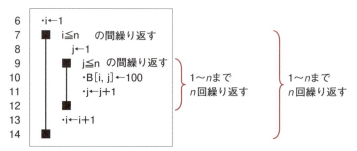

行9～12は、n回繰り返すので**O**(n)で、空欄cはイです。
行7から14は、n回繰返します。規則1と2から、最も実行時間が長い行9～12をn回繰り返すので、**O**(n)がn回です。$n×n=n^2$で、**O**(n^2)なり、空欄dはエです。
α部分が**O**(n)、β部分が**O**(n^2)だったので、規則1から全体は**O**(n^2)になり、空欄eはエです。

【解答】設問　a カ　b イ　c イ　d エ　e エ

第3章で学んだこと

■ ソート（整列）

- 配列に格納されたデータを昇順（小さい順）か降順（大きい順）に並べ替えることを**ソート**、あるいは、**整列**という。

①選択ソート
- 最大値（または最小値）をもつデータを探して、最後のデータ（または先頭のデータ）と交換することを繰り返す。計算量は$O(n^2)$。

②バブルソート（交換ソート）
- 隣同士のデータを順に比較して、大小関係が逆ならば交換を行う。計算量は$O(n^2)$。

③挿入ソート
- 整列済みのデータ列に、データを挿入していくことを繰り返す。計算量は$O(n^2)$。

第3章 基本アルゴリズム

選択ソート	バブルソート	挿入ソート
④②⑤①⑥③	④②⑤①⑥③	④②⑤①⑥③
1回目 ④②⑤①⑥③ 一番大きな⑥を選択 ④②⑤①③ ⑥ ⑥を末尾の③と交換	1回目 ②④⑤①⑥③ ②④⑤①⑥③ ②④①⑤⑥③ ②④①⑤⑥③ ②④①⑤③⑥ 一番大きな⑥が右端に	1回目 ②④ ⑤①⑥③ ②を挿入完了 2回目 ②④⑤ ①⑥③ ⑤を挿入完了
2回目 ④②⑤①③ ⑥ 次に大きな⑤を選択 ④②③① ⑤⑥ ⑤を末尾の③と交換	2回目 ②④①⑤③ ⑥ ②①④⑤③ ⑥ ②①④⑤③ ⑥ ②①④③⑤ ⑥ 次に大きな⑤が右端に	3回目 ②④①⑤ ⑥③ ②①④⑤ ⑥③ ①②④⑤ ⑥③ ①を挿入完了
3回目 ④②③① ⑤⑥ 次に大きな④を選択 ①②③ ④⑤⑥ ④を末尾の①と交換	3回目 ①②④③ ⑤⑥ ①②④③ ⑤⑥ ①②③④ ⑤⑥ ④が右端に	4回目 ①②④⑤⑥ ③ ⑥を挿入完了
4回目 ①②③ ④⑤⑥ 次に大きな③を選択 ①② ③④⑤⑥ ③まで確定	4回目 ①②③ ④⑤⑥ ①②③ ④⑤⑥ ③が右端に	5回目 ①②④⑤③⑥ ①②④③⑤⑥ ①②③④⑤⑥ ③を挿入完了
5回目 ①② ③④⑤⑥ 次に大きな②を選択 ① ②③④⑤⑥ **選択完了**	5回目 ①② ③④⑤⑥ **交換完了**	

第3章で学んだこと　201

ソートを行うキー値に、なんらかのデータが連結されていた場合、同じキー値でも連結されているデータは異なることがあり、元の順番が重要なことがあります。

　キーの値が同じとき、ソート前の順序が保たれるものを**安定なソート**、保たれないものを**安定でないソート**といいます。安定でないソートは、たまたまソート前の順序のこともありますが、そうでないこともあります。

キー	データ
2	ⓘ
3	え
2	ⓤ
1	あ

安定なソート

1	あ
2	い
2	う
3	え

安定でないソート

1	あ
2	う
2	い
3	え

← 元の順序を
　保っていない

　バブルソートや挿入ソートは安定なソートですが、選択ソートは安定ではありません。応用情報技術者試験では、次のような問題が出題されたことがあります。

問　キー値が等しい要素同士について、整列前の要素の順序（前後関係）を保つアルゴリズムを、安定な整列アルゴリズムという。次の二つの整列アルゴリズムに対して、安定にできるかどうかを考える。正しい組み合わせはどれか。

選択ソート	未整列の並びに対して、最小のキー値をもつ要素と先頭の要素とを入れ換える。同様の操作を、未整列の並びの長さを1つずつ減らしながら繰り返す。
挿入ソート	未整列要素の並びの先頭の要素を取り出し、その要素を整列済みの要素の中の正しい位置に挿入する。

	選択ソート	挿入ソート
ア	安定にできる	安定にできる
イ	安定にできる	安定にできない
ウ	安定にできない	安定にできる
エ	安定にできない	安定にできない

　この問題の選択ソートは、最小値を先頭の要素と交換しますが、このとき順序が変わってしまうので、安定でなくなります。

2	い
3	え
2	う
1	あ

1	あ
3	え
2	う
2	い

1	あ
2	う
3	え
2	い

1	あ
2	う
2	い
3	え

【解答】　ウ

線形探索法

- 配列内のデータを順々に探索キーと比較して、目的のデータを探し出す。
- データを整列しておく必要はなく、ばらばらに並んでいてもよい。
- データが整列済みなら、データが存在しないとき打ち切り可能になる。
- 最後の要素に**番兵**を置くことで、配列の添字チェックが不要になる。

平均比較回数：[（n＋1）÷2回]
最大比較回数：n 回
探索の計算量：$O(n)$　　←nに比例する
追加の計算量：$O(1)$　　←最後にデータを追加すればいいので1
　注）n:データ件数　　　[ ]：小数点以下切り捨て

2分探索法

- データ領域を2つに分けることで範囲を絞り込み、目的のデータを探し出す。
- データが、昇順か降順に整列されていなければならない。

平均比較回数：$\log_2 n$ 回
最大比較回数：$(\log_2 n) + 1$ 回
探索の計算量：$O(\log n)$
追加の計算量：$O(n)$

$\log_2 n = X$ は、$2^X = n$ の意味なので、次で求めることができます。

平均比較回数　　　　　**最大比較回数**

$$2^X \leq n < 2^Y$$

比較回数は、対数の底2を省略できません。2分探索法は、<u>データが倍になっても比較回数は1回しか増えません</u>。平均比較回数は$\log_2 n$で、計算量は$O(\log_2 n)$になります。logの底は、基本的に2で考えます。しかし、logの性質から底を変換することができ、計算量は次のとおり、底2でも底10でも同じなので、底を省略できます。

$$\log_2 n = \frac{\log_{10} n}{\log_{10} 2}$$ 　分母は定数なので、無視できる

計算量は、定数を無視して分子の$\log_{10} n$だけを考えればいいので、$O(\log_{10} n)$になります。底は2でも10でもいいので、底を省略して一般に$O(\log n)$と表します。

ハッシュ表探索法（ハッシュ法、ハッシング）

- ハッシュ関数で格納位置を求め、ほぼ１回で目的のデータを探索する。
- データの格納効率が悪い。領域を大きく取らないと頻繁に衝突が発生する。
- 異なるデータが同じ位置になる衝突が発生し、格納できないことがある。
  - ホームレコード：すでに記憶されているレコード
  - シノニムレコード：衝突のため格納できないレコード

平均比較回数：１回　　←衝突がなければ１回で探せる
最大比較回数：n 回
探索の計算量：$O(1)$　　最悪の場合、$O(n)$
追加の計算量：$O(1)$　　最悪の場合、$O(n)$

①オープンアドレス法

- 衝突が発生したら、再ハッシュによって格納位置を決める。
  再ハッシュは、元のハッシュ値に１を加えることが多い。
- 衝突がある場合、要素の追加は、空き領域を見つけるまでの計算量が必要になる。

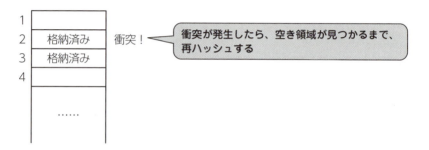

②チェイン法

- 同じハッシュ値をもつすべての要素を連結リストで結ぶ。
- 衝突があっても要素の追加は$O(1)$だが、探索の計算量は連結リストの要素数によって異なる。

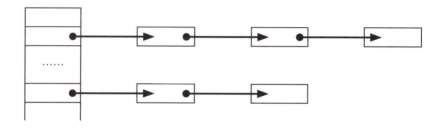

第 **4** 章

応用アルゴリズム

LESSON1	2次元配列
LESSON2	2次元の表の演習
LESSON3	ビットマップの演習
LESSON4	図形の回転
LESSON5	図形の回転の演習
LESSON6	画像の拡大縮小
LESSON7	縮小画像の複数表示
LESSON8	変数の宣言
LESSON9	手続き呼出し
LESSON10	手続き呼出しの演習問題
LESSON11	再帰処理
LESSON12	シェルソート
LESSON13	クイックソート
LESSON14	ヒープソート
LESSON15	マージソート
LESSON16	事務処理のアルゴリズム
LESSON17	マッチング処理の演習
LESSON18	技術計算のアルゴリズム

LESSON 1

2次元配列

九九の表は表操作の基本だ

九九の表を作ろう

　算数の基本が九九だとすると、2次元の表を操作するためのアルゴリズムの基本が九九の表作りです。今回は、九九の表を例題に、2次元配列の操作について考えていきます。

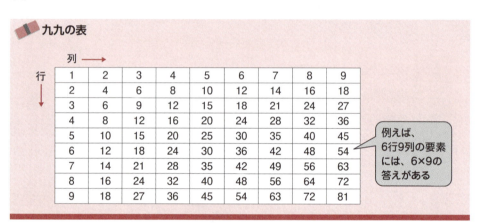

　9×9の2次元配列H[行, 列]の各要素に九九の答を格納しましょう。例えば、H[1, 1]には1×1の答である1を、H[3, 4]には3×4の12を格納します。どうしますか？

> 配列H[行, 列]に、行×列を入れればいいですよね。
> 後は、行と列を1ずつ増やしていくだけです。

　正解です。ただし、行と列を同時に1増やしてしまって、1×1＝1、2×2＝4、3×3＝9、4×4＝16、5×5＝25、6×6＝36、7×7＝49、8×8＝64、9×9＝81だけが設定される失敗がけっこうあるので注意してください。

> 2重のループですよねっ！
> 例えば、列が1のとき、行を1から9まで変化させます。

　そのとおり。

九九の表を2次元配列に作る流れ図1

```
はじめ
行のループ  行=1, 1, 9    → 行は、1、2、3、4、5、6、7、8、9と変化する
列のループ  列=1, 1, 9    → 列は、1、2、3、4、5、6、7、8、9と変化する
α  行 × 列→H[行, 列]
```

例えば、
行=1、列=1のときは、H[1, 1] = 1
行=3、列=4のときは、H[3, 4] = 12
行=6、列=8のときは、H[6, 8] = 48
行=9、列=9のときは、H[9, 9] = 81
つまり、9×9 = 81個の要素に、行×列を計算した値が設定される

```
列のループ
行のループ
おわり
```

この流れ図のαの部分の配列Hの添字を変更すると、右下が1×1 = 1、左上が9×9 = 81の九九の表になります。

九九の表を2次元配列に作る流れ図2

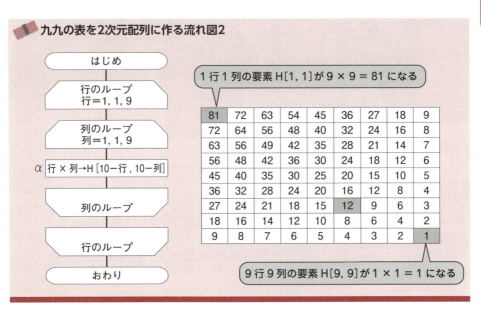

行=1、列=1のときは、H[10−1, 10−1] = H[9, 9]に1×1 = 1を入れます。
行=3、列=4のときは、H[10−3, 10−4] = H[7, 6]に3×4 = 12を入れます。
行=9、列=9のときは、H[10−9, 10−9] = H[1, 1]に9×9 = 81を入れす。

九九の表を変形させよう

配列の添字に計算式を用いることで、九九の表を変形させることができました。次の擬似言語プログラムの空欄を考えてみましょう。

練習問題

2次元の配列 H [i , j] (1≦i, 1≦j) に、次の(1)、(2)のような九九の表を作りたい。なお、iを行方向、jを列方向の添字として、表を示している。

擬似言語プログラムの空欄に入れるべき字句を答えよ。

(1)

9	8	7	6	5	4	3	2	1
18	16	14	12	10	8	6	4	2
27	24	21	18	15	12	9	6	3
36	32	28	24	20	16	12	8	4
45	40	35	30	25	20	15	10	5
54	48	42	36	30	24	18	12	6
63	56	49	42	35	28	21	14	7
72	64	56	48	40	32	24	16	8
81	72	63	54	45	36	27	18	9

(2)

9	18	27	36	45	54	63	72	81
8	16	24	32	40	48	56	64	72
7	14	21	28	35	42	49	56	63
6	12	18	24	30	36	42	48	54
5	10	15	20	25	30	35	40	45
4	8	12	16	20	24	28	32	36
3	6	9	12	15	18	21	24	27
2	4	6	8	10	12	14	16	18
1	2	3	4	5	6	7	8	9

■ 行：1, 行≦9, 1
　　■ 列：1, 列≦9, 1
　　　　・ H[　　　　　　　　] ← 行 × 列

解説

空欄には、2次元配列H[〇, 〇]の添字、「〇, 〇」が入ることになります。
このような問題では、具体的に考えてみると間違いません。
まず、行＝1で列＝1の1×1＝1、行＝9で列＝9の9×9＝81のある位置を調べてみたらどうでしょう。

表の縦と横に、1から9までの数字を書き込むと考えやすいです

(1) 行＝1で列＝1の1×1＝1を代入するのは、H[1, 9]です。

	1	2	3	4	5	6	7	8	9
1	9	8	7	6	5	4	3	2	1
2	18	16	14	12	10	8	6	4	2
3	27	24	21	18	15	12	9	6	3
4	36	32	28	24	20	16	12	8	4
5	45	40	35	30	25	20	15	10	5
6	54	48	42	36	30	24	18	12	6
7	63	56	49	42	35	28	21	14	7
8	72	64	56	48	40	32	24	16	8
9	81	72	63	54	45	36	27	18	9

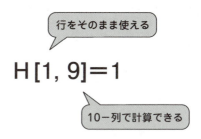

H[行, 10−列]として、行＝3で列＝4を調べると、H[3, 10−4]＝H[3, 6]が12になり、表を確認すると正しいです。行＝9で列＝9を調べると、H[9, 10−9]＝H[9, 1]が81になり、表を確認すると正しいです。

(2) 行＝1で列＝1の1×1＝1を代入するのは、H[9, 1]です。

	1	2	3	4	5	6	7	8	9
1	9	18	27	36	45	54	63	72	81
2	8	16	24	32	40	48	56	64	72
3	7	14	21	28	35	42	49	56	63
4	6	12	18	24	30	36	42	48	54
5	5	10	15	20	25	30	35	40	45
6	4	8	12	16	20	24	28	32	36
7	3	6	9	12	15	18	21	24	27
8	2	4	6	8	10	12	14	16	18
9	1	2	3	4	5	6	7	8	9

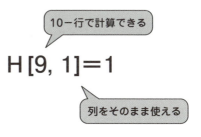

H[10−行, 列]として、行＝3で列＝4を調べると、H[10−3, 4]＝H[7, 4]が12になり、表を確認すると正しいです。行＝9、列＝9を調べると、H[10−9, 9]＝H[1, 9]が81になり、表を確認すると正しいです。

行と列を1から9まで変化させる二重ループなので、H[行, 列]に入れる値を変えたほうがわかりやすいと思いますけど……

この問題は、添字だけが空欄でした。もしも、1行の空欄なら、添字ではなく代入する値に計算式を使うことで同じ表を作ることができます。

(1)は、「H[行, 列]←行×（10−列）」、(2)は、「H[行, 列]←（10−行）×列」とすることもできます。

【解答】(1) 行, 10−列　(2) 10−行, 列

LESSON 2

2次元の表の演習

2次元配列の操作に慣れよう

2次元配列の規則性

九九の表は9行9列でしたが、次はN行N列の2次元配列の問題です。

練習問題

次の擬似言語プログラムと説明を読んで、設問1、2に答えよ。

〔擬似言語プログラムの説明〕

N行N列の配列Aの各要素に数値が入っている。これらの数値の配置に規則性があるかどうかを判定する。

	1	2	$\cdots$	N
1	5	8	$\cdots$	3
2	12	37	$\cdots$	2
$\vdots$	$\vdots$	$\vdots$	$\vdots$	$\vdots$
N	6	1	$\cdots$	7

図　配列Aの例

(1) 第x行、第y列の要素は、A$[x, y]$で参照する。ここで、$1 \leqq x \leqq N$、$1 \leqq y \leqq N$とする。

(2) 各要素の数値の配置が、ある規則に従っていれば"Yes"を、そうでなければ"No"を出力する。

〔擬似言語プログラム〕

次のページに掲載。

設問1　"Yes"が表示される配列の場合、㉒行で表示されるCountの値はどれか。

解答群

ア　$\dfrac{1}{2}N(N+1)$　　　イ　$\dfrac{1}{2}N(N-1)$　　　ウ　$\dfrac{1}{2}N^2$

エ　$2N$　　　オ　N^2

210　第4章　応用アルゴリズム

設問2 次の記述中の空欄a、bに入れる正しい答えを、解答群の中から選べ。
(1) $N=4$の場合、擬似言語プログラムを実行すると"Yes"と表示される配列は である。
(2) 擬似言語プログラムの⑨行の条件を次のように変更した。
　　　▲　A[x, N－y＋1] ≠ A[y, N－x＋1]
　　$N=4$の場合、実行すると"Yes"と表示される配列は b である。

解答群

ア
1	2	2	1
4	53	53	4
12	72	72	12
8	3	3	8

イ
1	2	12	8
2	53	72	3
12	72	4	91
8	3	91	6

ウ
1	2	12	8
4	53	72	3
4	53	72	3
1	2	12	8

エ
8	12	2	1
3	72	53	2
91	4	72	12
6	91	3	8

〔擬似言語プログラム〕

```
①    ・YesNo ← 1
②    ・x ← 1
③    ・Count ← 0
④
⑤    ■ x ≦ N － 1 And YesNo = 1
⑥        ・y ← x + 1
⑦        ■ y ≦ N And YesNo = 1
⑧            ・Count ← Count + 1
⑨            ▲ A[x, y] ≠ A[y, x]
⑩                ・YesNo ← 0
⑪
⑫            ・y ← y + 1
⑬
⑭        ・x ← x + 1
⑮
⑯
⑰    ▲ YesNo = 1
⑱        ・表示 "Yes"
⑲    ─
⑳        ・表示 "No"
㉑
㉒    ・表示 Count
```

解説

設問1

"ある規則"って、もったいつけて言われても…
どこから手をつければいいですか？

　まず、プログラムをざっと眺めて、構造を大きくつかみます。このプログラムは、①から③が初期設定で、⑤から⑮の二重ループと、⑰から⑳までの選択処理に分かれます。

　⑰から⑳の選択処理で、YesNoが1のとき"Yes"を表示しているので、ある規則に従っているかを判定しているのは、⑤から⑮の二重ループです。

　YesNoは、⑤と⑦の繰返し条件にも使われています。YesNoが1以外になったら、他の条件にかかわらずループを終了します。①でYesNoに1を設定し、⑩で0を設定しているので、判定して外れが1つでもあったらYesNoを0にして、二重ループを終了させるのでしょう。

⑤と⑦の繰返し条件にAndが使われているので、
トレースが難しいです。何回繰り返すかもわかりません。

　このようなときは、まず"規則性がある（YesNo＝1）"と考えます。すると、And以降の条件を無視していいので考えやすいですよ。

　⑤から⑮の外側のループは、②でxに1を設定して⑭でxを1増やしているので、xは1からN－1まで変化します。

　⑦から⑬の内側のループは、⑥でyにx＋1を設定して⑫でyを1増やしているので、yはx＋1からNまで変化します。

　⑧でCountを1増やしているので、"Yes"が表示されるときのCountの値は、規則性があるときのループ回数です。

　外側のループ回数は、1～N－1までのN－1回で、N＝5なら1～4の4回です。
　内側のループ回数は、X＋1～Nまでなので、N＝5なら次のような回数になります。

x	y	N＝5のとき
1	2～Nまで　……　N－1回	2～5まで　……　4回
2	3～Nまで　……　N－2回	3～5まで　……　3回
3	4～Nまで　……　N－3回	4～5まで　……　2回
⋮	⋮	⋮
N－1	N～Nまでの1回	5～5まで　……　1回

　つまり、1＋2＋3＋　…　N－1回になります。例えば、N＝5のときは、4＋3＋2＋1＝10回です。

> 1＋2＋3＋ … N－1回っていうのは、選択ソートの問題（196ページ）で、出てきましたよ。

●等差数列の和の公式
$$1+2+3+\cdots+n=\frac{1}{2}n(n+1)$$

この公式のnにN－1を代入すると、

$$\frac{1}{2}(N-1)(N-1+1)=\frac{1}{2}(N-1)N=\frac{1}{2}N(N-1)$$

この公式は、しばしば必要になるので、覚えておいたほうがいいです。しかし、公式を忘れても、具体的に考えればわかります。解答群の式にN＝5を代入して計算します。
×ア　5×6÷2＝15　　　○イ　5×4÷2＝10　　　×ウ　5×5÷2＝12.5
○エ　2×5＝10　　　　×オ　5×5＝25
　イとエにN＝6を代入して計算します。10＋5＝15回になれば正解です。
○イ　6×5÷2＝15　　　×エ　2×6＝12

設問2

(1)　⑨が、規則に従っているかどうかを判定しているところです。どういう規則ですか？

> すべての比較で、A[x, y]＝A[y, x]が成り立てば、"Yes"が表示されます。例えば、A[1, 3]とA[3, 1]が同じ値です。

　1つでもA[x, y]≠A[y, x]が成り立てば、YesNoを0にしてループを終了させるので、すべての比較で、A[x, y]＝A[y, x]が成り立つことですね。
　解答群を見ると、イだけがA[1, 3]とA[3, 1]が同じ値です。詳しく調べると、すべてでA[x, y]＝A[y, x]が成り立っています。

(2)　A[x, 5－y]とA[y, 5－x]を比較して、すべて同じなら規則に従っていることになります。例えば、xを1、yを4とすると、エだけがA[1, 1]とA[4, 4]が同じ値です。x＝1、y＝3とすると、エはA[1, 2]とA[3, 4]が同じ値です。
　この問題をしっかり理解しておくと、図形の回転などの問題も簡単です。

【解答】　設問1　イ　設問2　a　イ　b　エ

LESSON 3
ビットマップの演習

UFOもビット列で表している

UFOを作ってみよう

　40年ぐらい前のパソコンは、白黒ディスプレイでした。白と黒しかない場合は、白か黒かの2通りなので、1ビットで点の情報を表すことができます。白と黒など、2値の情報を表す点のことを**ドット**といい、縦横にビットを並べて文字や図形を表現することを**ビットマップ**といいます。

　現在は、カラーディスプレイでも、ドットやビットマップという用語を使うことが多くなっています。本来は、点が色の情報をもつものを**ピクセル**、ピクセルを縦横に並べたものをピクセルマップといいます。

　当時のパソコンでは、UFOやモンスターなどのキャラクタを8ドット×8ドットぐらいの大きさで作らなければならず、今のゲームに比べれば見劣りするものでした。8ドット×8ドットで作ったUFOは、次のような感じです。一般的な白黒ディスプレイは、黒地に白で文字や図形を描きます。紙面の都合で、1のときを点灯で表しました。

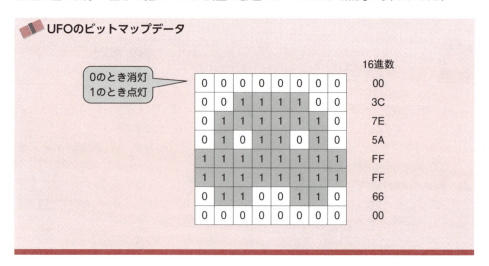

UFOのビットマップデータ

　このような簡単なキャラクタでも、遊んでいるうちに、モンスターやUFOに見えてくるから不思議でしたね。自分でキャラクタを考えるのは大変なので、キャラクタのデータだけを集めた本も売っていました。

ビットマップの問題も過去によく出ている

次の問題は、流れ図や擬似言語ではありませんが、午後試験で出題されたものです。

 "五"をビットマップで表してるんですね。擬似言語がないので、私にもできるかも？

図形を回転する問題は、プログラム言語の問題としても過去に出題されています。

練習問題

ビット行列に関する次の記述を読んで、設問1〜4に答えよ。

1語8ビットからなる連続する8語（ビット番号0が上位）を8×8のビット行列とみなすと、0と1のビットによって、図1に示すように図形を描くことができる。

	0	1	2	3	4	5	6	7
語0	0	1	1	1	1	1	1	0
語1	0	0	0	1	0	0	0	0
語2	0	0	0	1	0	0	0	0
語3	0	1	1	1	1	1	1	0
語4	0	0	0	1	0	0	1	0
語5	0	0	0	1	0	0	1	0
語6	0	0	0	1	0	0	1	0
語7	1	1	1	1	1	1	1	1

図1　ビット行列が描く図形の例

設問1　図1の図形を描いたとき、語3の内容の16進表記として正しい答えを、解答群の中から選べ。

解答群

ア　10　　　　　イ　12　　　　　ウ　7E　　　　　エ　80
オ　89　　　　　カ　F9　　　　　キ　FF

設問2　図1の図形を時計回りに90°回転させた図形を描くように、語0〜7の内容を設定したい。このとき、語3に設定する値の16進表記として正しい答えを、解答群の中から選べ。

解答群

ア　01　　　　　イ　80　　　　　ウ　89　　　　　エ　91
オ　9F　　　　　カ　F9　　　　　キ　FF

設問3 図1に示す図形を、直線Aを対称軸として対称移動した（裏返した）図形を描くと図2のようになる。

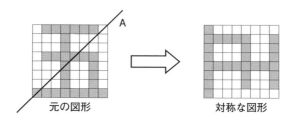

図2　直線Aを対称軸として対称移動した図形の例

語0～7の内容が図3のとおりになっているとき、このビット行列が描く図形を図2のように対称移動した図形のビット行列を、語0～7に設定したい。このとき、語3に設定する値の16進表記として正しい答えを、解答群の中から選べ。

語0	7C
語1	42
語2	42
語3	7C
語4	50
語5	48
語6	44
語7	42

図3　語0～7の内容（値は16進表記）

解答群

ア　09　　イ　19　　ウ　29　　エ　49　　オ　90
カ　92　　キ　94　　ク　98　　ケ　FF

設問4　次の記述中の　　　　に入れる正しい答えを、解答群の中から選べ。

1語 n ビットからなる連続した n 語が描く図形を、図2のように対称移動した場合、元の図形の i 語目の第 j ビットは、新しい図形の　a　語目の第　b　ビットとなる $(0 \leq i \leq n-1, 0 \leq j \leq n-1)$。

解答群

ア　$n-i$　　　　イ　$n-i-1$　　　ウ　$n-i+1$
エ　$n-j$　　　　オ　$n-j-1$　　　カ　$n-j+1$

解説

設問1

語3は、次のようにして16進数に直せます。

重み	8	4	2	1	8	4	2	1
語3	0	1	1	1	1	1	1	0
16進数		7				E		

設問2

問題用紙を90度回転させると簡単。

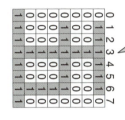

すべてのビットが1なので、FF

設問3

対称移動前のビットマップを求めて、それを対称移動すると時間がかかります。

求めるのは移動後の語3だけですので、図2を見て移動前のどのビットが移動後の語3になるかを考えます。

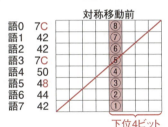
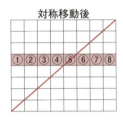

つまり、各語の下位4ビットの先頭ビットが1かどうかがわかればいいわけです。先頭ビットの重みは8なので、8以上の数値（色文字にした）は先頭ビットが1です。語7の①から並べると、00101001なので、16進数の29です。

設問4

設問3の例で考えれば、(i, j)で表すと、(0, 4)→(3, 7)、(3, 4)→(3, 4)、(7, 4)→(3, 0)にそれぞれ移動しています。

移動後のiは移動前のjによって決まるので、jが4のとき3になる式を解答群のエ～カの中から探すと、nは8なので、オのn－j－1＝8－4－1＝3になります。移動後のjは移動前のiによって決まるので、iが0のとき7、iが7のとき0になる式を解答群のア～ウの中から探すと、イのn－i－1＝8－0－1＝7になります。

【解答】　設問1　ウ　設問2　キ　設問3　ウ　設問4　a　オ　b　イ

LESSON 4

図形の回転

図形回転カードの出番だ！

図形を回転させよう

　試験では、2次元配列に各ピクセルの情報を記憶させ、それを操作するような問題が多いです。写真や図形の回転も、2次元配列の操作ですから、206ページで説明した九九の表と似た手順になります。

左に90度回転する流れ図と擬似言語プログラム

●流れ図

●擬似言語プログラム

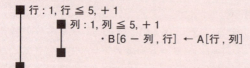

注）変数＝1〜5は、変数が1から5まで1ずつ変化することを表す。

> トレースすれば、なんとなくわかるけど……
> 90度回転する計算式をどうやって出してるんですか？

流れ図でA[行, 列]をB[6 − 列, 行]に代入しているところですね。
左に90度回転させると上辺が左辺になり、左辺が下辺になります。

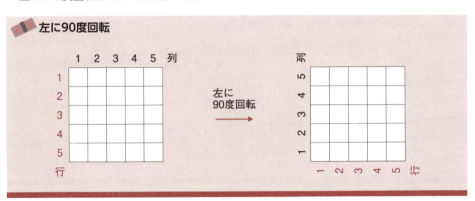

■ 左に90度回転

　横軸（列方向）は、「1、2、3、4、5」と回転前の行の値をそのまま使えます。縦軸（行方向）は、下に1があるので、6から列の値を引けば、「1、2、3、4、5」になります。もしも、"苦手だな"と感じるようなら、巻末の図形回転カード1を使って、何度か手操作で確認してみましょう。カードの上に10円玉をのせて図形を作り、それを回転させると、添字がどうなるかが簡単にわかるカードです。

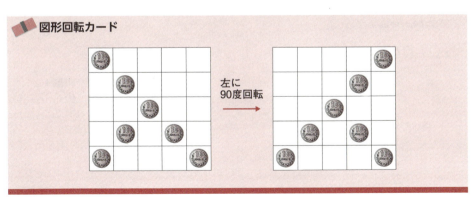

■ 図形回転カード

例えば、A[1, 1]やA[4, 4]は、どうなりましたか？

> カードのマスの上に添字が書いてあるのでわかりやすいですね。
> A[1, 1]はA[5, 1]、A[4, 4]はA[2, 4]になりました。

図形の回転 | 219

1次元配列で2次元の図形を表す

2次元配列の場合は簡単ですが、1次元配列を使って2次元図形を表現する場合、添字の変換式をよく考えなければなりません。ここでは、5×5の図形を、1次元配列で表現する例を説明します。配列Aの添字は、0から始まるものとします。

 5×5の2次元画像を1次元配列で表現する

	0	1	2	3	4
0	A[0]	A[1]	A[2]	A[3]	A[4]
1	A[5]	A[6]	A[7]	A[8]	A[9]
2	A[10]	A[11]	A[12]	A[13]	A[14]
3	A[15]	A[16]	A[17]	A[18]	A[19]
4	A[20]	A[21]	A[22]	A[23]	A[24]

← 1次元配列を割り当てる

 1次元配列で2次元の図形を表すなんて、びっくりです！でも、図形の回転とか、面倒くさそうですね。

回転など、図形の操作を行う場合、行と列で表された座標を1次元配列の要素の番号（以降、要素番号）に変換したり、要素番号から行と列の座標に変換したりすることができます。一般に、水平方向の要素数がN個のとき、次のような式で変換できます。

 座標の変換

（1）行と列→要素番号への変換

要素番号＝行×N＋列

例）行＝2、列＝3、N＝5のとき
要素番号＝2×5+3＝13

（2）要素番号→行と列

行＝要素番号÷N の商
列＝要素番号÷N の余り

例）要素番号＝13、N＝5のとき
行＝13÷5の商＝2
列＝13÷5の余り＝3

たとえ1次元配列で表現されていても、行と列に変換してしまえば、図形の回転などに2次元配列の手順を使用できます。

図形の回転などの流れ図を考え、付録の図形回転カード2を利用して、正しく変換されているか、確認してください。

練習問題

次のように、1次元配列を 5×5 の2次元図形を表示するための各点の色情報を記憶するために利用する。

列　行	1	2	3	4	5
1	A [1]	A [2]	A [3]	A [4]	A [5]
2	A [6]	A [7]	A [8]	A [9]	A [10]
3	A [11]	A [12]	A [13]	A [14]	A [15]
4	A [16]	A [17]	A [18]	A [19]	A [20]
5	A [21]	A [22]	A [23]	A [24]	A [25]

設問
(1) 行と列を、割り当てられた配列Aの要素番号に変換する式を答えなさい。
(2) 配列Aの要素の番号を、行と列に変換する式を答えなさい。

解説

(1) 配列Aの添字、つまり要素番号が1から始まり、行や列も1から始まっています。行や列から1を引けば、前ページの式が使えるはずです。また、要素番号が1から始まるので1を足します。

要素番号 = (行 − 1) × N + (列 − 1) + 1
　　　　 = (行 − 1) × N + 列

例1) 行 = 2、列 = 3のとき：要素番号 = (2 − 1) × 5 + 3 = 8
例2) 行 = 5、列 = 5のとき：要素番号 = (5 − 1) × 5 + 5 = 25
正しいですね。

(2) 要素番号から1を引いたものを割りましょう。そして1を足します。

行 = (要素番号 − 1) ÷ Nの商 + 1
列 = (要素番号 − 1) ÷ Nの余り + 1

例1) 要素番号 = 13のとき：行 = (13 − 1) ÷ 5の商 + 1 = 3
　　　　　　　　　　　　　　列 = (13 − 1) ÷ 5の余り + 1 = 3
例2) 要素番号 = 25のとき：行 = (25 − 1) ÷ 5の商 + 1 = 5
　　　　　　　　　　　　　　列 = (25 − 1) ÷ 5の余り + 1 = 5

正しいですね。

【解答】 省略

図形の回転

LESSON 5 図形の回転の演習

2次元画像の変換

練習問題

次の擬似言語プログラムと説明を読んで、設問に答えよ。

〔擬似言語プログラムの説明〕
　2次元配列を用いた画像変換処理の擬似言語プログラムである。擬似言語プログラム中のS及びTは、いずれもn行n列（$n \geq 2$）の2次元配列である。

〔擬似言語プログラム〕

```
01      ・配列S, P, nの読込み
02
03   ▲    P = 1 Or P = 2
04   │        ・e ← n
05   │
06            ・e ← Int(n ÷ 2)    {小数点以下切捨て}
07   ▼
08
09   ■  J：1, J ≦ e, +1
10      ■  K：1, K ≦ n, +1
11         ▲    P = 1
12         │        ・T[J, n − K + 1] ← S[J、K]
13
14         ▲    P = 2
15         │        ・T[K, n − J + 1] ← S[J、K]
16
17              ・W ← S[J、K]
18              ・S[J, K] ← S[n − J + 1, K]
19              ・S[n − J + 1, K] ← W
20
21
22      ■
23   ■
```

注）{ }は、注釈である。

設問　次の記述中の　　　　　に入れる正しい答えを、解答群の中から選べ。

　2次元配列Sに縦及び横が n ピクセル（画素）である正方画像データが格納されている。画像の1ピクセルが配列の1要素に対応しており、配列の要素番号と画像の座標との対応関係は次のとおりである。

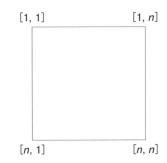

　このとき、このアルゴリズムによって行われる画像変換は、P＝1の場合が　a　、P＝2の場合が　b　、P＝3の場合が　c　である。

解答群

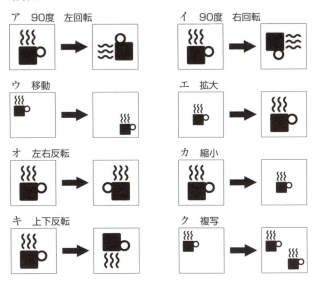

解説

01行で、配列S、P、nの値を読み込みます。設問を見ると、Pは1から3までの値をとります。ここでは、具体的に考えるために、nを5として、配列Sは5行5列の2次元配列とします。

3つの画像処理をまとめているため複雑に見えますが、実際は九九の表と同じぐらいに簡単なアルゴリズムですよ。Intは、小数点以下を切り捨てる関数です。

ほんとに簡単だ。P＝1から3で整理しました。

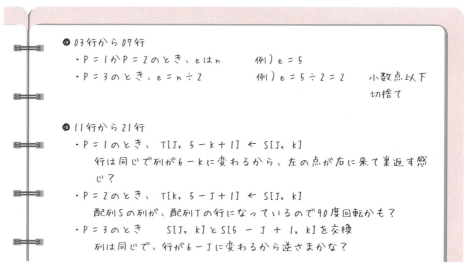

よくできました。とくに、P＝3のとき、作業用の変数Wを用いて、値を交換していることに気づいたのは偉いです。

解答群のイラストを見れば、これだけでも正解できそうですね。例えば、行が同じ、つまり、上下が同じで左右が逆になっているのは、オです。90度回転しているのは、アかイです。上下が反転しているのはキですね。

さて、いずれもS[J, K]を代入しているので、変数Jが行、変数Kが列を表しています。

09行から23行は、二重ループです。内側のループ（10行から22行）で、列を表すKは1から5まで変化します。

Pが1、2のとき、外側のループ（09行から23行）で、行を表すJは1から5まで変化します。外側と内側のループで5×5＝25回繰り返され、全25個のピクセルが処理の対象になります。Pが3のときは、Jは1から2まで変化します。2×5＝10回繰り返され、10個のピクセルだけが処理の対象になります。

設問(a) P＝1のとき　T[J, n−K＋1] ← S[J, K]

n＝5のときは、S[J, K]をT[J, 6−K]に代入します。Kが1のとき5、2のとき4、……、5のとき1ですから、左右反転です。確認のために後で四隅のピクセルを変換してみましょう。

〔変換後〕　　　　　　　　　　　　　　　　　　〔変換前〕

① T[1, 5] ← S[1, 1]
⑤ T[1, 1] ← S[1, 5]
㉑ T[5, 5] ← S[5, 1]
㉕ T[5, 1] ← S[5, 5]

設問(b) P＝2のとき　T[K, n−J＋1] ← S[J, K]

n＝5のとき、S[J, K]がT[K, 6−J]に変換されます。四隅を変換してみましょう。

〔変換後〕　　　　　　　　　　　　　　　　　　〔変換前〕

① T[1, 5] ← S[1, 1]
⑤ T[5, 5] ← S[1, 5]
㉑ T[1, 1] ← S[5, 1]
㉕ T[5, 1] ← S[5, 5]

時計回り（右回り）に90度回転しています。

設問(c) P＝3のとき　S[J, K]とS[n−J＋1, K]を交換

出力先が配列Tではありません。n＝5のときは、S[J, K]とS[6−J, K]を交換します。列の表すKが変わらないので、Jが1のとき1行目（①〜⑤）と5行目（㉑〜㉕）を、Jが2のとき2行目（⑥〜⑩）と4行目（⑯〜⑳）を交換します。

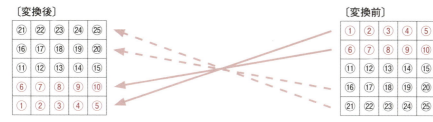

3行目（⑪〜⑮）は変化がありません。上の2行を下の2行と交換すればいいので、行の処理のJは1から2まで変化します。

【解答】　設問a　オ　b　イ　c　キ

LESSON 6

画像の拡大縮小

顔写真を加工しよう

デジカメ使って遊ぼうよ

　まだデジカメが珍しかった頃、実習用の大教室に持ち込んでいました。どの学生も、自分の顔写真を拡大したり縮小したりするプログラムを楽しそうに作っていましたよ。

　現在は、スマホなどで簡単に写真を撮れますね。自分の顔写真を加工して遊んでみませんか？　次の画面写真は、どれも10行ぐらいのプログラムですが、面白いですよね。

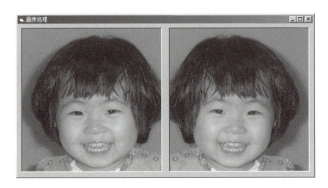

左右反転の例

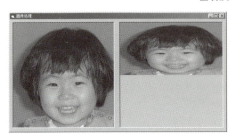

縦縮小

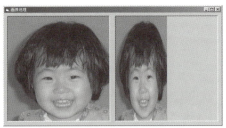

横縮小

　今は、アプリが充実してるので、自分で作らなくても、写真にいろいろいたずらできますよ。

　基本情報技術者試験は、プログラムを作る側の人向けの試験なので、実際に作らなくても、ぜひ、そういうアプリを"作れる人"になってくださね。

226　第4章　応用アルゴリズム

画像を拡大しよう

　写真などの画像は、ドットやピクセルという点で表されています。画像を拡大するには、どうすればいいと思いますか？

> 2倍なら2倍の大きさのピクセルにすればいいかも？
> 例えば、直径1ミリのピクセルなら、直径を2ミリにするとか。

　考え方はいいですよ。点を大きな点にすればいいのです。しかし、ディスプレイによってピクセルの大きさは決まっています。ソフトウェア（プログラム）で、画像の拡大を行うには、1つのピクセルを複数のピクセルで表すようにします。例えば、1つのピクセルを4つのピクセルで表すようにすれば、縦横2倍の拡大画像ができます。

　ここでは、2次元配列Aに元の画像が白黒（0か1）で記憶されていて、2次元配列Bに出力するものとします。

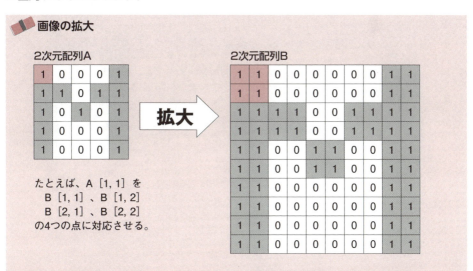

画像の拡大

たとえば、A［1, 1］を
B［1, 1］、B［1, 2］
B［2, 1］、B［2, 2］
の4つの点に対応させる。

　同様に1つの点から3×3＝9個の点を出力すれば、縦横3倍の拡大画像ができます。しかし、倍率が大きくなると、境界のギザギザが目立ちます。たかが2倍に拡大した上の例でも、滑らかなMにはなっていません。

　この境界のギザギザのことを**ジャギー**とか、厳密には同じ意味ではありませんが、**エイリアシング**といいます。今回は扱いませんが、実際の画像処理では、エイリアシングを滑らかにして目立たなくする**アンチエイリアシング**が行われます。午前の試験で出題されたことがある用語です。

それでは、流れ図を考えてみましょう。

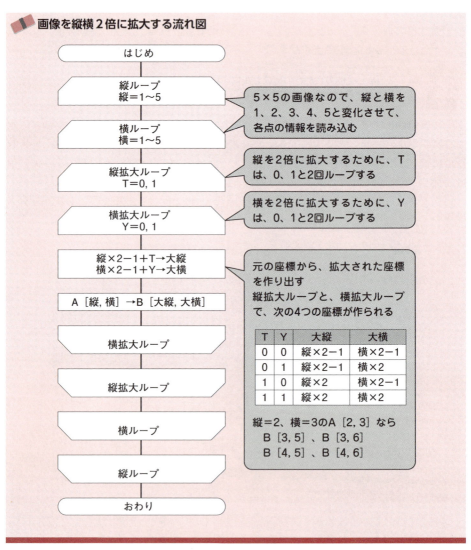

4重のループになっているので複雑ですが、外側の2つの縦ループと横ループが、元の画像の点を1つずつ読み取るためのものです。内側の2つのループは、1つの点から縦に2つ横に2つずつ、合計4個の点を作り出すためのループです。

つまり、画像の大きさが変わったら外側2つのループ条件が変更になり、倍率が変わったら内側2つのループ条件が更になります。

画像を縮小しよう

　画像の拡大に比べて、縮小は簡単です。半分に縮小するなら、点を1つおきに読み飛ばして出力するだけです。

画像の縮小

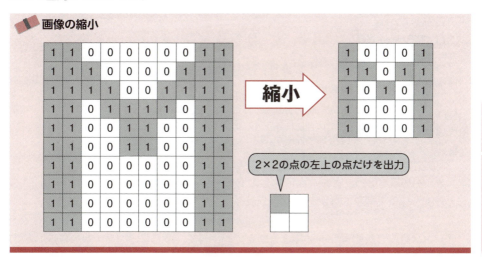

紙面の都合で、次に5×5ドットの画像を縮小する流れ図を示します。

画像を縦横2分の1に縮小する流れ図

画像の拡大縮小 | 229

LESSON 7

縮小画像の複数表示

プリクラって、どうなってんの?

プリクラ大作戦

プリクラを使ったことありますか?
最近のプリクラは、凄いそうですね。

> 目がパッチリで、色白に補正されますよ。
> 誰でも、可愛く写るんです。

へぇ。男が撮ったら、どんな顔になるのでしょうか?
そのような美人補正のない昔のプリクラみたいなアルゴリズムを考えてみます。

デジカメで撮った顔写真を縦横3分の1に縮小して、さらに3×3=9枚作成したのが次の画面図です。

> プリクラみたいで、面白そうですね
> でも、アルゴリズムは難しそうだな。

通常の拡大縮小に比べると、少し複雑になります。縮小画像を1つ作る方法は、すでに学びました。縮小画像の点を出力するときに、1度に9枚分の9個の点を出力するようにします。具体的にいえば、3×3の2重ループで9個の点を出力すればいいわです。

アルゴリズムを考えよう

9×9の2次元配列Aに画像データが格納されているものとします。縦横3分の1の縮小画像を1つ出力するだけなら、229ページで説明したアルゴリズムです。

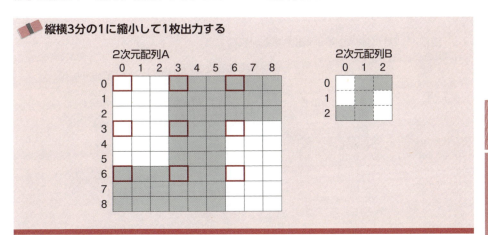

縦横3分の1に縮小して1枚出力する

配列Aの9つの点の1つを配列Bに出力していくことで、縦横3分の1にした1つの縮小画像ができます。

縮小画像の点を1つ出力するときに、縦に3つ、横に3つ出力すれば、9つの縮小画像ができます。例えば、A[0, 0]の点は、次の9点に出力しなければなりません。

　　B[0, 0]　　B[3, 0]　　B[6, 0]
　　B[0, 3]　　B[3, 3]　　B[6, 3]
　　B[0, 6]　　B[3, 6]　　B[6, 6]

つまり、A[縦, 横]の縦と横から9個のBの座標を作り出さなければならないわけです。

縦横3分の1に縮小して9枚出力する

縮小画像の複数表示 | 231

流れ図を考えよう

　流れ図は、元の画像の点を１つ参照するための外側の２重ループと、３×３＝９個の点を出力するために内側に２重ループがあります。流れ図を簡単にするために、配列の添字は０から始まるものとします。

縦横3分の1に縮小して9枚出力する流れ図

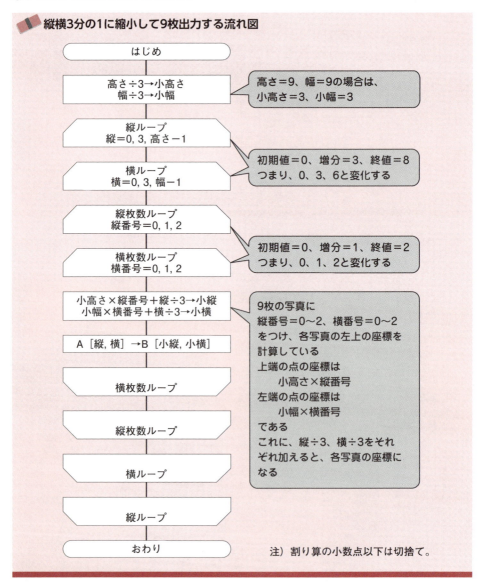

注）割り算の小数点以下は切捨て。

　納得できないときは、ぜひ先に示した９×９の例でトレースしてみてください。

第４章　応用アルゴリズム

トレース表の一部

	縦	横	縦番号	横番号	小縦	小横
①	0	0	0	0	0	0
②	0	0	0	1	0	3
③	0	0	0	2	0	6
④	0	0	1	0	3	0
⑤	0	0	1	1	3	3
⑥	0	0	1	2	3	6
⑦	0	0	2	0	6	0
⑧	0	0	2	1	6	3
⑨	0	0	2	2	6	6
	0	3	0	0	0	1
	0	3	0	1	0	4
	0	3	0	2	0	7
	0	3	1	0	3	1
	0	3	1	1	3	4
	0	3	1	2	3	7
	0	3	2	0	6	1
	0	3	2	1	6	4
	0	3	2	2	6	7
	0	6	0	0	0	2
	0	6	0	1	0	5
	0	6	0	2	0	8
	0	6	1	0	3	2
	0	6	1	1	3	5
	0	6	1	2	3	8
	0	6	2	0	6	2
	0	6	2	1	6	5
	0	6	2	2	6	8
	3	0	0	0	1	0

（以下省略）

配列B

	0	1	2	3	4	5	6	7	8
0	①			②			③		
1									
2									
3	④			⑤			⑥		
4									
5									
6	⑦			⑧			⑨		
7									
8									

縮小画像の複数表示

LESSON 8
変数の宣言

変数を宣言して使おう

変数はデータ型を指定する

　プログラム言語の学習が進んでいる人には当たり前の話ですが、まだプログラム言語に手をつけていない人には、今回の話は少し難しいかもしれません。

> え？　表計算を選択するんで、プログラム言語には永久に手をつけないのですけど……

　プログラム言語の使用経験がまったくないと、擬似言語やアルゴリズムを理解するのに苦労します。表計算を選択する場合でも、少しプログラム言語をかじったほうが理解しやすいですよ。午後の言語問題を解けるレベルまで学習時間をかける必要はないので、ソフトウェア技術者を目指しているのなら、文系だろうと学生さんはC言語を勉強してみるのがいいです。社会人の方は、Visual Basicが勉強しやすいと思います。

　一般的なプログラム言語では、変数の宣言をして、その変数を使って手続き（処理）を書きます。手続きとは、流れ図をプログラムの命令に直したものだと考えください。

プログラムの構成

　プログラムをコンピュータで実行するためには、主記憶装置に変数の値を記憶する領域を確保する必要があります。変数には、整数を入れるもの、実数を入れるもの、文字を入れるものなど、変数の性質に応じて**データ型**があります。変数のデータ型を指定して、変数を宣言すると、主記憶装置にそのデータ型の変数の領域がとられます。

プログラム言語によって、「変数」や「変数の宣言」の呼び方は異なることがありますが、細かいことは気にしないでください。
　流れ図からプログラムを作ろうとすると、変数の性質や定義済み処理に渡す値などがあいまいであることに気づきます。流れ図には、その変数がどのような値を記憶するのか、宣言するところがないので、あいまいになってしまうのです。
　例えば、整数型の変数Aに2、変数Bに3を代入し、A＋Bの値を変数Cに求める流れ図をC言語で書いてみましょう。C言語では変数に英小文字を用いますので、プログラムを作ると次のようになります。

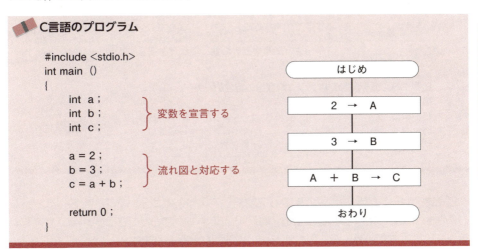

　自分の選択言語でない場合は、プログラムの構成を見るだけで、プログラムの内容を理解したり覚えたりする必要はありません。
　intは、整数型の変数を宣言するときに用います。ここでは、a、b、cという3つの整数型の変数が宣言され、主記憶装置に変数の領域を確保します。「＝」は、右辺の式を左辺の変数に代入するという意味です。「a＝2」は、流れ図とは矢印の向きが反対で「a←2」の意味です。returnは、呼び出されたところに戻るものですが、今は気にしないでください。243ページで説明します。
　Javaの場合も、変数を使う前にintで整数型の変数を宣言し、似たような構成のプログラムになります。
　Pythonは、型を宣言せずに変数を使用することができます。ただし、変数の型を宣言することも可能です。重要な変数や引数については、型を宣言したほうが可読性が上がり、保守しやすいという意見もあります。

擬似言語でも変数を宣言する

擬似言語プログラムでも、変数の宣言をすることで、流れ図のように変数の型があいまいだということがなくなります。試験の擬似言語の説明では、次のように説明されているだけで、具体的な内容は説明されていません。

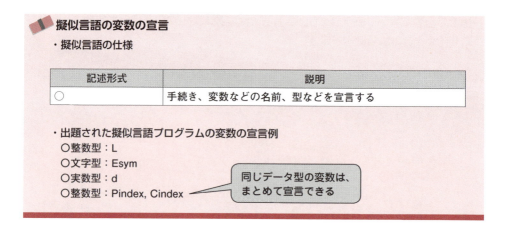

ここ数年は、例で示したように変数を宣言していることが多いです。変数には、整数の値をもつことができる整数型や、小数のある値をもつことができる実数型、文字を文字コードでもつ文字型、真か偽の値をもつ論理型などがあります。

A＋Bの計算を、変数の宣言をして、擬似言語プログラムで書いてみました。

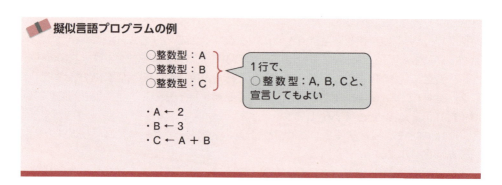

最近の擬似言語の問題は、C言語をベースにしたものが多く、前ページのC言語のプログラムと、とてもよく似ていますね。

本書の擬似言語プログラムでも、このような変数の宣言をうことにします。

変数を使える範囲がある

クラス委員長はクラスに1人ずついるので、学校にはたくさんの委員長がいます。どのクラスかを指定しないと、誰のことだかわかりません。ところが、生徒会長は、学校に1人しかいません。生徒会長だけで人物が特定できます。

プログラムは、複数の手続き（副プログラム）で構成されます。変数には、その変数を使用できる**通用範囲**があります。変数を大きく2つに分けると、どの手続きからでも参照できる**大域変数**とその手続き内だけで通用する**局所変数**があります。

大域変数は、どのクラスにいても1人の人物が特定できる生徒会長のような変数です。共通変数、グローバル変数、パブリック変数とも呼ばれます。

局所変数は、学校に何人もいてクラス内だけで通用する委員長のような変数です。ローカル変数とも呼ばれます。

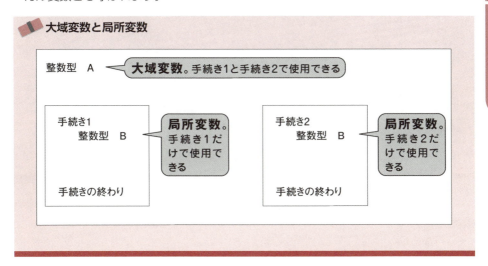

大域変数と局所変数

変数Aは大域変数で、手続き1と手続き2の両方で使用できます。これに対して、変数Bは局所変数で、それぞれの手続き内でしか通用しません。

変数Bは、2つあるんですか？
別のクラスに同じ名前の委員長がいることはありえますけど。

そうです。局所変数は、手続き1でも手続き2でも同じ名前のBを宣言することができます。同じ名前の変数Bですが、主記憶装置には、異なる領域がとられます。つまり、手続き1の変数Bの領域と手続き2の変数Bの領域があります。

これに対して、大域変数のAは、主記憶装置に1つの領域しかありません。

簡単な擬似言語プログラムで、大域変数と局所変数の違いを確認しておきましょう。

大域変数と局所変数の擬似言語プログラム

```
01    ○大域：整数型：A        大域変数を宣言
02    ○大域：整数型：C
- - - - - - - - - - - - - - - - - - - - - - - - - - - - - -
03    ○主プログラム
04    ・手続き1             手続き1を呼び出す
05    ・表示　C
06    ・手続き2             手続き2を呼び出す
07    ・表示　C
- - - - - - - - - - - - - - - - - - - - - - - - - - - - - -
08    ○手続き1（　）
09    ○整数型：B           局所変数を宣言
10
11    ・A ← 2
12    ・B ← 5
13    ・C ← A ＋ B
14
15    ・A ← 20
- - - - - - - - - - - - - - - - - - - - - - - - - - - - - -
16    ○ 手続き2（　）
17    ○整数型：B           局所変数を宣言
18
19    ・B ← 50
20    ・C ← A ＋ B
```

01行と02行は、大域変数のAとCを宣言しています。どの手続きからでも参照や更新ができます。

03行から07行が、主プログラムです。

04行で手続き1を呼び出すので、08行の手続き1に飛びます。

09行で、手続き1の中だけで通用する局所変数のBを宣言し、主記憶装置にBの領域が確保されます。11行でAに2を、12行でBに5を代入し、13行で足し算するとCは7になります。15行でAに20を代入します。手続きの最後に達すると、局所変数のBの領域は解放されなくなりますが、大域変数のAとCの領域は残っています。

呼び出された04行に戻り、次の05行でCを表示すると、7が表示されます。

06行で、手続き2を呼び出し、16行の手続き2に飛びます。17行で局所変数のBを宣言しています。19行でBに50を代入します。

20行のCの値はいくらでしょう？

Aは大域変数なので、15行で20になっています。C ← 20 ＋ 50で、70になります。

呼び出された06行に戻り、07行でCを表示すると、70が表示されます。

238 ｜ 第4章 応用アルゴリズム

LESSON 9

手続き呼出し

引数って、引く数じゃないよ

手続きには引数で値を渡す

　引数を使って、必要な値だけを手続き(プロシージャ)に渡すことができます。例えば、2つの数値を渡すと、足し算の答を返す手続きを作るとします。このとき、呼ばれる側を副プログラム、呼び出す側を主プログラムと呼びます。副プログラムからさらに他の副プログラムを呼び出すこともあります。

　足し算をする副プログラムにTASUという名前をつけて呼び出すとすると、次のようなイメージになります。

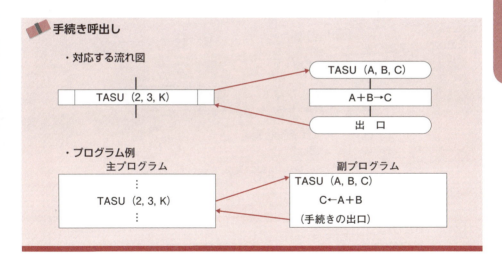

　TASUの後ろの括弧の中に書いてあるのが、値のやり取りをする引数です。主プログラムから呼び出す側の引数を**実引数**、実引数に対応して手続きの入口に書かれた引数を**仮引数**といいます。実引数には定数を書くことができ、実引数と仮引数は、異なる名前の変数を使用できます。

　この例では、引数の並びの順番で、主プログラムの実引数の2が副プログラムの仮引数Aに、3がBに渡されます。副プログラムでA+Bの計算をすると、2+3でCが5になります。このCの値5は、主プログラムのKに渡されます。

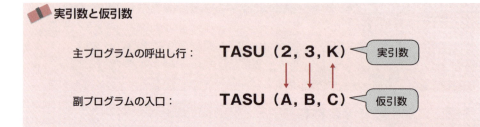

ここでは、副プログラムの仮引数の値を、主プログラムの実引数で受け取ることができるものとします。実は、プログラム言語が採用している引数の渡し方によっては、副プログラムのCの値をKに渡せないことがあります。詳しくは、後ほど説明します。

擬似言語プログラムを示します。

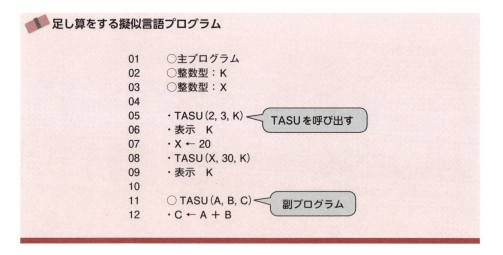

05行でTASUを呼び出して、2＋3を計算するので、06行で表示されるKの値は、5です。では、09行で表示されるKの値は、いくらですか？

20＋30を計算するので、たぶんKは50です。

正解。07行でXに20を代入し、そのXが実引数の1番目に書かれているので、11行の仮引数のAの値が20になります。実引数の2番目の30が仮引数のBに渡り、20＋30＝50を計算し、Cが50になります。このCの値が実引数のKに渡るので、09行で表示されるのは50すね。

引数の渡し方は狙われる

引数の渡し方には、2つの方式があります。実引数の値そのものをコピーして渡すのが、**値呼出し** (call by value) です。**値渡し**ともいいます。

値ではなく、値の格納されている主記憶装置のアドレスを渡すのが**参照呼出し** (call by reference) です。**参照渡し**、**アドレス渡し**ともいいます。

■ 引数の渡し方

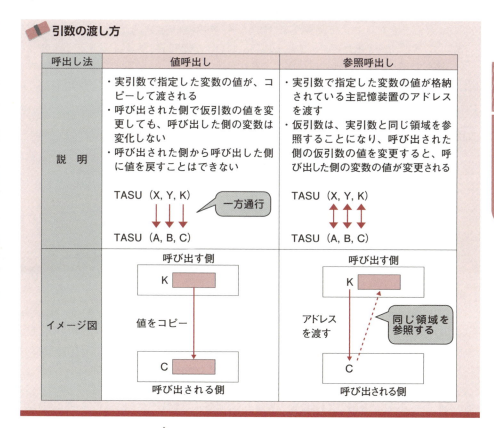

値呼出しの場合は値がコピーされるので、コピーされた値をいくら書き換えても、コピー元の実引数に指定された変数の値は変更されません。これに対して、参照呼出しは、実引数に指定された変数の主記憶装置のアドレスを渡します。同じ領域の値を書き換えることになるので、値が変化します。結果として、呼び出される側で変更された値を受け取ることができます。

試験では、流れ図の定義済み処理の意味で、手続き、副プログラムという用語が用いられます。引数の渡し方も、値呼出しなのか、参照呼出しなのか、あいまいなことも多いのですが、臨機応変に対応すしかありません。

関数は戻り値で値を受け取る

値呼出しは、手続きで計算した値を受け取ることができないなら、意味がないんじゃないですか？

　値渡しは、副プログラムで計算された値を、手続きを呼び出した主プログラムに引数で渡すことができません。しかし、C言語などは、基本的に値渡しです。

　実は、手続きと似たものに**関数**があります。関数も名前をつけることができ、実引数を指定して呼び出すことができます。そして、値を1つ**返却値**（**戻り値**）として返します。

　次の擬似言語プログラムは、小数点以下を切り捨てるIntという関数が使われています。Intは、午前の問題や流れ図の問題で使われたことがあり、Visual Basicや表計算ソフトのEXCELなどにもInt関数があります。

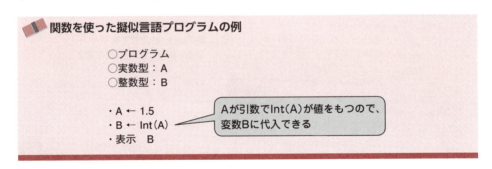

関数を使った擬似言語プログラムの例

　　○プログラム
　　○実数型：A
　　○整数型：B

　　・A ← 1.5
　　・B ← Int(A)　　Aが引数でInt(A)が値をもつので、変数Bに代入できる
　　・表示　B

　実数型の変数Aと整数型の変数Bが宣言されています。

　Aに1.5を代入し、Int関数の引数としてAを渡します。すると、Int(A)が小数点以下を切り捨てた1という値になります。関数自身が値をもつので、式の中で使用したり、他の変数に代入したりできるのです。ここでは、1をBに代入するので、Bの値を表示すると1になります。

C←Int(3.5)とすれば、Cは整数の3になるんですね。

　正解。そして、

関数自身が値をもっている

　ということは、変数と同様に関数も、整数型などのデータ型をもっていることになります。このIntという関数は、整数型の値を返します。これが、関数を理解するで、重要なポイントです。

Min関数を作ろう

実は、すでに188ページでMin関数を使った擬似言語プログラムを扱っています。Min関数を作ってみましょう。

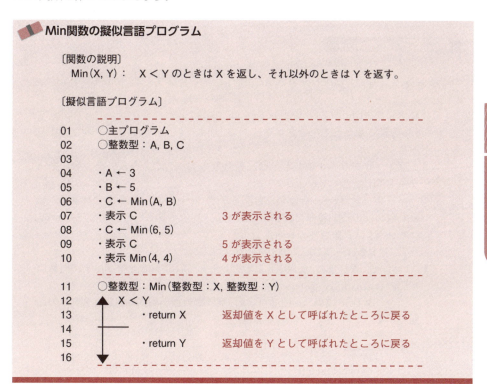

11行から16行がMin関数のプログラムです。11行は、整数型の値を返すMinという名前の関数で、整数型のXとYの2つの引数があることを示しています。12行の条件で、13行か15行に分岐します。13行のreturn文は、C言語やJavaではおなじみですが、

return 式

で、その式の値を**返却値**として、呼ばれたところに戻ります。これが関数の値です。

例えば、08行を実行すると、Min関数が呼ばれ、引数として、6と5を渡します。11行でXは6、Yは5を受け取ります。12行で、6＞5なので、15行に行き、Yの値5を返却値として返します。すると、08行のMin(6, 5)の値が5になり、この5をCに代入することになります。

擬似言語プログラムの関数の書き方について、とくに定められたものはありません。試験問題を見て、その場で常識的な判断をすることになります。

LESSON 10 手続き呼出しの演習問題

変数を領域へ割り当てる

練習問題

手続呼出しに関する次の説明を読んで、設問1、2に答えよ。

〔手続呼出しの説明〕
(1) ある言語で書かれた原始プログラム1（図1）と、原始プログラム2（図2）がある。
　① 原始プログラム中の変数Sは、整数型の大域変数である。整数型はキーワードIntで表す。
　② キーワードExternalは外部参照を示す。External Int Sは整数型の大域変数Sへの外部参照を、External Proc Bは手続Bへの外部参照を示す。
　③ 変数X1は、整数型の局所変数である。
　④ X1 = 100は、変数X1に100を代入する。
　⑤ Call B (X1) は、変数X1を実引数として、手続Bを呼び出す。引数は参照渡し（call by reference）である。
　⑥ Proc B (Int X2) ～ End Bは、整数型の仮引数X2をもつ手続Bの範囲を示す。

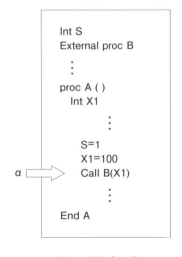

図1　原始プログラム1

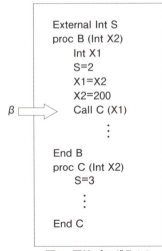

図2　原始プログラム2

(2) 原始プログラム1、2を、それぞれコンパイル後リンクし、実行ファイルを作成した。コンパイラは、局所変数をスタック領域に割り当て、リンカは、プログラムコードをコード領域に、大域変数をデータ領域に割り当てる。

(3) プログラムを実行したとき、αで示す場所から手続Bが呼び出される直前のスタックの内容は、図3のとおりである。ここで、スタックは上位アドレス（番地の大きい方）から下位に向かって使用される。

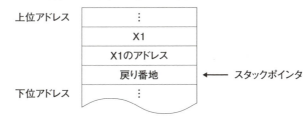

図3　手続Bが呼び出される直前のスタックの内容

設問1　図4は、βで示す場所から手続Cが呼び出される直前のスタックの内容である。図4中の　　　　に入れる正しい答えを、解答群の中から選べ。ただし、アドレスは1語、整数型の変数も1語を使用するものとする。

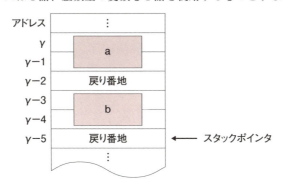

図4　手続Cが呼び出される直前のスタックの内容

解答群

設問2　リンク時に外部参照が解決されるものを、解答群の中から3つ選べ。

解答群
　ア　手続Aにおける手続Bの参照　　　イ　手続Aにおける変数X1の参照
　ウ　手続Bにおける手続Cの参照　　　エ　手続Bにおける変数Sの参照
　オ　手続Bにおける変数X1の参照　　 カ　手続Bにおける変数X2の参照
　キ　手続Cにおける変数Sの参照

解説

　ムズッ！　外部参照って習ってませんよぅ……
　どこから手をつければいいのか、さっぱりです。

　外部参照は、設問2で問われていますので、設問2の解説まで待ってくださいね。簡単にいえば、他で宣言された大域変数などを参照できるということです。
　午後の問題は、問題文をきちんと読んで理解する能力が問われます。試験場では要領よく解かなければなりませんが、学習時には問題を理解する能力を養成するために、問題文を整理していくといいですよ。具体的には、重要なところに赤線を引いたり、ノートに書き出したりして整理しましょう。
　この問題は、"あるプログラム言語"が想定されています。架空のプログラム言語の話ですし、少し古い問題ですが、良い問題です。

　なぜか、局所変数だけ、スタックに割り当てるみたいですね。

●領域の割当て
　プログラムコード　→　コード領域に割り当てる。
　大域変数　　　　　→　データ領域に割り当てる。
　局所変数　　　　　→　スタック領域に割り当てる。

　多くのプログラム言語でも、このような領域の割当て方をします。
　大域変数は、プログラムの実行が終わるまで有効で、途中で領域が消えることがありません。これに対して、局所変数は手続きなどが呼び出されている間だけ有効です。呼出し側に戻ると消えます。つまり、頻繁に領域を割り当てたり解放したりすることが必要になるので、操作がしやすいスタック領域に割り当てるのです。

設問1

　スタックは、後から入れたものを先に取り出す（後入れ先出し）データ構造でした。通常、スタックは、上にデータを積み上げるような図で説明されます。しかし、この問題のスタックは、「上位アドレス（番地の大きい方）から下位に向かって使用され」、上位アドレスが上に、下位アドレスが下に書かれているので注意が必要です。つまり、スタックに入れるときは一番下に入れて、スタックから取り出すときは一番下から取り出します。

　まず、αで示す場所から手続きBが呼び出される直前のスタックの内容（問題文の図3）を見ておきましょう。

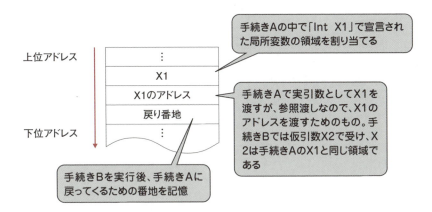

X1のアドレスって何ですか？
戻り番地って、戻り値とは違うんですか？

　アドレスとは、主記憶装置（主メモリ）につけられた番地のことです。「番地」と「アドレス」が混在しているのでわかりにくいですね。どちらかに統一してほしいところです。

　変数X1は主記憶装置に作られたスタックに割り当てられます。つまり、X1のアドレスとは、X1の割り当てられた番地のことです。例えば、1,000番地にX1が割り当てられたのなら、1,000です。引数は参照渡し（アドレス渡し）なので、変数X1のアドレスを手続きBにスタックを介して渡します。

　あるプログラム言語で書かれた原始プログラムは、コンパイル＆リンクされて、機械語のプログラムができ、主記憶装置のコード領域に格納されます。戻り番地は、手続きが戻ってくる主記憶装置のアドレスです。

手続き呼出しの演習問題

> 手続きAでも手続きBでも、X1を整数型(Int)で宣言しているので局所変数のはずなのに、Call B(X1)って呼び出してます。

　手続きAのαの位置でX1を実引数として手続きBを呼び出しています。しかし、手続きBは、仮引数がX2です。そして、局所変数としてX1を宣言しているので混乱しますね。

　手続きAの変数X1（図では「AのX1」と表す）と手続きBの変数X2（図では「BのX2」と表す）は、名前が違うだけで同じ領域です。X2の値を書き変えると、当然、手続きAのX1の値も変化します。ところが、手続きBの変数X1（図では「BのX1」）は局所変数であり、手続きAの変数X1とは違う領域がとられます。

AのX1、BのX2 　　　　　　　　　　BのX1

　手続きAと手続きBの重要な行に①～⑦をつけ、スタックの様子をトレースしてみましょう。説明に関係のない行は削除して次に示します。変数Sは大域変数なのでスタックではなくデータ領域にとられます。

```
Proc A( )
  ① Int X1
    ⋮
    S=1
  ② X1=100
  ③ Call B (X1)
    ⋮
End A
```

```
Proc B (Int X2)
  ④ Int X1
    S=2
  ⑤ X1=X2
  ⑥ X2=200
  ⑦ Call C (X1)
End B
```

※次のページに図があります。

・手続きA(Proc　A)
① 局所変数X1の領域をスタックに割り当てます。
② X1の領域に100を入れます。
③ 実引数に指定されたX1のアドレスをスタックに入れます。
　　次の行の命令が格納されているアドレスを戻り番地としてスタックに入れます。
・手続きB(Proc　B)
④ 局所変数X1の領域をスタックに割り当てます。
⑤ X1の領域に仮引数X2に渡された100を入れます。
⑥ X2に200を入れます。
⑦ 実引数に指定されたX1のアドレスをスタックに入れます。
　　次の行の命令が格納されているアドレスを戻り番地としてスタックに入れます。

アドレスがないとわかりにくいので、仮に1000番地からスタックがとられるとして、具体的に図にしました。

・スタックのようす

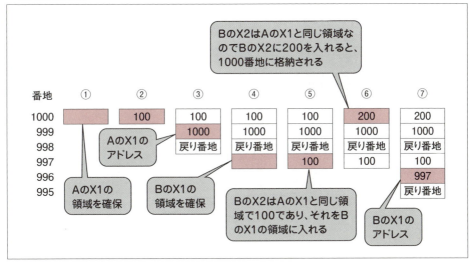

1000番地をγとすれば、997番地は$\gamma-3$です。

設問2

コンパイルやリンクを知らない場合は、午前の参考書で復習してくださいね。

外部参照とは、コンパイル単位であるモジュール内に定義されていないため、アドレスがわからない手続きや変数などを参照することです。

 モジュールって何ですか？

ここでは、コンパイルできる1つのファイルと考えてください。原始プログラム1、原始プログラム2がそれぞれ1つのモジュールです。

原始プログラム1から外部参照されているのは手続きB(External Proc B)、原始プログラム2から外部参照されているのは変数S(External Int S)です。

大域変数はデータ領域に、手続きはコード領域に割り当てられるので、リンクの時点でどこに格納されたか、そのアドレスが決定し外部参照を解決できます。

局所変数は、スタック領域にとられますので、実行時までアドレスはわかりませんし、外部参照とはいいません。

【解答】 設問1 a ウ b イ 設問2 ア、エ、キ

LESSON 11

再帰処理

自分の分身を呼び出そう

再帰処理といえばn!が定番

　手続きなどから自分自身を呼び出す処理を**再帰処理**といいます。午前の問題は、式に代入していけば解けるのですが、真に理解しておかないと解けないのが再帰処理のアルゴリズムを使った擬似言語プログラムの問題です。

　次の擬似言語プログラムは、1つの主プログラムと5つの関数があります。まず、トレースして、05行で表示されるansの値を考えてください。

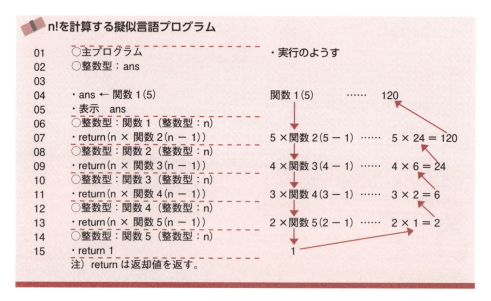

　04行で、引数に5を渡して関数1を呼び出します。06行のnには5が渡されています。07行のreturnで、5×関数2(5−1)の値を返却値としますが、関数2が使われているので、引数にn−1の4を指定して関数2を呼び出します。

　同様に関数2から関数3を、関数3から関数4を、関数4から関数5を呼び出すと、関数5の返却値は1で関数4に戻ります。関数4の返却値は2×関数5(1)なので、2×1=2を返却値として関数3に戻ります。同様にして、関数1まで戻ると5！を計算することができます。

さて、関数1から関数4は非常によく似ているので、同じ関数を使おう、と考えると、関数から自分自身を呼び出す**再帰関数**で書くことができます。関数5だけが異なるので、選択処理を使います。

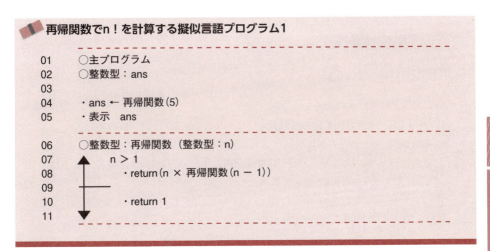

　トレースしてもらえませんか？

まず、シンプルな例を見てもらいましたが、出口を1つにして表示文を入れて実行すると、次のような結果になります。

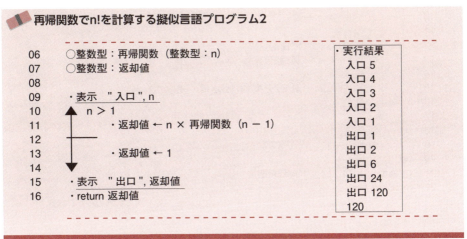

実行結果の最後の120は、主プログラムの05行の表示です。再帰関数を使わないn!と同じように次々に関数を呼び出しているわけです。

大きなものを小さく分割して処理する

2分探索法のアルゴリズムは、166ページで説明しました。探索範囲を分割して細かくしていくので、再帰関数を使って書くことができます。

練習問題

問 説明と擬似言語プログラムを読んで、設問に答えよ。

〔擬似言語プログラムの説明〕

(1) 再帰を用いた2分探索法の擬似言語プログラムである。

(2) Dataは、データを昇順に格納した大域配列である。

(3) 引数のTkeyは探索キー、Lowは探索範囲の小さい方のDataの添字、Highは探索範囲の大きい方のDataの添字である。

〔擬似言語プログラム〕

```
01    ○大域：整数型：   Data[100]
02    ○整数型：再帰2分探索(整数型：Tkey, 整数型：Low, 整数型：High)
03    ○整数型：C
04    ○整数型：Ans
05
06    ・表示   "入口", Low, High
07  ▲  Low ≦ High
08       ・C ← (Low + High) ÷ 2     /*   小数点以下切捨て   */
09    ▲    Data[C] = Tkey
10           ・Ans ← C
11
12       ▲   Data[C] > Tkey
13           ・Ans ← 再帰2分探索( Tkey,    [  a  ]  )
14
15           ・Ans ← 再帰2分探索( Tkey,    [  b  ]  )
16
17
18
19    ・Ans ← −1
20
21    ・表示   "出口", Low, High, Ans
22    ・return Ans
```

注）／＊　文　＊／は、注釈文である

設問

擬似言語プログラム中の空欄を埋めよ。

252 | 第4章　応用アルゴリズム

解説

次のようなデータから70が格納されている位置を探索するとします。

	1	2	3	4	5	6	7	8	9	10
Data	10	20	30	40	50	60	70	80	90	100

（Low ↓ 1　High ↓ 10）

(1)　主プログラムから、再帰2分探索(70, 1, 10)で呼出します。

(2)　06行は、1と10が表示（①）されます。

　07行から08行は、1<10なので、(1 + 10) ÷ 2を計算し、Cは5になります。

　09行から17行は、Data[C]とTkeyの大小関係による3分岐です。Data[5]とTkeyを比較すると、50<70なので、15行に行きます。70は50が格納されている5番よりも後ろにあることがわかったので、次の探索範囲は6から10です。したがって、次のように再帰的に呼び出します。

　　　　Ans ← 再帰2分探索(Tkey, <u>C + 1, High</u>)　（空欄b）

(3)　06行では、6と10が表示（②）されます。08行でCを計算すると(6 + 10) ÷ 2 = 8です。Data[8]とTkeyを比較すると、80>70なので、前半にあることがわかり、13行に行きます。次の探索範囲は6から7です。次のように再帰的に呼び出します。

　　　　Ans ← 再帰2分探索(Tkey, <u>Low, C − 1</u>)　（空欄a）

(4)　06行では、6と7が表示（③）されます。08行でCを計算すると(6 + 7) ÷ 2 = 6です。60<70なので後半にあることがわかり、7から7が次の探索範囲です。

　　　　Ans ← 再帰2分探索(Tkey, C + 1, High)

(5)　06行で7と7が表示（④）され、Cが7、Data[7] = Tkeyなので、10行に行きAnsに7を代入します。21行で、7と7と返却値の7を表示（⑤）し、22行で7を返却値として戻ります。

　どこに戻りますか？

(6)　Lowを7、Highを7で呼び出した(4)に戻りAnsに7を代入し、21行で6と7と7を表示（⑥）し、22行で7を返却値として、(3)に戻ります。

(7)　Ansに7を代入し、21行で6と10と7を表示（⑦）し、22行で7を返却値として、(2)に戻ります。

(8)　Ansに7を代入し、21行で1と10と7を表示（⑧）し、22行で7を返却値として、(1)の主プログラムに戻ります。

・実行結果

入口	1	10		①
入口	6	10		②
入口	6	7		③
入口	7	7		④
出口	7	7	7	⑤
出口	6	7	7	⑥
出口	6	10	7	⑦
出口	1	10	7	⑧

【解答】　a　Low, C − 1　　b　C + 1, High

LESSON 12
シェルソート

人は、より速いものを求める

分割すると並べやすいよ

バラバラに並んだ100枚の宿題プリントを、出席番号順に並べ替えるように頼まれたらどうしますか？

100枚を1人で並べ替えるのは大変なので、半分を友達に頼みます。

良いアイデアですね。このようなアイデアが、リアルの教室でも出たことがありました。悪乗りして、全部を人にやらせるというアイデアは却下です。

プリントを並べ替える
・1人で並べ替えるのはたいへん
・半分に分けて友達に頼んだら？

100枚のプリントを2つに分けて50枚ずつ2人でやれば、それぞれが50枚を小さい順に並べ替えます。出席番号の昇順に並んだソート済みの山（プリントの束）を1つにまとめるのは簡単ですね。

10枚ずつ10人でやれば、1つの山を並べ替えるのはもっと簡単です。しかし、一気に10個の山をまとめるのは大変なので、まず2つずつ山をまとめて5つにしたほうが楽でしょう。この5つの山から2つずつまとめ、最終的に1つの山ができます。

データの少ないグループに分けて並べ替え、それをまとめることで多数のデータを並べ替える。

このような手順で高速化したソートアルゴリズムがいくつかあます。

挿入ソートを改良しよう

8個のりんごが運悪く降順（大きい順）に並んでいます。これを挿入ソートで昇順に並べ替えます。挿入ソートは、りんごを挿入するときに、すでに並んでいるりんごを後に1つずらして挿入するところを空ける必要があります。後ろに移動したりんごの個数を転送数として示します。

挿入ソートによる並べ替え

整列済みのりんご	挿入前のりんご	転送数
⑧	⑦⑥⑤④③②①	0回
⑦⑧	⑥⑤④③②①	1回
⑥⑦⑧	⑤④③②①	2回
⑤⑥⑦⑧	④③②①	3回
④⑤⑥⑦⑧	③②①	4回
③④⑤⑥⑦⑧	②①	5回
②③④⑤⑥⑦⑧	①	6回
①②③④⑤⑥⑦⑧		7回

（3を挿入するためには、4〜8の5個を1つずらす必要があるので、転送数＝5）

例えば、5のりんごを挿入するためには、6、7、8の3個のりんごを後ろに移動する必要があり、この個数が転送数に示されています。

　全転送数＝1＋2＋3＋4＋5＋6＋7＝28回

もしも、10,000個のりんごが降順に並んでいたら、転送数は膨大になります。
そこで、配列の添字が奇数か偶数かで、りんごを奇数列と偶数列に分けます。

奇数列のりんごと偶数列のりんご

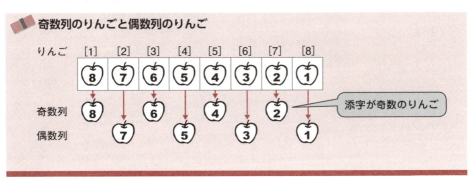

2つのグループに分けたんですね。
これをそれぞれ並べ替えるんですか？

シェルソート

そうです。奇数列、偶数列をそれぞれ挿入ソートで並べ替えてみましょう。

■ 奇数列のりんごと偶数列のりんごの並べ替え

奇数列のりんご			偶数列のりんご		
整列済み	挿入前	転送数	整列済み	挿入前	転送数
⑧	⑥④②	0回	⑦	⑤③①	0回
⑥⑧	④②	1回	⑤⑦	③①	1回
④⑥⑧	②	2回	③⑤⑦	①	2回
②④⑥⑧		3回	①③⑤⑦		3回

転送数の合計＝1＋2＋3＋1＋2＋3＝12回

並べ替えた奇数列と偶数列を、元の1つの配列として扱います。

■ 奇数列のりんごと偶数列のりんご

奇数列　②　　④　　⑥　　⑧

偶数列　　①　　③　　⑤　　⑦

②	①	④	③	⑥	⑤	⑧	⑦

りんご　[1]　[2]　[3]　[4]　[5]　[6]　[7]　[8]

小さいデータが前にきています。これを挿入ソートで並べ替えます。

■ 挿入ソートによる並べ替え

整列済みのりんご	挿入前のりんご	転送数
②	①④③⑥⑤⑧⑦	0回
①②	④③⑥⑤⑧⑦	1回
①②④	③⑥⑤⑧⑦	0回
①②③④	⑥⑤⑧⑦	1回
①②③④⑥	⑤⑧⑦	0回
①②③④⑤⑥	⑧⑦	1回
①②③④⑤⑥⑧	⑦	0回
①②③④⑤⑥⑦⑧		1回

（4を1つずらすだけで、転送数＝1）

転送数＝1＋1＋1＋1＝4回。

これに、奇数列と偶数列の転送回数を加えます。

合計転送数＝12回＋4回＝16回

256　第4章　応用アルゴリズム

始めから挿入ソートで並べ替えると28回の転送が必要でしたが、奇数列と偶数列に分けてざっと並べ替えてから、挿入ソートで並べ替えると16回の転送で済むことになります。

　このような考え方で、飛び飛びのデータ列をざっと並べ替えていくのが挿入ソートを改良した**シェルソート**です。

練習問題

　次の手順はシェルソートによる整列を示している。データ列 "7、2、8、3、1、9、4、5、6" を手順 (1) ～ (4) に従って整列すると、手順 (3) を何回繰り返して完了するか。ここで、〔 　 〕は小数点以下を切り捨てる。

〔手順〕
(1) 〔データ数÷3〕→ H とする。
(2) データ列を互いに H 要素分だけ離れた要素の集まりからなる部分列とし、それぞれの部分列を挿入法を用いて整列する。
(3) 〔H ÷ 3〕→ H とする。
(4) H が0であればデータ列の整列は完了し、0でなければ (2) に戻る。

ア　2　　　　イ　3　　　　ウ　4　　　　エ　5

解説

最初のデータ件数が9なので、(1)は、〔9 ÷ 3〕= 3 で、H は 3 です。

(3)の1回目は、〔3 ÷ 3〕= 1、2回目は、〔1 ÷ 3〕= 0 ですので、2回繰り返します。

答はわかりましたが、並べ替えの様子を考えてみましょう。

・1回目：H＝3

データ列	7	2	8	3	1	9	4	5	6
部分列1	7			3			4		
部分列2		2			1			5	
部分列3			8			9			6

挿入ソート (挿入法) で並べ替えます。

データ列	3	1	6	4	2	8	7	5	9

・2回目：H＝1

部分列は1つなので、データ列と同じです。挿入ソートで並べ替えます。

データ列	1	2	3	4	5	6	7	8	9

【解答】　ア

シェルソート｜**257**

シェルソートの間隔の決め方はいろいろある

シェルソートを考えた人は、データ件数を 2 で割る方法で間隔を決めました。その後、間隔の決め方で効率が変わることがわかり、間隔の決め方がいくつか提案されています。ここでは、2 で割る方法で間隔を決める擬似言語プログラムを示します。引数に「整数型：りんご[ ]」とあるのは、整数型の配列「りんご」を渡すという意味です。

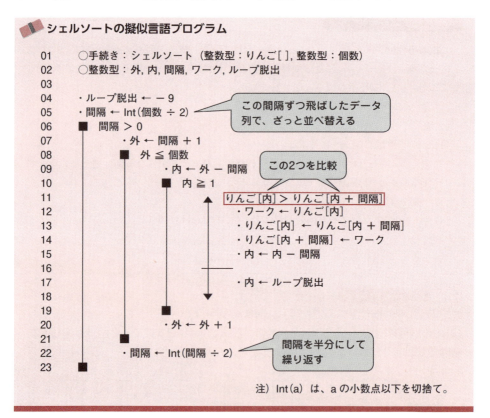

データの個数が 8 個の場合は、Int(8 ÷ 2) ＝ 4 で、間隔は 4 から始めます。

4 個ずつ飛ばすんですね。2 で割るってことは、最初の部分列は、データが 2 個しかないんですね。

そうです。先の問題では部分列と呼んでいましたが、ここではデータ列と呼ぶことにします。4 つのデータ列ができますが、データは 2 個ずつです。例えば、データ列 1 は「りんご[1]」と「りんご[1 ＋ 4]」の 2 個です。4 つのデータ列をそれぞれ並べ替え、次に間隔を半分の 2 にし、2 つのデータ列で整列します。

個数＝ 8 で、14 行を実行後の位置で値を書き出したトレース表を次に示します。

258 | 第 4 章　応用アルゴリズム

シェルソートのトレース表

この位置の2つを比較

注）○は2つを比較したが、すでに昇順。

間隔	外	内	内+間隔	りんご								
				[1]	[2]	[3]	[4]	[5]	[6]	[7]	[8]	
実行前				8	7	6	5	4	3	2	1	
4	5	1	5	4	7	6	5	8	3	2	1	列1
	6	2	6	4	3	6	5	8	7	2	1	列2
	7	3	7	4	3	2	5	8	7	6	1	列3
	8	4	8	4	3	2	1	8	7	6	5	列4
2	3	1	3	2	3	4	1	8	7	6	5	
	4	2	4	2	1	4	3	8	7	6	5	
	5	3	5			○		○				ループ脱出
	6	4	6				○		○			ループ脱出
	7	5	7	2	1	4	3	6	7	8	5	
	7	3	5			○		○				ループ脱出
	8	6	8	2	1	4	3	6	5	8	7	
	8	4	6				○		○			ループ脱出
1	2	1	2	1	2	4	3	6	5	8	7	
	3	2	3		○	○						ループ脱出
	4	3	4	1	2	3	4	6	5	8	7	
	4	2	3		○	○						ループ脱出
	5	4	5				○	○				ループ脱出
	6	5	6	1	2	3	4	5	6	8	7	
	6	4	5				○	○				ループ脱出
	7	6	7						○	○		ループ脱出
	8	7	8	1	2	3	4	5	6	7	8	
	8	6	7						○	○		ループ脱出

間隔＝4のとき

配列	8	7	6	5	4	3	2	1
データ列1	8				4			
データ列2		7				3		
データ列3			6				2	
データ列4				5				1

間隔＝2のとき

配列	4	3	2	1	8	7	6	5
データ列1	4		2		8		6	
データ列2		3		1		7		5

間隔＝1のとき

配列	2	1	4	3	6	5	8	7
データ列	2	1	4	3	6	5	8	7

第4章 応用アルゴリズム

シェルソート

LESSON 13 クイックソート

実際によく使われるソート

再帰関数を用いる高速なクイックソート

実際に利用されることが多いのが、**クイックソート**です。**軸**という基準値で、軸より小さなデータと大きなデータに振り分け、データを2つに分けることを繰り返します。

クイックソートのイメージは、次のとおりです。

クイックソートのイメージ

・データ列の中央のデータを軸とする例
　左から軸以上の値を探し、右から軸未満の値を探し、交換することで振り分けを行う。

軸の決定	②⑥④①③⑤	④を軸とする
振り分け	② ⑥④①③ ⑤	②は軸の左、⑤は軸の右で確定
	②③ ④① ⑥⑤	⑥と③を交換
	②③① ④⑥⑤	④と①を交換し、振り分け終わり
軸の決定	②③① ④⑥⑤	分割して、③と⑥を軸とする
振り分け	②① ③ ④⑤ ⑥	③と①を交換　⑥と⑤を交換
軸の決定	②① ③ ④⑤ ⑥	分割して、②と④を軸とする
振り分け	① ② ③ ④ ⑤ ⑥	②と①を交換

軸の左側には小さなデータ、右側には大きなデータが集まったデータ列ができ、このデータ列に対しても同様な操作を再帰的に繰り返します。

軸が分割するグループの境にある必要はなく、軸の値未満のグループと軸の値以上のグループに分けていけばいいのです。

> 軸は、どうやって決めるんですか？
> 黒板の例では、軸に1とかを選ぶと大変ですよね

ソートするデータ列の中央のデータや先頭のデータなどを軸にすることが多いです。ご指摘のように、軸の選び方によってはデータが偏ってしまうこともあります。

260 | 第4章　応用アルゴリズム

練習問題 動画

　次のプログラムの説明、擬似言語の記述形式の説明及びプログラムを読んで、
設問1、2に答えよ。

〔プログラムの説明〕

　整数型の1次元配列AのA［Min］からA［Max］まで（0≦Min＜Max）を、クイックソートで整列する副プログラムQuickSortである。

(1)　整列の手順は、次のとおりである。

　①　A［Min＋1］からA［Max］まで、A［Min］と値が異なる要素を順次探し、最初に見つかった要素の値とA［Min］の値のうち大きい方を基準値（Pivot）として選ぶ。配列の要素がすべて同じ値の場合は、整列処理を終了する。この基準値を選ぶ処理には、副プログラムFindPivotを用いる。

　②　Pivot未満の値の要素がすべてA［Min］、…、A［i－1］（Min＜i≦Max）にあり、Pivot以上の値の要素がすべてA［i］、…、A［Max］にあるように要素を並べ替える。この処理には、副プログラムArrangeを用いる。

　③　A［Min］、…、A［i－1］とA［i］、…、A［Max］をそれぞれ新しい配列とみなして、QuickSortを再帰的に適用して整列する。

(2)　各副プログラムの引数の仕様を表に示す。

表1　QuickSort の引数

変数名	入力／出力	意味
A	入出力	整列対象の1次元配列
Min	入力	整列する範囲の先頭の要素番号
Max	入力	整列する範囲の最後の要素番号

表2　FindPivot の引数

変数名	入力／出力	意味
A	入力	整列対象の1次元配列
Min	入力	整列する範囲の先頭の要素番号
Max	入力	整列する範囲の最後の要素番号
Ret	出力	基準値が格納されている要素の要素番号を返す。ただし、A[Min]、…、A[Max] がすべて同じ値の場合は、－1を返す。

表3　Arrange の引数

変数名	入力／出力	意味
A	入出力	整列対象の1次元配列
Min	入力	整列する範囲の先頭の要素番号
Max	入力	整列する範囲の最後の要素番号
Pivot	入力	基準値
Ret	出力	A[Min]、…、A[i－1] の値が Pivot 未満となり、A[i]、…、A[Max] の値が Pivot 以上となるように要素を並べ替え、iの値を返す。

クイックソート　261

〔プログラムの説明〕

```
┌─┬ ○ 副プログラム名：QuickSort(A[], Min, Max)
│ └ ○ 整数型：Pivot, J, K, L
│
│ ┌─ ・FindPivot(A[], Min, Max, J)
│ │  ▲  J ＞ － 1
│ │  │    ・Pivot ← A[J]
│ │  │    ・Arrange(A[], Min, Max, Pivot, K)
│ │  │    ・L ← K － 1
│ │  │    ・QuickSort(A[], Min, [    a    ])
│ │  ▼    ・QuickSort(A[], [    b    ], Max)
└─┴
```

```
┌─┬ ○ 副プログラム名：FindPivot(A[], Min, Max, Ret)
│ ├ ○ 整数型：Pivot, K
│ └ ○ 論理型：Found
│
│ ┌─ ・Pivot ← A[Min]
│ │  ・K ← Min + 1
│ │  ・Ret ← － 1
│ │  ・Found ← false
│ │  ■ K ≦ Max and not Found
│ │    ▲  A[K] ＝ Pivot
│ │    │    ・K ← K + 1
│ │    │  ─────────
│ │    │    ・Found ← true
│ │    ▲  A[K] ＞ Pivot
│ │    │  ─────  ・[    c    ]
│ │    ▼        ・[    d    ]
│ │  ■
└─┴
```

```
┌─┬ ○ 副プログラム名：Arrange(A[], Min, Max, Pivot, Ret)
│ └ ○ 整数型：L, R, Tmp
│
│ ┌─ ・L ← Min
│ │  ・R ← Max
│ │  ■ L ≦ R
│ │    ・Tmp ← A[L]
│ │    ・A[L] ← A[R]
│ │    ・A[R] ← Tmp
│ │    ■ A[L] ＜ Pivot
│ │      ・L ← L + 1
│ │    ■ A[R] ≧ Pivot
│ │      ・R ← R － 1
│ │  ■
│ └  ・Ret ← L
└─
```

262 第4章　応用アルゴリズム

設問1　プログラム中の　　　　　　　に入れる正しい答えを、解答群の中から選べ。

a、b に関する解答群
ア　K　　　　　　　イ　L　　　　　　　ウ　Max　　　　　　エ　Min

c、d に関する解答群
ア　Ret ← A[K]　　　　イ　Ret ← A[Max]　　ウ　Ret ← A[Min]
エ　Ret ← K　　　　　　オ　Ret ← Max　　　　カ　Ret ← Min

設問2　整数型の1次元配列要素 A[0]から A[9] までを QuickSort を用いて整列したときの、引数の内容を表4にまとめた。表中の　　　　　　　に入れる正しい答えを、解答群の中から選べ。

表4　QuickSort の呼出し回数と引数の内容

呼出し回数	A		Min	Max
1回目	A[0] ～ A[9] 3　5　8　4　0　6　9　1　2　7		0	9
2回目	3　2　1　4　0　6　9　8　5　7		0	4
3回目	e		f	g
⋮	⋮		⋮	⋮
n回目	0　1　2　3　4　5　6　7　8　9		9	9

e に関する解答群
ア　0　1　2　4　3　6　9　8　5　7
イ　0　2　1　3　4　6　9　8　5　7
ウ　0　2　1　4　3　6　9　8　5　7
エ　0　4　1　2　3　6　9　8　5　7

f、g に関する解答群
ア　0　　　　　　　　　イ　1　　　　　　　　ウ　2
エ　3　　　　　　　　　オ　4　　　　　　　　カ　5

クイックソート　**263**

解説

手も足も出ませんでした……

過去問題の中でも難しい問題ですので、まだ解けなくても心配いりません。この問題を通してクイックソートのアルゴリズムを理解できれば十分です。

「副プログラム名」と書かれていたり、左側にまとまった領域を示す線があったり、引数のデータ型がなかったり、これまで説明してきたものと擬似言語の表記の仕方が若干異なりますが、臨機応変に対応しましょう。

副プログラムFindPivotに、論理型のFoundが使われています。論理型は真（true）と偽（false）のどちらかをもつデータ型です。プログラム中でも、trueやfalseを代入しています。

表1から表3に各副プログラムの引数の説明があります。

入力／出力欄の"入出力"は、副プログラムへ値を渡し、副プログラムから戻るときに引数の値を得ることができることを意味しています。Aは配列なので、配列の先頭アドレスを渡す参照呼出し（参照渡し）であると解釈できます。配列Aの領域は1つなので、副プログラムで配列Aの要素を書き換えると、呼び出した側の配列にも反映されるということです。問題文に、「A[Min]からA[Max]まで（0 ≦ Min ＜ Max）」とあるので、添字は0から始まる配列です。

"入力"は、副プログラムへ値を渡すだけです。今回は再帰処理を使っているので、値呼出し（値渡し）と解釈できます。副プログラムには、コピーして値が渡り、副プログラムで書き換えた値は、呼び出した側には反映されません。

"出力"は副プログラムから値を受け取ります。値を受け取るためには参照呼出しでなければならないですね。

どうして再帰処理だと、値呼出しと解釈できるんですか？

再帰処理では、自分自身を繰り返し呼び出します。例えば、再帰処理でn！を計算するときに、nの領域が1つしかなかったら計算できません。呼び出されるごとに、仮引数も局所変数も領域をスタックに確保します。

この擬似言語プログラムは、C言語で作られ、変換ツールで擬似言語に直したものだと思われます。C言語の関数は、基本的に値呼出しで、戻り値で値を返すのですが、returnを使わずに値を返そうとした結果、Retだけが参照渡しになったのだと推測できます。C言語でも、配列は参照呼出しですし、特定の引数だけを参照呼出しにすることができます。

具体的に説明するために、整列前（ソート前）の配列Aが次のとおりだったとします。

A	[0]	[1]	[2]	[3]	[4]	[5]	[6]	[7]	[8]	[9]
	6	2	10	9	7	3	5	1	8	4

●1の①　基準値(軸)を決めるFindPivot

　基準値を決めるのが、副プログラムFindPivotです。「A[Min + 1]からA[Max]まで、A[Min]と値が異なる要素を順次探し、最初に見つかった要素の値とA[Min]の値のうち大きい方を基準値(Pivot)」にします。

　まず、PivotにA[Min]を設定し、Kの初期値をMin + 1にし、Retを−1（すべて同じ値の意味）、Foundをfalseにします。

　繰返し条件は、K≦Maxかつ　not　Foundの間です。したがって、Kが配列の最後のMaxを超えるか、Foundが真(true)になったら終了します。

　A[K] = Pivotのときは、同じ値なのでKを更新して次の要素を調べます。

　A[K] ≠ Pivotのときは、異なる要素が見つかったのでFoundをtrueにします。次の空欄cとdは、どんな処理が入ると思いますか？　A[K]とPivotの大小関係で分岐しています。

　大きい方を基準値にするので、引数のRetに大きいほうを設定すればいいです。空欄cは、「Ret←A[K]」かな？

　おしいですね。Retは、要素番号を返すので、A[K]ならKを返します。

　A[K] > PivotならA[K]の添字Kを、そうでないならPivotであるA[Min]の添字Minを返せばいいですね。

```
        Min   K
        [0]  [1]  [2]  [3]  [4]  [5]  [6]  [7]  [8]  [9]
A        6    2   10    9    7    3    5    1    8    4
       Pivot A[1]
```

　例では、A[0] > A[1]、つまり、6 > 2なので、基準値はA[0]の添字0がRetに設定されて戻ります。

●1の②　基準値の前後に振り分けるArrange

　副プログラムArrangeで、①で求めた基準値のPivot未満の要素がA[Min]〜A[i−1]に、基準値のPivot以上の要素がA[i]〜A[Max]にあるように要素を振り分けます。基準値のPivotはiの位置にあるわけではなく、A[i]〜A[Max]のどこかにあります。

　LにMin、RにMaxを設定し、L≦Rの間繰り返します。Tmpを使ってA[L]とA[R]を交換します。

　A[L]＜Pivotの間、Lを1ずつ増やしながら繰り返します。これは、配列の先頭から基準値のPivotより大きな値がある要素番号を探しています。

　A[R]≧Pivotの間、Rから1を引きながら繰り返します。これは、配列の最後尾から基準値のPivotより小さな値がある要素番号を探しています。

　例では、基準値のPivotは6で、最初のLが0、Rが9です。

	L								R
[0]	[1]	[2]	[3]	[4]	[5]	[6]	[7]	[8]	[9]
6	2	10	9	7	3	5	1	8	4

　A[0]とA[9]を交換して、6以上の値があるLと、6より小さな値があるRを求めると、次のようにLが2、Rが7になります。

		L					R		
[0]	[1]	[2]	[3]	[4]	[5]	[6]	[7]	[8]	[9]
4	2	10	9	7	3	5	1	8	6

　まだL＜Rなので、A[2]とA[7]を交換して、6以上の値があるLと6より小さな値があるRを求めると、次のようにLが3、Rが6になります。

			L			R			
[0]	[1]	[2]	[3]	[4]	[5]	[6]	[7]	[8]	[9]
4	2	1	9	7	3	5	10	8	6

　まだL＜Rなので、A[3]とA[6]を交換して、6以上の値があるLと6より小さな値があるRを求めると、次のようにLが4、Rが5になります。

				L	R				
[0]	[1]	[2]	[3]	[4]	[5]	[6]	[7]	[8]	[9]
4	2	1	5	7	3	9	10	8	6

まだL＜Rなので、A[4]とA[5]を交換して、6以上の値があるLと6より小さな値があるRを求めると、次のようにLが5、Rが4になります。

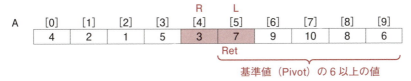

L＞Rになったので、Lの値の5をRetに代入して戻ります。

●1の③　分割して並べ替え

　A[Min]〜A[i－1]とA[i]〜A[Max]をそれぞれ新しい配列とみなしてQuickSortを再帰的に呼び出します。

　副プログラムのQuickSortを読みましょう。

　表3の引数の説明にありますが、副プログラムArrangeのRetという引数でiを返します。このRetの引数にKを指定して呼び出しています。したがって、分割した前半の配列がA[Min]〜 A[K－1]、後半の配列がA[K]〜A[Max]になります。空欄aにK－1、空欄bにKを入れたいところですが、解答群にK－1がないので、空欄aにはKから1を引いているLを入れます。

　さて、先の例では、A[Min]〜 A[K－1]の範囲なので、まずQuickSort(A[ ], 0, 4)を呼び出します。整列（ソート）の対象外のところは、図では黒網をかけましたが、実際には値があります。

●2の①　基準値を決めると、4＞2なので4が基準値

	Pivot [0]	[1]	[2]	[3]	Max [4]	[5]	[6]	[7]	[8]	[9]
A	4	2	1	5	3	7	9	10	8	6

●2の②　基準値で割り振る

　4以上の値があるLと4未満の値があるRを求めると、次のとおりです。

	[0]	[1]	R [2]	L [3]	[4]	[5]	[6]	[7]	[8]	[9]
A	3	2	1	5	4	7	9	10	8	6

　L＞Rなので、Lの値3を戻します。

●2の③　さらに分割して並べ替える

A[0]〜A[4]をさらに分割する前に、後半のA[5]〜A[9]をしなくちゃいけないんじゃ？

よくある間違いです。QuickSort(A[ ], 0, 4)の中で、QuickSort(A[ ], 0, 2)を呼び出します。まだA[0]〜A[4]の並べ替えが終わっていないのです。

●3の①　基準値を決めると、3＞2なので3が基準値

	Pivot		Max							
A	[0]	[1]	[2]	[3]	[4]	[5]	[6]	[7]	[8]	[9]
	3	2	1	5	4	7	9	10	8	6

●3の②　基準値で割り振る

3以上の値があるLと3未満の値があるRを求めると、次のとおりです。

		R	L							
A	[0]	[1]	[2]	[3]	[4]	[5]	[6]	[7]	[8]	[9]
	1	2	3	5	4	7	9	10	8	6

●2の③　さらに分割して並べ替える

さらにQuickSort(A[ ], 0, 1)を呼び出します。このように、再帰的にQuickSortを呼び出して、小さく分割して整列していき、結果として全体を整列します。

クイックソートがわかりました。
バッチリです。

わかった気分になれましたよね。ぜひ、この先を自分で考えてください。その後に、どのような呼出しが行われるかを示したトレース表（次のページ）を見て確認しましょう。
　自分で手を動かしてトレースしながら考えないと、試験問題を解くことができるだけの実力はつきません。

はい。後で自分でやってみます。
ところで、設問2の解説がまだですけど……

設問2の解説はしません。わざわざ設問2とは異なるデータ列で説明してきた真意をご理解ください。

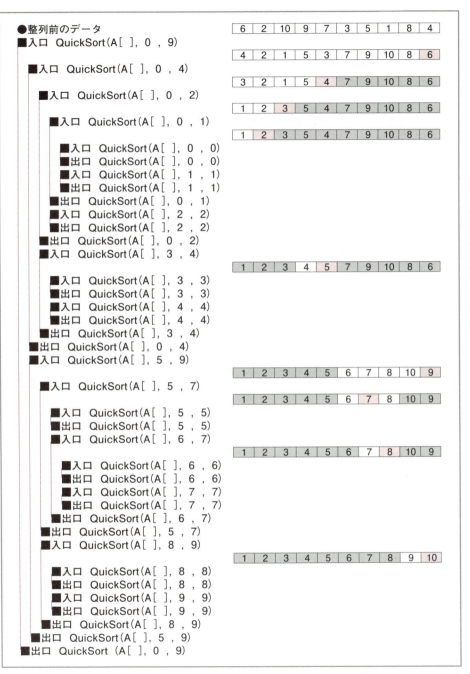

【解答】 設問1 a イ b ア c エ d カ 設問2 e ウ f ア g ウ

LESSON 14
ヒープソート

ヒップではなく、ヒープです

ヒープという名の木を用いるヒープソート

　ヒープは、2分木の節を配列の添字に対応させて表現したデータ構造です。子の添字を2で割ることで親の添字がわかります。

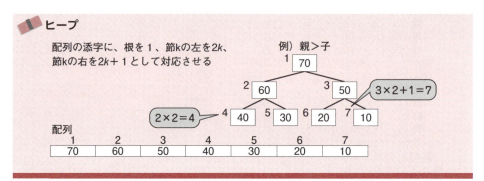

　親の値>子の値となるように構成した場合、根に最大値があります。この最大値を取り出して配列の後ろに置き、ヒープを再構成しながら並べ替えるのが**ヒープソート**です。

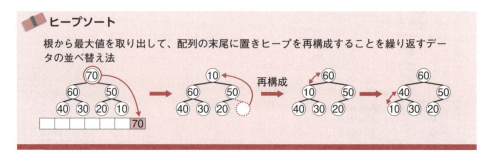

　根から最大値の70を取り出して、配列の末尾に置きます。末尾にあった10を根にもってきて、添字1から6までの6個の節をもつヒープとして、再構成します。根である10の2つの子の中で大きいほうの60と10を交換し、さらに10と40を交換します。
　最大値の60が根に来てヒープを再構成できました。この60を取り出して同様に繰り返せば、すべてのデータを並べ替えることができます。

再帰処理を用いたヒープソート

ヒープソートは、2つの処理に分かれます。
(1) ランダムに並んだデータからヒープを作る(ヒープの作成)
(2) 根を取り出して、残りのデータでヒープを作り直す(ヒープの再構成)

次の問題は、副プログラムMakeHeapを(1)と(2)の両方で用いています。

プログラムは短いですが、再帰処理を用いているので、かなり難しい問題です。今の段階で正解できなくても心配はいりません。納得して理解できるまで、時間を十分にかけてください。

練習問題

次のプログラムの説明及びプログラムを読んで、設問1～3に答えよ。

〔プログラムの説明〕

副プログラム HeapSort は、配列に格納されている整数値をヒープソートで昇順に整列するプログラムである。
(1) 整列する Num 個 (Num ≧ 2) の整数値は、大域変数の配列 A[1]、A[2]、…、A[Num] に格納されている。
(2) ヒープソートは、2分木を用いてデータを整列する。2分木を配列で表現するには、ある節が A[i] に対応するとき、その左側の子の節を A[2 × i] に、右側の子の節を A[2 × i + 1] に対応させる。図では、丸が節を、丸中の数字が節の値を示し、実際に値が格納されている配列の要素を丸の脇に示している。
(3) ヒープとは、図のように、各節の値が自分の子の節の値以上になっている2分木である。

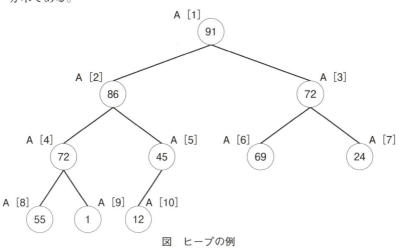

図 ヒープの例

(4) 整列の手順は、次のとおりである。

① 配列 A の中の、A[1]、A[2]、…、A[Num] を整列対象とする。

② 整列対象の各要素が、(2)で述べたような2分木を表現しているものとして、要素の値を入れ換えてヒープを作る。その結果、木の根（A[1]）には整列対象の要素の最大値が入る。

③ 木の根（A[1]）の値と、木の最後の節（整列対象の最後の要素に対応する節）の値とを交換する。

④ 木の最後の節を2分木から取り除く（整列対象の要素を一つ減らす）。

⑤ ④の結果が、木の根だけになるまで、②～④の処理を繰り返す。

(5) ヒープを作り直す手順は、次のとおりである。

① 木の根を親の節とする。

② 子の節がなければ終了する。

③ 二つの子の節のうち値が大きい方と親の節の値を比較し、親の節の方が小さいときは、値を交換する。親の節の値が子の節の値以上のときは、何もしないで終了する。

④ 値を交換した子の節を根とする部分木に対して、①～③の処理を繰り返す。

(6) 副プログラムの引数の仕様を表1～4に示す。

表1　HeapSort の引数の仕様

引数名	データ型	入力／出力	意味
Num	整数型	入力	木の最後の節に対応する配列要素の添字

表2　InitHeap の引数の仕様

引数名	データ型	入力／出力	意味
Last	整数型	入力	最初にヒープを作る木の、最後の節に対応する配列要素の添字

表3　MakeHeap の引数の仕様

引数名	データ型	入力／出力	意味
Top	整数型	入力	ヒープを作り直す部分木の、木の根に対応する配列要素の添字
Last	整数型	入力	ヒープを作り直す部分木の、最後の節に対応する配列要素の添字

表4　Swap の引数の仕様

引数名	データ型	入力／出力	意味
X	整数型	入力	A[Y]と交換する配列要素の添字
Y	整数型	入力	A[X]と交換する配列要素の添字

第4章　応用アルゴリズム

〔プログラム〕
○整数型：A［1000000］　　　　　　　　　　／＊　大域変数として用いる　＊／

○ HeapSort（整数型：Num）
○整数型：Idx
／＊　最初にヒープを作成　＊／
・InitHeap（Num）
／＊　並べ替え　＊／
■ Idx：Num, Idx ＞ 1, －1
　　・Swap（1, Idx）
　　・MakeHeap（1, Idx － 1）
■

○ MakeHeap（整数型：Top, 整数型：Last）
○整数型：L, R
・ a
・R ← L + 1
▲ R ≦ Last　　　　　　　　　　　／＊　3個比較　＊／
　　　　▲ A［L］ ＜ A［R］　　　　　／＊　右が大きい　＊／
　　　　　　▲ A［Top］ ＜ A［R］
　　　　　　　・Swap（Top, R）
　　　　　　　・MakeHeap（R, Last）
　　　　　　▼
　　　　─────────　　　　　　　／＊　左が大きい　＊／
　　　　　　▲ A［Top］ ＜ A［L］
　　　　　　　・Swap（Top, L）
　　　　　　　・MakeHeap（L, Last）
　　　　　　▼
　　　　▼
─────────
　　　　　　　b　　　　　　　　　　　　／＊　2個比較　＊／
　　　　　　▲ A［Top］ ＜ A［L］
　　　　　　　・Swap（Top, L）
　　　　　　　・MakeHeap（L, Last）
　　　　　　▼
▼

○ Swap（整数型：X, 整数型：Y）
○整数型：Tmp
・Tmp ← A［X］
・A［X］ ← A［Y］
・A［Y］ ← Tmp

設問1　プログラム中の　　　　　に入れる正しい答えを、解答群の中から選べ。

a に関する解答群
ア　L ← Top　　　　　　　　　　　　イ　L ← Top ＋ 1
ウ　L ← Top × 2　　　　　　　　　　エ　L ← Top × 2 ＋ 1

b に関する解答群
ア　L ≦ Last　　　　　　　　　　　　イ　L ＜ Last
ウ　R ≦ Last － 1　　　　　　　　　　エ　R ≦ Last － 2

設問2　次の記述中の　　　　　に入れる正しい答えを、解答群の中から選べ。

　図のヒープを用いて、〔プログラムの説明〕の(4)の③、④を 1 回だけ実行して、
②が終了したとき、最初 A[10] に入っていた値 12 が格納されている配列要素
の添字は　　c　　である。また、それまでに節の値を交換した回数は　　d　　で
ある。

解答群
ア　2　　　　　　　イ　3　　　　　　　ウ　4　　　　　　　エ　5
オ　6　　　　　　　カ　7　　　　　　　キ　8　　　　　　　ク　9

設問3　最初にヒープを作成する副プログラム InitHeap は MakeHeap を使って
作ることができる。次のプログラム中の　　　　　に入れる正しい答えを、解答
群の中から選べ。

　　○ InitHeap （整数型： Last)
　　○整数型： Idx
　■　　　　　　　　
　┃　　　・MakeHeap (Idx, Last)
　■

解答群
ア　Idx: 1, Idx ≦ Last, 2
イ　Idx: 1, Idx ≦ Last ÷ 2, 1
ウ　Idx: Last, Idx ≧ 1, － 2
エ　Idx: Last ÷ 2, Idx ≧ 1, － 1

274　第4章　応用アルゴリズム

解説

> この問題は、どのくらいの時間で解ければいいんですか？
> 1時間考えても、全部はわかりませんでした。

　試験直前の1か月は、過去問題を試験のつもりで、擬似言語の問題は、1問30〜40分ぐらいの時間を決めて解いてみたほうがいいでしょう。

　しかし、それより前の学習時には、過去問題を通して学習する、という姿勢が大切です。答え合わせをして終わりではなく、その問題をスルメでもしゃぶるように、とことん理解しておくことが大切です。面倒ですが、自分でトレースすることによって、プログラムを読む力がついてきます。そして、一度も見たこともない問題が解けるようになるのです。

設問1

　まず、MakeHeapを見ます。副プログラムを単体で見る場合は、単体テストと同じで、まず単純なテストデータを使って、プログラムの動作をチェックします。

　問題文から、引数として、部分木の根の添字Topと最後の節の添字Lastが渡されることがわかります。そこで、次の図のような単純なデータを考えます。Topが1でLastが3です。

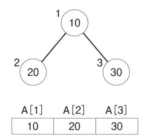

　ヒープは、親の添字を i とすると、左の子の添字が i × 2、右の子の添字が i × 2 + 1 になります。問題文にも「ある節がA[i]に対応するとき、その左側の子の節をA[2×i]に、右側の子の節をA[2×i+1]に対応させる」と説明があります。

> この左の子の計算をするのが空欄aですよね。
> 変数Lはレフトの L じゃないかな？

　正解です。RはRight(右)、LはLeft(左)だろうと想像できると、左右の子の添字の計算をしているのだと勘が働きますね。

ヒープソート | 275

・**空欄a**

空欄aの次が「R←L＋1」で、Lが不定ですので、Lへの代入処理です。解答群を見ると、Topになんらかの操作をして代入するようです。根の添字がTopです。
　　　L←Top×2
　　　R←Top×2＋1　　これをR←L＋1としている
という計算をしているわけです。例では、Topが1ですから、Lは2、Rは3と正しく計算されます。

・**左右の子がある場合**

選択処理の条件式にR≦Lastのときは、注釈に「3個比較」とあり、そうでないときは「2個比較」とあります。

R＞Lastになるのは、右の子がない場合です。例で、もしも30の子がなければ、Lastは2です。

R≦Lastのときは左右の子があるので、親と2つの子で、3個の比較が必要になります。

まずどちらの子が大きいかを調べます。A[L]とA[R]を比較して、注釈にもあるとおり、「右が大きい」場合と「左が大きい」場合に分岐します。

次に、親のA[Top]と比較します。

A[R]とA[Top]を比較して、A[R]が大きい場合に、A[Top]とA[R]をSwapを呼び出して交換します。

例では、A[L]の20よりA[R]の30のほうが大きいので、A[R]の30とA[Top]の10を比較します。A[R]の30のほうが大きいので、30と10を交換すると、次の図のように、最大値の30が根にきます。

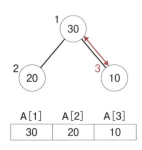

新たな子を根として、MakeHeapを再帰的に呼び出します。例では、A[3]を根とする部分木のヒープを作り直します。したがって、MakeHeap(3, 3)で呼び出します。しかし、この例では、A[3]より下に子はないので、何もする必要はありません。

子がないとき、このMakeHeapは、どうなりますか？

・**左の子だけがある場合**

「2個比較」という注釈がついていますが、子が1つもない場合も、空欄bの行にやってきます。

解答群を見ると、Lastとの関係を表した式です。
左の子もないのはL＞Lastなので、L≦Lastだと思います。

そうですね。MakeHeap(3, 3)で呼び出した例では、Lは6になりますから、Lastの3より大きいです。もしも、A[2]を根としてMakeHeap(2, 3)で呼び出しても、Lは4になりますから、Lastより大きいです。L＞Lastのときは、何もする必要がありません。

左の子がある場合は、A[L]とA[Top]を比較し、A[L]のほうが大きければA[Top]と交換する必要があります。まとめると、次のとおりです。

L＞Last	L≦Last かつ R＞Last	R≦Last
子がない	左の子だけある	左右の子がある
何もしないで戻る	A[Top]よりA[L]が大きいときは交換	A[L]とA[R]の大きいほうがA[Top]より大きいときは交換

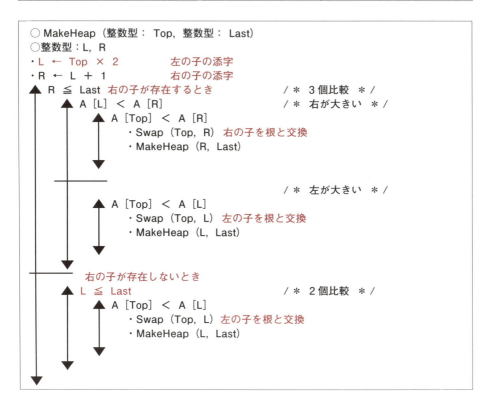

設問2

この種の問題は、説明文でアルゴリズムを理解できれば、プログラムを読む必要がありません。(4)の説明を引用します。

> ② 整列対象の各要素が、(2)で述べたような2分木を表現しているものとして、要素の値を入れ換えてヒープを作る。その結果、木の根（A[1]）には整列対象の要素の最大値が入る。
> ③ 木の根（A[1]）の値と、木の最後の節（整列対象の最後の要素に対応する節）の値とを交換する。
> ④ 木の最後の節を2分木から取り除く（整列対象の要素を1つ減らす）。

設問は、「(4)の③、④を1回だけ実行して、②が終了したとき」なので、A[1]にある91をA[10]の12と交換して、A[1]からA[9]まででヒープを作るときの交換回数と12のある添字を尋ねています。

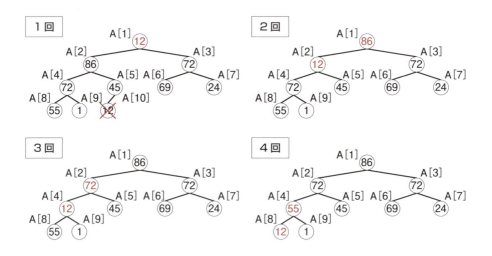

1回目は、12と91を交換し、A[10]を切り離します。2回目は12の子を見ると左は86、右は72なので、大きい86と交換します。3回目は72と、4回目は55と交換するので、最終的に4回の交換でA[8]に12が格納されています。

設問3

ランダムに並んだ配列から、最初にヒープを作るのが、InitHeapです。プログラムを見ると、繰返し処理の中でMakeHeapを呼んでいます。解答群を見ると、いずれもIdxを更新させています。

設問１で見たように、MakeHeapは、基本的に根と左右の子の大小関係を見て、子のほうが大きければ根と交換するものです。再帰呼出しによって、子孫まで比較していきますが、あくまでもヒープがすでに構成されていてなければなりません。

設問２で見たように、根の値だけが変わったとき、その値を正しい位置に移動して、ヒープを再構成することができます。ということは、下層の部分木に新しい根をつけて、再構成していくと考えることができます。下から上へ向かうはずですから、Idxが１から始まるアとイは、候補から外れます。

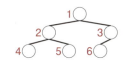

下から上へ向かうといっても、上図のような簡単な例で考えると、A[4]、A[5]、A[6]は子がないので意味がありません。MakeHeapを呼び出すとしたら、Idxを３、２、１と変化させればいいわけです。

ヒープの特徴は、子の添字を２で割れば親の添字になることでした。

念のために上から下にMakeHeapを使った場合は、どうなるかを考えます。最初にA[1]、A[2]、A[3]の中の大きいものがA[1]になりますが、それより下のA[4]、A[5]、A[6]にもっと大きな値があっても、A[1]にきません。つまり、A[1]と比較するときには、A[2]やA[3]は、その子や子孫よりも必ず大きくなければならないので、上から下へ向かうのは誤りです。

●試験問題で学ぼう

これで設問は解けましたが、このプログラム全体が、どのように動いて、整列できるのか、イメージできない人は、トレースをすることで、真に理解できます。過去問題を自力で解けない間は、面倒でも必ずやってください。トレースは、運動選手が行う筋力トレーニングと同じです。

次のような配列をこのHeapSortで並べ替えましょう。

配列 A	[1]	[2]	[3]	[4]	[5]	[6]	[7]	[8]	[9]	[10]
	86	12	91	7	45	1	55	72	69	72

まず、InitHeap(10) を呼んで、ヒープを作ります。

InitHeap は、設問３で見たように、10 ÷ 2 = 5 なので、5、4、3、2、1 と Idx を変化させながら、MakeHeap（Idx、10）を呼び出します。

● InitHeap

・MakeHeap(5, 10)

　Lは10、Rは11になるので、左の子だけです。
A[5]の45とA[10]の72を比較すると、72のほうが大きいので、交換します。MakeHeap(10, 10)の再帰呼出しをしますが、子がないので何もせずに戻ります。

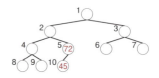

1	2	3	4	5	6	7	8	9	10
86	12	91	7	72	1	55	72	69	45

・MakeHeap(4, 10)

　Lは8、Rは9です。A[4]は7、A[8]は72、A[9]は69なので、7と72を交換します。MakeHeap(8, 10)の再帰呼出しをしますが、何もせずに戻ります。

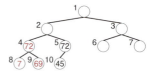

1	2	3	4	5	6	7	8	9	10
86	12	91	72	72	1	55	7	69	45

・MakeHeap(3, 10)

　Lは6、Rは7です。A[3]が大きいので何もせずに戻ります。

1	2	3	4	5	6	7	8	9	10
86	12	91	72	72	1	55	7	69	45

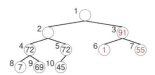

・MakeHeap(2, 10)

　Lが4、Rが5です。A[4]もA[5]も72ですが、等しい場合はA[L]＜A[R]でないほうに進むので、A[L]のA[4]のほうを交換します。

1	2	3	4	5	6	7	8	9	10
86	72	91	12	72	1	55	7	69	45

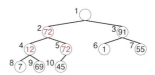

　次にA[4]を根としてMakeHeap(4, 10)の再帰呼出しをします。さらにA[9]を根として再帰呼出しをしますが、子がないので何もせずに戻ります。

1	2	3	4	5	6	7	8	9	10
86	72	91	69	72	1	55	7	12	45

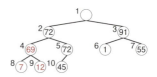

・MakeHeap(1, 10)

　Lが2、Rが3です。A[1]とA[3]を交換します。MakeHeap(3, 10)を呼び出します。A[3]の86はA[6]やA[9]よりも大きいので、何もせずに戻ります。

1	2	3	4	5	6	7	8	9	10
91	72	86	69	72	1	55	7	12	45

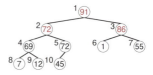

これでヒープが完成した。

●最大値取出し

　HeapSort の並べ替えでは、Idx を Num から 2 まで変化させるので、10 から 2 まで変化させます。自分でヒープの図も描いてみましょう。

・Idx = 10 で、A[1] と A[10] を交換後、MakeHeap(1，9) で再構成

1	2	3	4	5	6	7	8	9	10
45	72	86	69	72	1	55	7	12	91

確定

この範囲でヒープの再構成

　MakeHeap については理解できたと思いますので、トレースしなくても、次のように交換されることがわかります。

1	2	3	4	5	6	7	8	9	10
86	72	45	69	72	1	55	7	12	91
86	72	55	69	72	1	45	7	12	91

交換した節の子を調べる

・Idx = 9、A[1] と A[9] を交換後、MakeHeap(1，8) で再構成

1	2	3	4	5	6	7	8	9	10
12	72	55	69	72	1	45	7	86	91

再構成します。

1	2	3	4	5	6	7	8	9	10
72	12	55	69	72	1	45	7	86	91
72	72	55	69	12	1	45	7	86	91

A[5] は、子がなくなっています。

・Idx = 8、A[1] と A[8] を交換後、MakeHeap(1，7) で再構成

1	2	3	4	5	6	7	8	9	10
7	72	55	69	12	1	45	72	86	91
72	7	55	69	12	1	45	72	86	91
72	69	55	7	12	1	45	72	86	91

・Idx = 7、A[1] と A[7] を交換後、MakeHeap(1，6) で再構成

1	2	3	4	5	6	7	8	9	10
45	69	55	7	12	1	72	72	86	91
69	45	55	7	12	1	72	72	86	91

・Idx = 6、A[1] と A[6] を交換後、MakeHeap(1，5) で再構成

1	2	3	4	5	6	7	8	9	10
1	45	55	7	12	69	72	72	86	91
55	45	1	7	12	69	72	72	86	91

ここまで昇順に並んだ

　ここでやめますが、ヒープをうまく使って並べ替えていることが実感できるはずです。自分で続きをやってみましょう。

【解答】　設問1　a　ウ　b　ア　設問2　c　キ　d　ウ　設問3　エ

LESSON 15 マージソート

大量のデータを並べ替える

大量データの並べ替えに向くマージソート

　順編成ファイルとして記憶されている大量のデータを並べ替えるには工夫が必要です。主記憶装置の容量には限りがあり、全てのデータを主記憶装置に読み込んで整列することができないからです。

　主記憶装置で行う並べ替えを**内部整列**、補助記憶装置を用いて行う並べ替えを**外部整列**と呼びます。外部整列に向く代表的な整列アルゴリズムが**マージソート**です。一般には、整列ができる数まで分割し、そのグループごとに内部整列し、ファイルの併合を行います。

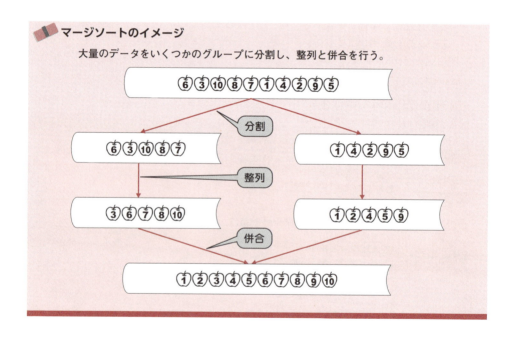

■ マージソートのイメージ
大量のデータをいくつかのグループに分割し、整列と併合を行う。

　マージソートのアルゴリズムを内部整列に用いることもできます。ただし、内部整列では、作業用の配列を別に用意する必要があります。

練習問題

プログラムの説明及びプログラムを読んで、設問に答えよ。

〔プログラムの説明〕

1次元配列に連続して格納されている2^n個の整数型データ（nは整数で$n>0$）に対して、併合をn回繰り返すことによって整列を行う副プログラムmergeSortである。

(1) 配列input［］の要素を昇順に並べて配列output［］に格納する。
(2) 各配列の添字は0から始まる。
(3) 副プログラムmergeSortの引数の仕様を表に示す。

表　mergeSortの引数の仕様

変数	型	入力／出力	意味
input［］	整数型	入力	整列するデータ
output［］	整数型	出力	整列結果を格納する領域
size	整数型	入力	配列の要素数

図は、1次元配列に格納されている8個のデータを3回の併合で整列する例ある。

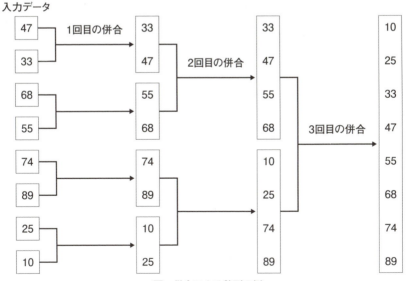

図　併合による整列の例

〔プログラム〕

```
01  ○ mergeSort（整数型：input [ ]，整数型：output [ ]，整数型：size）
02  ○ 整数型：span_size, temp [size ÷ 2]，span_idx, write_idx,
03              a_idx, b_idx
04  ○ 論理型：a_yet, b_yet
05  ・ span_size ← 2                    / ＊ 併合対象領域の大きさ ＊ /
06  ・ output [ ] ← input [ ]           / ＊ 配列のコピー ＊ /
07  ■ span_size ≦ size
08      ・span_idx ← 0                  / ＊ 入力領域のインデックスの初期化 ＊ /
09      ・write_idx ← 0                 / ＊ 出力領域のインデックスの初期化 ＊ /
10      ■ span_idx < size
11          ・a_idx ← span_idx
12          ・b_idx ← span_idx + span_size ÷ 2
13          ■ i：a_idx − span_idx, i < b_idx − a_idx, 1
14              ・temp [i] ← output [i + span_idx]
15
16          ・a_yet ← true
17          ・b_yet ← true
18          ■                      a
19          ▲ b_yet = false or （a_yet = true
20                  and b_yet = true and
21                  temp [a_idx − span_idx] ≦ output [b_idx]）
22              ・output [write_idx] ← temp [a_idx − span_idx]
23              ・a_idx ← a_idx + 1
24          ▲ a_idx ≧ span_idx + span_size ÷ 2
25              ・a_yet ← false
26
27
28              ・output [write_idx] ← output [b_idx]
29              ・b_idx ← b_idx + 1
30          ▲ b_idx ≧ span_idx + span_size
31              ・b_yet ← false
32
33
34          ・                      b
35
36          ・span_idx ← span_idx + span_size
37
38      ・span_size ← span_size × 2
39
```

注）行番号は、説明のために著者が付けた。

284 第4章 応用アルゴリズム

設問　プログラム中の▢▢▢に入れる正しい答えを、解答群の中から選べ。

a に関する解答群
ア　a_yet = false and b_yet = false
イ　a_yet = false or b_yet = false
ウ　a_yet = true and b_yet = true
エ　a_yet = true or b_yet = true

b に関する解答群
ア　b_idx ← span_idx
イ　b_idx ← span_idx + span_size
ウ　b_idx ← span_idx + span_size ÷ 2
エ　b_idx ← span_idx + span_size × 2
オ　write_idx ← 1
カ　write_idx ← a_idx + 1
キ　write_idx ← b_idx + 1
ク　write_idx ← write_idx + 1

解説

これも過去問題ですか？
空欄が２つしかないんですね

　学習のために、過去問題の一部を掲載しています。マージソートも、細かく分割していくので再帰処理で書くことができますが、このプログラムは再帰を用いていません。再帰処理を用いたマージソートは、平成22年春期試験で出題されています。平成21年以降の擬似言語プログラムの問題は、動画解説があります（14ページ参照）。

●外側のループ

　プログラムを見て、注釈を頼りに臨機応変に考えていきましょう。例えば、配列のコピーは、通常、要素数だけループします。しかし、06行は１行ですが、注釈に「配列のコピー」とあるので、配列inputの要素をすべて配列outputにコピーするのでしょう。
　引数のsizeは、配列の要素数です。span_sizeは、注釈に「併合対象領域の大きさ」とあり、07行から39行の一番大きなループの制御に使われています。
　05行でspan_sizeの初期値を２にし、38行で２倍にしていき、07行の繰返し条件は、「span_size ≦ size」なので、配列の要素数以下の間は繰り返します。２倍していくこ

とから、このspan_sizeが何個ずつ整列するかを表しているのでしょう。

問題の図「併合による整列の例」から、1回目が2個ずつ、2回目が4個ずつ、3回目が8個ずつ整列しながら繰り返すことが予想できます。

●2番目のループ

08行と09行で、span_idxとwrite_idxを0で初期化します。span_idxは、注釈から「入力領域用のインデックス」です。次の10行から37行のループは、「span_idx＜size」の間繰り返します。36行で、span_idxにspan_sizeを加えています。

問題文にある簡単なデータで考えていきましょう。

	0	1	2	3	4	5	6	7
output	47	33	68	55	74	89	25	10

・11行から15行

1回目はa_idxが0です。b_idxは、span_idx＋span_size÷2＝0＋2÷2＝1になります。

iをa_idx－span_idx＝0－0＝0から、b_idx－a_idx＝1－0＝1未満の間繰り返します。

つまり、i＝0で1回だけ14行を実行し、temp[0]が47になります。

・19行から33行の選択処理

もしかして、19行の選択処理の条件は、21行まで続いているのですか？

そうです。ごちゃごちゃした条件ですね。a_yetは24行から26行で、b_yetは30行から32行で、false(偽)にしているので、最後の要素かどうかのチェック用だと考えられます。つまり、19行から21行まで続く条件で、重要な条件は、次です。

$$\underline{\text{temp [a\_idx} - \text{span\_idx]}}_{47} \leq \underline{\text{output [b\_idx]}}_{33}$$

例では条件が偽なので、28行に飛びます。write_idxは09行で0にしているので、output[write_idx] ← output[b_idx]
で、output[0]に33が代入されます。

30行の条件、b_idx ≧ span_idx + span_sizeは、成立するのでb_yetがfalse(偽)になります。

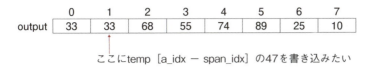

ここにtemp［a_idx － span_idx］の47を書き込みたい

　空欄bで何かをして、空欄aの条件で繰り返して、b_yetがfalseなので、22行でtemp[a_idx － span_idx]をoutput[write_idx]に書き込みます。このとき、write_idxが1つ更新されていなければなりません。これが空欄bでしょう。
　これで、最初の2つの整列が終わったので、18行から35行のループを終了させ、次の68と55を整列したいはずです。空欄aの解答群を見ると、a_yetとb_yetの条件の組み合わせです。両方がfalseになったときに終わればいいでしょう。間違えやすいですが、繰返し条件なので、エのa_yet＝true or b_yet＝trueになります。
　このようにして、2個ずつ整列すると、次のように並びます。

	0	1	2	3	4	5	6	7
output	33	47	55	68	74	89	10	25

　次に38行で、span_sizeを2倍の4にし、今度は4つのデータを整列します。
　11行のa_idxが0、12行のb_idxが0＋4÷2＝2になります。すると、13行から15行のループは、iが0から1までの2回繰り返し、次のように33と47を配列Tempに転送します。
　1回目　temp[0]←output[0＋0]
　2回目　temp[1]←output[1＋0]

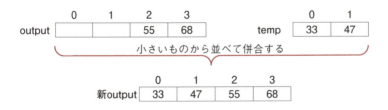

　output[0]からoutput[3]までの4個を整列するために、配列tempは前半2つのデータをコピーしてもち、その後、併合処理を行います。
　できれば、この先も自分でトレースしておきたいですね。

【解答】　a　エ　b　ク

LESSON 16 事務処理のアルゴリズム

"商品ごとの"は、商品コードを保存

商品ごとに小計を印字しよう

　最近の擬似言語プログラムは、事務処理のアルゴリズムが出題されることは少なくなりました。しかし、事務処理のアルゴリズムとして、コントロールブレイク処理とファイルの併合処理の2つは知っておかなければなりません。

　順編成ファイルの売上ファイルがあるとします。普通は、商品コードや売上日付、単価や数量など、いろいろな項目が記録されていますが、ここでは次のような簡単なレコード様式の売上レコードで考えます。同じ売上商品名で、複数のレコードがあるときに、その小計と総合計を印字するアルゴリズムを考えてみましょう。

コントロールブレイク処理

(1) 売上商品名をキー項目として、同じ商品ごとの売上金額の小計を印字する

売上商品名	売上金額

(2) 最後に、売上金額の総合計を印字する。

(例)

```
りんご        100
りんご        200
りんご        300
小　計        600      ←りんごの小計金額

バナナ        200
バナナ        350
小　計        550      ←バナナの小計金額

いちご        500
いちご        800
いちご        200
小　計      1,500      ←いちごの小計金額

総合計      2,650      ←売上金額の総合計金額
                        注）実際は、色線で示した罫線は印字されない。
```

第4章　応用アルゴリズム

商品ごとに小計を印字するなど、同じグループごとに集計などを行なう処理を、**コントロールブレイク処理**とか、**グループ集計処理**といいます。

■ コントロールブレイク処理の流れ図

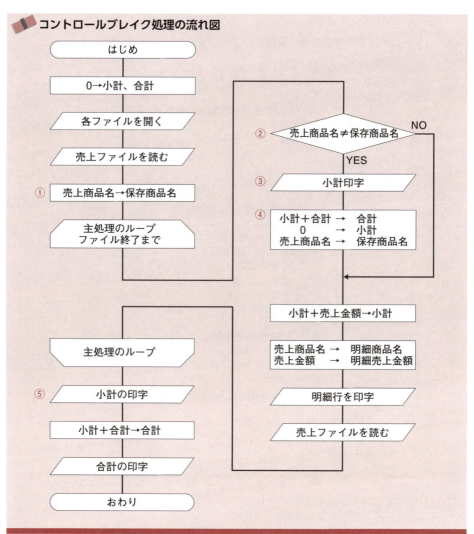

コントロールブレイクって、変な名前ですね。

制御(control)の切れ目(break)という意味です。例えば、商品が「りんご」から「バナナ」に変わると、制御の切れ目が現れます。

事務処理のアルゴリズム | **289**

ファイルに関する擬似言語プログラムの書き方は、厳密に決まっていません。試験によって異なりますので、宣言部や入出力などの細かなことは気にしないでください。流れ図と対応づけて理解できれば十分です。

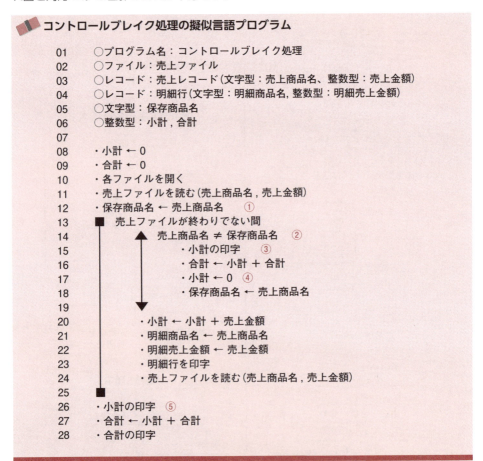

　コントロールブレイク処理のポイントは、次のとおりです。
① キー項目を保存しておく。　　12行
② 新しく読み込んだキー項目を保存していたキー項目と比較する。　　14行
③ 比較の結果、キー項目が変っていれば小計を印字する。　　15行
④ 小計を0にして、新たなキー項目を保存する。　　16行から18行
⑤ 最後に、小計と総合計を印字する。　　26行から8行

2つのファイルを併合しよう

キー項目によって、同じレコード形式の複数のファイルを併合する処理を考えましょう。マスタファイルをトランザクションファイルで更新するような処理も基本的には同じアルゴリズムです。

ファイルの併合処理

(1) キー項目（商品名）の昇順に整列されている2つのファイルを併合する。
(2) キー項目が同じ場合は、両方のレコードを出力する。

（例）

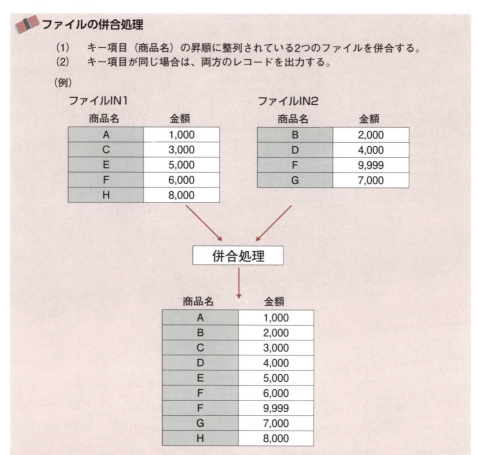

次のページに流れ図を示します。上の例で、ぜひトレースしてみてください。併合される様子がわかるはずです。

各ファイルを2か所で読み込むので、ファイルを読む処理を定義済み処理にしてあります。HVは、「High Value」の略で、キー項目の値としては現れない最大の値を表します。ここでは、Zよりも後ろの文字だと思ってください。BUF1とBUF2は、レコードの入力領域で、ファイルを読み込むと、BUF1、BUF2に商品名と金額からなるレコードが読み込まれます。

併合処理の流れ図

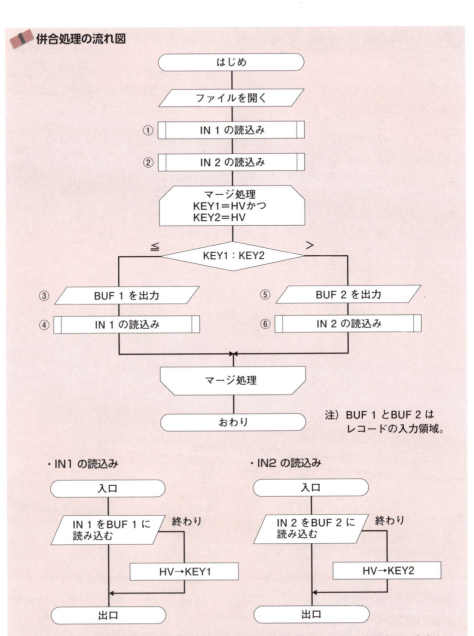

注) BUF 1 と BUF 2 はレコードの入力領域。

注) HV（High Value）：レコードキーとしては現れない大きな値を意味する。本来なら、データ記号の下に判断記号を書き分岐させるべきだが、手間がかかるので、ファイルが終わりの場合は、データ記号から分岐させるような書き方も用いる。

併合の流れ図のトレース表

処理	KEY1	KEY2	出力されるレコード		
①	A	?			
②	〃	B			
③	〃	〃	A	1000	→A<BなのでAを出力
④	C	〃			
⑤	〃	〃	B	2000	
⑥	〃	D			
③	〃	〃	C	3000	
④	E	〃			
⑤	〃	〃	D	4000	
⑥	〃	F			
③	〃	〃	E	5000	
④	F	〃			
③	〃	〃	F	6000	⎤ Fを重複
④	H	〃			⎦ して出力
⑤	〃	〃	F	9999	
⑥	〃	G			
⑤	〃	〃	G	7000	
⑥	〃	HV			
③	〃	〃	H	8000	両方のキーが
④	HV	〃			HVになり終了

この流れ図は、キー項目が同じとき両方のレコードを出力します。例では、商品名がFのレコードが2つ出力されています。ファイルIN1を優先して、1つだけ出力するようにするには、キー項目を比較して分岐する部分を次のように変更します。

併合の流れ図の改善

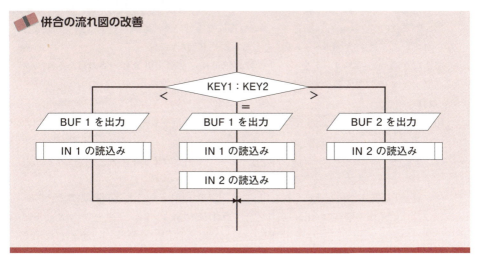

これで、同じキー項目のレコードは、1つだけ出力されます。

LESSON 17

マッチング処理の演習

2つのファイルのマッチング処理

マッチング処理も同じパターンだ

ファイルの**マッチング処理**は、ファイルの**突合せ処理**ともいいます。

練習問題

次の流れ図の説明及び流れ図を読んで、設問に答えよ。

〔流れ図の説明〕

(1) 顧客情報の入った旧マスタファイルとトランザクションファイルを読み、新マスタファイルを作成する。ここで、旧マスタファイルのレコードをM、トランザクションファイルのレコードをTとする。

(2) 各ファイルのレコード様式は同じで、次のとおりである。

顧客コード	顧客名	住所	電話番号	備考

(3) Tの顧客コードは必須であり、更新する項目以外は空白である。同一の顧客コードに対し、複数のTがあり得る。

(4) いずれのファイルも、顧客コードの昇順になっている。顧客コードは数字で構成されていて、最大値（99・・・9）をとるレコードはない。

(5) Mと同一の顧客コードを持つすべてのTを使ってMを更新し、そのMを新マスタファイルに出力する。ただし、Tの空白である項目については、Mの内容を更新しない。

(6) Mと同一の顧客コードを持つTがないとき、Mをそのまま新マスタファイルに出力する。

(7) Tと同一の顧客コードを持つMがないとき、Tをそのまま新マスタファイルに出力する。

(8) MとTを読んだ後、それぞれを"M領域"と"T領域"という名前の領域に転記する。これらの領域の顧客コードの項目名を、それぞれ"Mキー"と"Tキー"とする。Tと同一の顧客コードを持つMが存在しない場合は、"T領域"を更に"T'領域"に転記する。この領域の顧客コードの項目名は"T'キー"とする。

294 第4章 応用アルゴリズム

[流れ図]

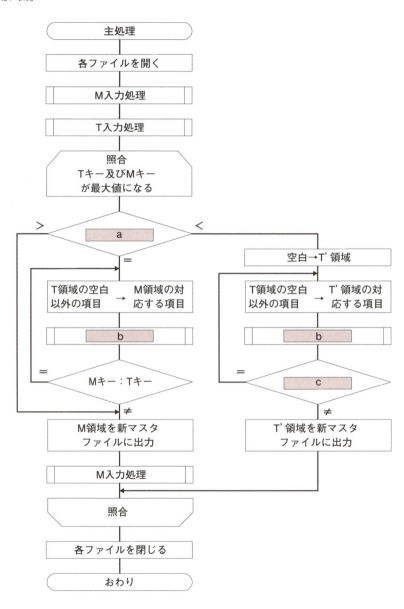

著者注）この回は、データ記号を使わずに処理記号で出題されている。

マッチング処理の演習

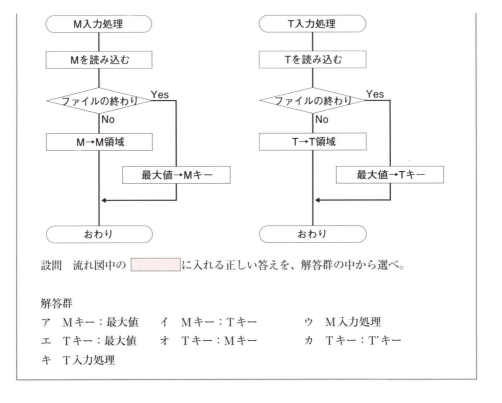

設問　流れ図中の □ に入れる正しい答えを、解答群の中から選べ。

解答群
ア　Mキー：最大値　　イ　Mキー：Tキー　　ウ　M入力処理
エ　Tキー：最大値　　オ　Tキー：Mキー　　カ　Tキー：T'キー
キ　T入力処理

解説

マスタファイルとトランザクションファイルのレコード形式が同じですが、レコードTは、キー項目（顧客コード）と更新する項目だけにデータが記録されています。

● 空欄 a

3分岐しています。TキーとMキーを比較するのでしょう。
問題文を読んで、TキーとMキーの大小関係を整理すると次の表のようになります。

Tキー ＞ Mキー	レコードMをそのまま出力する
Tキー ＝ Mキー	レコードTでレコードMを更新する レコードTは、複数存在するかもしれないので、流れ図では、キーが等しい場合は上に戻って繰り返している
Tキー ＜ Mキー	レコードTをそのまま出力する レコードTを更新するレコードがあるかもしれないので、流れ図では、空欄cで上に戻って繰り返している

「＞」のときにM領域をそのまま新マスタファイルに出力しているので、空欄aの条件は、「Tキー：Mキー」になります。

●空欄b

2か所に空欄bがあります。定義済み処理記号ですから、解答群を見ると空欄に入る候補は、ウの「M入力処理」かキの「T入力処理」です。どちらもレコードTで更新した後ですから、新しいレコードTを読み込む必要があり、「T入力処理」です。

●空欄c

Tキー<Mキーのときに、行われる処理です。マスタファイルに同一キーの値がなく、レコードTを追加する処理です。空欄aのところで説明したように、「レコードTを更新するレコードがあるかもしれないので、流れ図では、空欄cで上に戻って繰り返している」のです。レコードT'をレコードTで更新するので、TキーとT'キーが等しい場合には更新を繰り返す必要があります。したがって、「Tキー：T'キー」が入ります。

次に、具体的なデータでトレースしておきました。

〈レコードM〉

Mキー	顧客名	住所	電話
1	古川社	池袋	1111
2	古山社	新宿	2222
3	古丸社	渋谷	3333
4	古角社	新橋	4444
6	古池社	板橋	6666

〈レコードT〉

Tキー	顧客名	住所	電話
2	新川社		8888
3		上野	
3			9999
5	追加社	東京	5555
5		原宿	

レコードTは、更新するデータだけが記録されているので、空白があります。
わざと、マスタファイルのデータは古が付く社名にしました。

[トレース表]

	キー	顧客名	住所	電話
M	1	古川社	池袋	1111
T	2	新川社		8888
M	2	古山社	新宿	2222
T	3		上野	
M	3	古丸社	渋谷	3333
T	3			9999
T'	5	追加社	東京	5555
M	4	古角社	新橋	4444
M	6	古池社	板橋	6666
T	5		原宿	
T	最大値			
M	最大値			

注）レコードT、T'に網をかけた。

出力されるレコード

1	古川社	池袋	1111
2	新川社	新宿	8888

3	古丸社	上野	9999
4	古角社	新橋	4444

5	追加社	原宿	5555
6	古池社	板橋	6666

注）更新部分に網をかけた。

【解答】 a オ b キ c カ

マッチング処理の演習 | **297**

LESSON 18

技術計算のアルゴリズム

$0.1 \times 10 \neq 1.0$

コンピュータは計算が得意か？

コンピュータは計算が得意ですから、給料計算処理、売上集計処理、成績処理など、いろいろな計算を高速に行うことができます。さて、算数の問題です。
0.1×10を求めなさい。

> 1.0になるはずだけど、1.0にならないんですよね。
> 午前対策で、いろいろな誤差を習いました。

正解です。まず、10進数の0.1を2進数に直してみましょう。

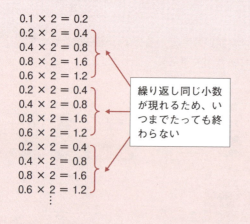

2進数にすると誤差がでる数値を選ぶ問題などが、午前の問題でよく出題されます。コンピュータは、数値をけた数の定められた2進数で扱うため、10進数を正確に表すことができないことがあります。

浮動小数点数で表される実数はやっかいだ

浮動小数点形式には、いろいろな表現の仕方がありました。例えば、次のような浮動小数点数で、10進数を表してみましょう。

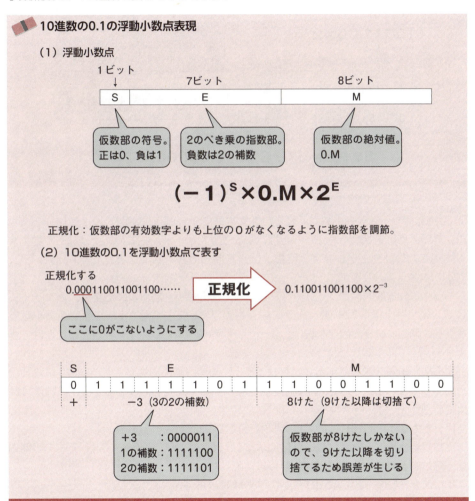

10進数の0.1を浮動小数点で表しました。では、この浮動小数点を10進数に直すといくらでしょうか？

浮動小数点の表現方法はわかったので、これからは指数形式で表します。2進数の小数を10進数に直す方法はいろいろありましたが、シフトを使うと楽ができるのでした。小数部が8けたですが、下位2けたは0なので、左へ6ビットシフトします。

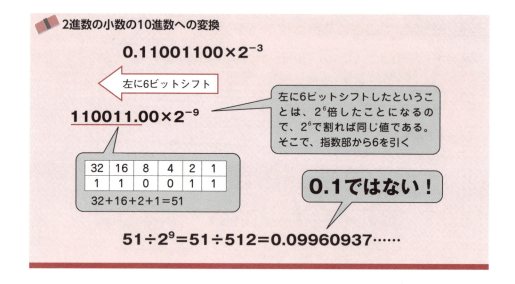

　10進数の0.1を浮動小数点で表したはずなのに、10進数に直すと0.1にはなりません。このように、数値を指定されたけた数で表すために、切捨てや切上げなどで発生する誤差を**丸め誤差**といいます。当然、誤差を含んで表されている0.1を10倍しても、1.0にはならないのです。

　もっとも、一般的なコンピュータでは、仮数部のビット数が多いですし、演算を工夫して、見かけ上は0.1×10＝1.0になるものが多いです。しかし、0.1は循環小数ですから、何ビットで仮数部を表現しようと、誤差の全くない0.1を表現することはできません。

　さらに、誤差を含んだまま計算を続けると、誤差が誤差を生み、大きな誤差になることがあります。したがって、浮動小数点の変数Aが0.1であるかどうかを、次のようなIf文で判断してはいけません。

　　If　A＝0.1　Then　　（注：言語を特定しない擬似言語表現）

　実数の場合には、要求される精度によって、例えば、0.09999〜0.10001の範囲内なら等しいと見なす、という判断をします。

　　If　0.1－精度　＜　A　And　A　＜　0.1＋精度　Then

　このようにすれば、正確に実数を表すことができないコンピュータでも、等しいかどうかを判断することができます。

　実数値が等しいかどうかを＝で判断してはいけない

ということを覚えてきましょう。

足し算したのに足されない情報落ち誤差

　コンピュータで実数の演算する限り、誤差が発生します。実数演算で注意しなければならない誤差が2つあります。

　10進数の150と0.125を2進数にすると10010110と0.001です。これを浮動小数点数で表した指数形式にすると、正規化されて次のような値になります。

　　10010110　→　0.10010110×2^8
　　0.001　　　→　0.10000000×2^{-2}

では、浮動小数点数で表された150 + 0.125を計算してみましょう。
10進数で計算すると、150 + 0.125 = 150.125です。

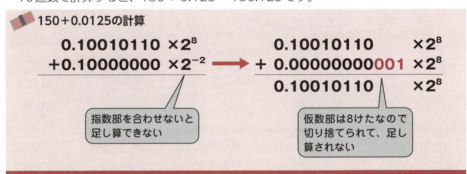

　150も0.125も浮動小数点で表現することができるのですが、足し算をするためには指数部を合わせる必要があります。この結果、0.125は切り捨てられ足されません。
　このように、絶対値の非常に大きな値と小さな値の加減算では、小さな値が計算結果に反映されないことがあり、これを**情報落ち誤差**といいます。実数データの集計処理などでは、情報落ち誤差が発生しやすいので注意が必要です。

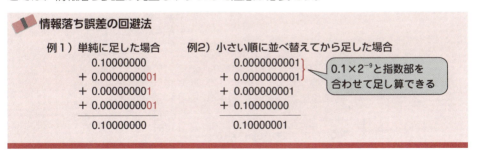

　データを事前に小さい順に並べ替えておけば、小さなデータ同士が足されて大きな値になるので、大きな値を加えるとができるようになります。

精度が劣ることもある

2つの数がほぼ等しい値の差を求めたときに有効けた数が減るために発生するのが**けた落ち誤差**です。これは、2進数では説明しにくいので、10進で説明します。例えば、$30 \times 30 = 900$ ですから、$\sqrt{900} = 30$ です。

電卓を使って、手計算で、$\sqrt{901} - \sqrt{900}$ を求めてると、
$$\sqrt{901} - \sqrt{900} = 0.0166620396$$

です。小数部を10進数で8けたしか表現できない浮動小数点数で、計算してみましょう。

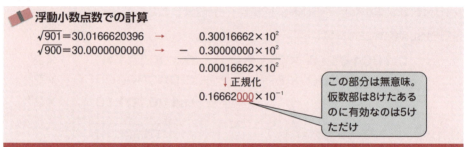

けた数が決まっているために、けた数を考えずに電卓で計算した数値に比べ、精度が劣ることがわかります。このようなけた落ち誤差を回避するためには、計算式を変形して、ほぼ等しい値の引き算が起こらないようにします。

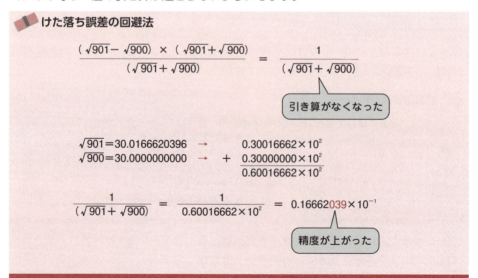

分母と分子に ($\sqrt{901} + \sqrt{900}$) をかけて、計算式を変形すると、引き算がなくなます。確かに精度が上がっていますね。

2次元方程式

練習問題

　次のプログラムの説明、擬似言語の記述形式の説明及びプログラムを読んで、設問に答えよ。

〔プログラムの説明〕

　2次元方程式の解を求めるプログラムである。

(1)　2次元方程式

$$ax^2 + bx + c = 0$$

の解$x1$、$x2$を次の解の公式で求める。

$$x1 = \frac{-b + \sqrt{b^2 - 4ac}}{2a} \quad x2 = \frac{-b - \sqrt{b^2 - 4ac}}{2a}$$

(2)　判別式D<0の場合は、虚数解になるので"エラー"と表示する。

$$D = b^2 - 4ac$$

〔擬似言語の記述形式の説明〕

形式と例	説明
○　プログラム名：名称． ○　データ型：変数名1、変数名2． ○　関数　：データ型　関数名（引数）． ○　手続き：手続き名（引数）．	プログラム名、関数、手続き、変数の名前、型などを宣言する。型が同じ場合には、コンマで区切って名前を列挙できる。
・　変数←変数＋1． ・　変数←関数名（引数）． ・　手続き名（引数）．	ひとまとまりの処理を記述する。 "←"は代入操作を表す。1つの処理の記述は、ピリオドで終わる。
If　条件　Then 　・　処理1．… Else 　・　処理2．… End　If	条件が真のときは、"処理1．…"を実行し、偽のときは、"処理2．…"を実行する。 偽のときの処理がない場合は、"Else"を省略できる。
｜注釈｜	注釈を記述する。

技術計算のアルゴリズム　303

〔プログラム〕

```
○ プログラム名：2次元方程式.
○ 整数型： a, b, c.
○ 実数型：D, SQR, x1, x2.
○ 関数  ：実数型 平方根（実数型  a）.  {数値 a の平方根を返す}
○ 関数  ：整数型 入力（dev）.  {入力装置devから整数値を入力する}
○ 手続き：文字表示（文字列型  a）.     {文字列 a を表示する}
○ 手続き：数値表示（実数型  a）.      {数値 a を表示する}

・ a←入力（キーボード）.
・ b←入力（キーボード）.
・ c←入力（キーボード）.
・ D←b＊b－4＊a＊c.     {判別式の計算}
If D ＜ 0 Then
    ・文字表示 ("エラー").
Else
    If D = 0 Then        {重複解}
          ・ ＿＿＿＿＿＿ .
          ・ x2 ← x1.
          ・ 数値表示（x1）.
          ・ 数値表示（x2）.
    Else
          ・ SQR ← 平方根（D）.
          ・ x1 ← （－b ＋ SQR） ／ （2 ＊ a）.      α
          ・ x2 ← （－b － SQR） ／ （2 ＊ a）.
          ・ 数値表示（x1）.
          ・ 数値表示（x2）.
    End If
End If
```

設問１　プログラム中の ＿＿＿＿＿＿ に入れる正しい答えを、解答群の中から選びなさい。

解答群

ア　x1 ← －b／（2 ＊ a）　　　イ　x1 ← b／（2 ＊ a）

ウ　x1 ←（2 ＊ a）／－b　　　エ　x1 ←（2 ＊ a）／b

設問２　このプログラムは、誤差が非常に大きくなることがある。その原因に関連の深い用語を解答群から選びなさい。

ア　けた落ち誤差　　イ　情報落ち誤差　　ウ　丸め誤差　　エ　打切り誤差

設問3　誤差を少なくするために、プログラム中の点線で囲まれたaの部分を次のプログラムで置き換えることにした。
　プログラム中の[　　]に入れる正しい答えを、解答群の中から選びなさい。

```
If  b ＞ 0 Then
        x1 ←        a        .
        x2 ← (−b − SQR) ／ (2 * a).
Else
        x1 ← (−b + SQR) ／ (2 * a).
        x2 ←        b        .
End If
```

a、bに関する解答群
ア　2 * c ／ (−b + SQR)　　　　イ　−2 * a ／ (−b + SQR)
ウ　2 * c ／ (−b − SQR)　　　　エ　−2 * a ／ (−b − SQR)
オ　(−b − SQR) ／ (2 * a)　　　カ　(−b + SQR) ／ (2 * a)
キ　(b − SQR) ／ (−2 * a)　　　ク　(b + SQR) ／ (−2 * a)

解説

技術計算が出題されたことはありますか？

　技術計算は難しいため、基本アルゴリズムや応用アルゴリズムなどに比べ、基本情報技術者試験ではあまり出ません。通常は、午前の問題で誤差について問われる程度です。
　しかし、平成21年秋期試験でニュートン法の問題（動画解説あり。14ページ参照）が出題されるなど、数年に1回は技術計算が出題されています。

擬似言語の仕様が、いつもと違いますね。
とっても古い問題ですか？

　オリジナル問題を作ったものです。午前の問題などで説明なく、「If…Then…Else」などが使われることもあります。そこで、応用力を養うために、少し違う擬似言語の仕様にしました。

●**設問1** 判別式Dが0の場合は、重複解（x1とx2が同じ）です。

$$x1 = \frac{-b + \sqrt{b^2 - 4ac}}{2a} = \frac{-b}{2a}$$

（これが0）

●**設問2** aとcに比べてbの値が非常に大きいとき、たとえば、次のような例では、ほぼ等しい値の引き算をすることになり、けた落ち誤差が発生します。
　　$a = 1$、$b = 100$、$c = 1$

$$x1 = \frac{-b + \sqrt{b^2 - 4ac}}{2a} = \frac{-100 + \sqrt{10000 - 4}}{2}$$

（約100になる。電卓で計算すると99.9799979995）

●**設問3** ほぼ等しい値の引き算が起きないように計算式を変形します。
　　判別式Dが正のときは、次のようにx1とx2の2つの解があります。

$$x1 = \frac{-b + \sqrt{b^2 - 4ac}}{2a} \qquad x2 = \frac{-b - \sqrt{b^2 - 4ac}}{2a}$$

（正のとき、けた落ち誤差が発生　　正）（負のとき、けた落ち誤差が発生　　正）

bが正か負かで場合分けしなければなりません。x1の変形例を示します。

$$x1 = \frac{(-b + \sqrt{b^2 - 4ac})(-b - \sqrt{b^2 - 4ac})}{2a(-b - \sqrt{b^2 - 4ac})}$$

$$= \frac{b^2 - (b^2 - 4ac)}{2a(-b - \sqrt{b^2 - 4ac})} = \frac{2c}{-b - \sqrt{b^2 - 4ac}}$$

（プログラムでは、この√の部分を事前に計算してSQRに設定している）

【解答】　設問1　ア　設問2　ア　設問3　a　ウ　b　ア

第4章で学んだこと

 2次元配列
- 行1から9まで、列1から9まで変化する二重の繰返し処理（二重ループ）で、2次元配列H[行, 列]に行×列の値を入れていけば九九の表になる。
- 2次元配列を2次元図形に対応させた図形の拡大縮小や回転などは、基本的に2次元配列の添字操作である。
    → 図形の回転では、問題用紙を回転させてみると考えやすい。

 変数の宣言
- 擬似言語プログラムでは、変数を宣言してから使用する。
- 複数の手続きで使用できる**大域変数**と1つの手続きだけで通用する**局所変数**がある。
    → 大域と指定がない場合は、局所変数と考える。

手続は、副プログラムと呼ばれたり、関数と呼ばれたりします。

変数の宣言方法は、擬似言語の仕様で詳細に決められていないため、試験回によって若干異なります。例えば、整数型は、表現できる数値の範囲などは決められていないため、その問題のプログラムで使用する整数は問題なく表現できると考えます。

例) 試験の擬似言語プログラムで使われた変数の宣言
　○整数型：L
　○整数型：Value[100]　　　整数型の配列で、要素を100個とる
　○大域　整数型：DataMax　大域変数の整数型
　○文字型：Esym
　○実数型：d
　○論理型：signif　　　　　真か偽を表す

配列は、Value[100]とあっても必ず100まで使うとは限りません。むしろ、余裕のある領域をとることが多いです。

trueとfalseは、真と偽を表す論理定数として、擬似言語の仕様（☆P.313）で定義されています。

論理型変数の使い方

　論理型変数は、真 (true) か偽 (false) の値をもちます。論理定数のtrueやfalseは、文字列ではありません。trueやfalseに真や偽を表す値をもっています。一般的なコンピュータは真のとき−1、偽のとき0を割り当てますが、なんらかの値をもっていることが重要です。真を1、偽を0で考えたほうが分かりやすいかもしれません。論理型の変数を否定すると、変数の値が真の場合は偽に、偽の場合は真になります。

〇論理型： A, B 　　　　　論理型変数AとBを宣言

　A ← true 　　　　　Aを真にする。
　B ← not(A) 　　　　真のAを否定すると偽になるので、Bを偽にする。

　論理型の変数は、真や偽の値をもつので、選択処理の条件に論理型変数だけを指定することができます。

〇論理型： A
　B ← n
　……
　　　　A 　　　　　　　論理型変数Aは、真か偽の値をもつので、
　　……　　　　　　　　条件式にAだけを指定できる。
　　……

　選択処理の条件に論理型変数のAだけを書いた場合は、A=trueと同じ意味で、Aが真のときに選択処理を実行します。

　なお、平成28年春期試験では、次のような宣言がありました。

〇大域　8ビット論理型： Data[DataMax]

　問題文を読むと、1バイトの文字を格納するために使われていました。
　見慣れない宣言があっても、問題文をよく読めば、対応できます。

引数の渡し方

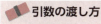

呼出し法	値呼出し	参照呼出し
説明	・実引数で指定した変数の値が、コピーして渡される。 ・呼び出された側で仮引数の値を変更しても、呼び出した側の変数は変化しない。 ・呼び出された側から呼び出した側に値を戻すことはできない。 TASU (X, Y, K) 一方通行 ↓ ↓ ↓ TASU (A, B, C)	・実引数で指定した変数の値が格納されている主記憶装置のアドレスを渡す。 ・仮引数は、実引数と同じ領域を参照することになり、呼び出された側の仮引数の値を変更すると、呼び出した側の変数の値が変更される。 TASU (X, Y, K) ↓↑ ↓↑ ↓↑ TASU (A, B, C)
イメージ図	呼び出す側 K 値をコピー ↓ C 呼び出される側	呼び出す側 K アドレスを渡す　同じ領域を参照する ↓ C 呼び出される側

　イメージしにくい人は、コインロッカーを思い浮かべてください。10番のロッカーをKさんが使っていたとします。値呼出しでは、10番のロッカーの中身を、Cさんが使う20番のロッカーに入れます（コピーします）。10番と20番という2つのロッカーがあります。参照呼出しでは、Kさんが使っているロッカーは10番だということをCさんに教えるだけです。Cさんは、10番のロッカーを使います。ロッカーは1つしかありません。

　擬似言語プログラムの問題は、引数の表が示されて、値呼出しか、参照呼出しかを自分で判断しなければならないこともあります。基本的には、変数は値呼出し、配列は参照呼出しだと考えておけばいいですが、変数でも出力がある場合には参照呼出しです。

例）引数の使用例

引数	データ型	入出力
A	整数型	入力
B	整数型	入力/出力
C[ ]	整数型	入力/出力

値呼出しと考えればいい。
参照呼出しでないと、値を返せない。
配列はコピーが大変なので、参照呼出し。

第4章で学んだこと

再帰（リカーシブ）
・手続き（副プログラム）や関数から、直接、あるいは間接に、自分の手続きや関数を呼び出すこと。

　学習時には、必ずトレースして、再帰の仕組みをしっかり理解してください。
　ここでは再帰関数で話を進めます。試験問題を考えるときには、いちいちトレースせずに、１つ前までをすでに完成している再帰関数で処理できると考えます。

●再帰アルゴリズムの考え方
その再帰関数が、すでに完成していると考え、
その関数で（n－1）個の処理を行い、n個のときの処理を書く。

　例えば、n！を求める関数f(n)で、５！を求める場合、４！をすでに完成している関数fで計算し、それに５をかけて５！を求めます。

```
○関数名：　f(n)
　　n ≦ 1
　　・f(n) ← 1

　　・f(n) ← n × f(n－1)　　f(n－1)で４！を計算してくれると考える。
```

高速ソート
●**シェルソート**
・データ列からある間隔で要素を取り出して部分列に分け、それぞれを挿入ソートで整列し、間隔を小さくして同様な処理を繰り返して整列する。
●**クイックソート**
・基準値（軸ともいう）を決め、基準値よりも小さいものと大きいものに振り分け、基準値で分割されたデータ列に対しても、同様な分割を繰り返して整列する。
●**ヒープソート**
・完全2分木を配列で表したヒープから最大値を取り出し、ヒープを再構成することを繰り返して整列する。
●**マージソート**
・データ列を小さく分割していき、整列して併合することで整列する。

　各高速ソートのアルゴリズムは、簡単にまとめられるものではありませんが、午後の試験問題として登場するので、過去問題の演習をするときに、出会うことになるでしょう。アルゴリズムを理解した人は、その問題が解けるはずです。

第 **5** 章

擬似言語問題の演習

共通に使用される擬似言語の記述形式

擬似言語問題の攻略法はありますか？

覚えておきたい処理パターン

問題1	簡易メモ帳のメモリ管理	
	【平成28年春期】	
問題2	クイックソートを応用した選択アルゴリズム	
	【平成27年春期】	
問題3	空き領域の管理	
	【平成26年春期】	
問題4	Bitap法による文字列検索	
	【令和元年秋期】	
問題5	ハフマン符号化	
	【平成31年春期】	
問題6	最短経路の探索	
	【平成29年春期】	
問題7	ヒープソート	
	【平成30年春期】	

共通に使用される擬似言語の記述形式

擬似言語を使用した問題では、各問題文中に注記がない限り、次の記述形式が適用されます。

擬似言語の記述形式1

〔宣言，注釈及び処理〕

記述形式		説明
○		手続，変数などの名前，型などを宣言する。
/* 文 */		文に注釈を記述する。
処理	・変数 ← 式	変数に式の値を代入する。
	・手続(引数, …)	手続を呼び出し，引数を受け渡す。
	▲ 条件式 　　処理 ▼	単岐選択処理を示す。 　条件式が真のときは処理を実行する。
	▲ 条件式 　　処理1 ──── 　　処理2 ▼	双岐選択処理を示す。 　条件式が真のときは処理1を実行し，偽のときは処理2を実行する。
	■ 条件式 　　処理 ■	前判定繰返し処理を示す。 　条件式が真の間，処理を繰り返し実行する。
	■ 　　処理 ■ 条件式	後判定繰返し処理を示す。 　処理を実行し，条件式が真の間，処理を繰り返し実行する。
	■ 変数：初期値, 条件式, 増分 　　処理 ■	繰返し処理を示す。 　開始時点で変数に初期値（式で与えられる）が格納され，条件式が真の間，処理を繰り返す。また，繰り返すごとに，変数に増分（式で与えられる）を加える。

手続きや関数の書き方、変数の宣言の仕方は、試験によって異なることがありますから、細かいことにこだわる必要はありません。関数は、return文で、戻り値を返します。
　試験問題は、選択処理や繰返し処理の条件式が空欄になることが多いです。繰返し処理は、一番下のものが使われることが多いです。

擬似言語の記述形式2

〔演算子と優先順位〕

演算の種類	演算子	優先順位
単項演算	＋，－，not	高
乗除演算	×，÷，％	↑
加減演算	＋，－	↓
関係演算	＞，＜，≧，≦，＝，≠	↓
論理積	and	↓
論理和	or	低

注記　整数同士の除算では，整数の商を結果として返す。％演算子は，剰余算を表す。

〔論理型の定数〕
　true, false

　注記に注目してください。整数の割り算（除算）では、小数点以下を切り捨てた整数の商を求めます。また、％は、余り（剰余）を求める演算子です。
　論理型の定数は、条件式に使用できる真か偽の値をもつ定数で、trueが真、falseが偽の意味です。

＋や－が、×や÷より優先順位が高いんですか？
３＋５×４は、３＋５を先に計算するんですか？

　いいえ。５×４を先に計算します。×や÷よりも優先順位が高い＋や－には、単項演算と書いてあります。加減演算の＋や－は、×や÷の下にありますよ。単項演算とは、「－９」や「＋９」など、負数や正数を表すものです。

擬似言語問題の攻略法はありますか？

擬似言語の過去問題を解いてみたりしてるんですが、よくて2、3割しかわからないです。

演習時間が足りないだけです。

厳しすぎです。

少し勉強しただけで、誰でも受かるような試験のほうがいいですか？
　基子さんに嫌われるようなことは言いたくないですが、合格率が2割ちょっとの試験ですから、ちゃんと準備しないと合格できない試験なのです。

どのくらい演習すればいいんですか？
プログラムの意味がわかるところも、けっこうあるんですよ。

　まず、基本的なことを理解することが重要です。それができたら、プログラミング未経験者の場合は、20本から30本のプログラムをじっくり読み込んでください。
　過去問題のプログラムでいいです。設問に関係のないところも、きちんと読んでいきましょう。
　それで、基本情報技術者試験レベルの問題は、合格点がとれるようになります。

30本もですか……。
1日1本でも1か月かかりますね。

　たったの1か月です。実際は、3か月くらいかかるでしょう。理系の学生さんで言語問題がスイスイ解けるという人がいますよね。そういう学生さんは、その何倍もの時間をかけてプログラミングの学習をしているのですよ。
　本文でもいくつかの過去問題を扱いましたし、この後に7問を掲載します。この集中ゼミをやり終えれば、少なくとも10問は演習したことになります。
　早い人で20問目ぐらいに、そうでない人でも30問目には、「わかるぞ！」と自信がもてる瞬間がやってきますよ。

> 騙されたと思って、やってみます。

騙してませんよ。
　午前の問題も、過去の問題を2回分ぐらいやると、学習に加速がついてきますよね。擬似言語の問題も10問ぐらいやると、加速がついてきます。つまり、この集中ゼミが終わると、過去問題に今よりも楽に取り組めるようになります。

> 全然、わからない場合は、どうすればいいですか？

よくわからなくても、問題文をしっかり読むようにしてください。これは、とっても重要です。「わからない」と言っている人の多くは、1ページ目を読んだぐらいであきらめています。
　擬似言語の問題は、問題文だけで5ページ前後あるので大変です。がんばって10問を解くと50ページぐらい読むことになり、問題文を読み慣れてきます。問題文の意味さえ理解できれば、擬似言語を知らなくても解くことができる設問もあります。

> 全然わからなくても、プログラムも読むんですか？

そうです。アルゴリズムを読み取れなくても、基本的なことが理解できていれば、各文の意味はわかるはずです。選択処理だとか、繰り返し処理だとか。擬似言語プログラムも、じっくり読んでいると読み慣れてきます。
　問題文もプログラムも、一度は自分でしっかり読んでみて、それでもわからないときは、解説を読みながらプログラムをもう一度読んでください。
　なお、平成21年以降の問題は、動画解説(401ページ)がありますから、必要に応じてご利用ください。

　実は、最近の擬似言語の問題は、選択肢が少ないことが多く、読み慣れてくると、勘で正解を絞り込めるものが増えてきます。擬似言語問題で5割を得点できるところまでは、簡単に乗り越えられます。
　そして、20問から30問やり終えると、よほど変な問題のとき以外は、コンスタントに7、8割はとれるようになっています。合格基準は6割です。足を引っ張っていた擬似言語問題が、他の分野の失敗をカバーできるようになるでしょう。

覚えておきたい処理パターン

試験の擬似言語プログラムで見かけるパターン

擬似言語プログラムの過去問題に挑戦する上で、これは知っておいたほうがいい、ということはありますか？

既に学習していることですが、よく出てくるパターンは覚えておきたいですね。

 変数Aと変数Bの値を交換する

```
W  ←  A
A  ←  B
B  ←  W
```

値を覚えておくために、一時的な変数を使います。一時的な作業領域という意味で、WorkやTempなどの名前の変数が使われることが多いです。

擬似言語の制御文には2分岐しかありませんが、90ページで説明した3分岐も、試験問題のプログラムで見かけます。

空欄になるのは配列操作が多い

午後の擬似言語のプログラムは、いろいろなアルゴリズムが出題されます。どのアルゴリズムでも、設問は配列操作に関したものが多いので、配列操作についてよく学習しておくのがいいと思います。特に繰返し処理で、配列の添字を更新していく処理です。

 配列の添字を更新して、配列Aを逆順で配列Bにコピー

```
■  K: 1, K ≦ 5, 1
│      ・ B[K]  ←  A[6−K]
■
```

繰返し条件も、よく空欄になります。

316　第5章　擬似言語問題の演習

配列要素の転送

変数Kを1から5まで繰り返すのか、5から1まで1を引きながら繰り返すのか、といった繰返しの順序も狙われます。

特に、同じ配列の要素を空けたり、詰めたりするときには、消えてはいけないデータを上書きしないように注意する必要があります。

重要　配列の要素をずらして**詰める**ときは、**先頭から**

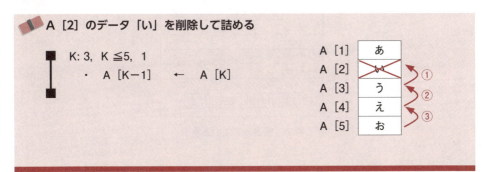

「う」、「え」、「お」の順で移動します。

重要　配列の要素をずらして**空ける**ときは、**末尾から**

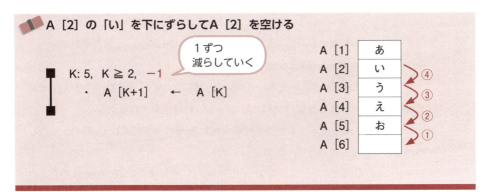

「い」から移動すると「う」を上書きしてしまうので、「お」から移動します。

問題1　簡易メモ帳のメモリ管理

[動画] [平成28年春期]

問　次のプログラムの説明及びプログラムを読んで，設問1, 2に答えよ。

携帯端末上で稼働する簡易メモ帳の機能のうち，メモの編集処理（メモの追加・削除・変更・移動）を行う部分のプログラムである。図1は，簡易メモ帳に4件のメモ "Aoki", "Imai", "Uno" 及び "Endo" を登録した場合の表示例である。

図1　簡易メモ帳の表示例

〔プログラムの説明〕

(1)　メモは，画面に表示可能な1バイトで表現できる文字から成る文字列である。各メモは，文字列の前に，文字列の長さ（0〜255）を1バイトの符号なし2進整数の形式で付け加えて格納する。例えば，メモ "Hello!" は，次の形式で格納する（以下，文字列の長さは10進数で表記し，その値に下線を付けて表す）。

| 6 | H | e | l | l | o | ! |

(2)　メモの格納と管理のために，2個の配列Memo[], Data[]と，4個の変数MemoCnt, MemoMax, DataLen, DataMaxを使用する。

各メモは，配列Data[]の先頭から順に，1要素に1バイトずつ(1)で示した形式で格納し，その格納位置の情報を配列Memo[]に設定して管理する。

MemoMaxは格納できるメモの最大件数（配列Memo[]の要素数），MemoCntは現在格納されているメモの件数である。

DataMaxは格納できる最大文字数（配列Data[]の要素数），DataLenは現在格納されている文字数である（文字数には，文字列の長さの情報を含む）。

(3) 簡易メモ帳の画面には，配列Memo[]の要素番号の昇順に，それが指すメモを取り出して，メモを表示する。図1の表示例は，図3（後出）の状態に対応している。
(4) メモの編集処理を行うための関数の概要は，次の①〜⑤のとおりである。これらの関数が呼ばれるとき，引数の内容や配列の空き状態などは事前に検査済みで，正しく実行できるものとする。

なお，以降の図に示す実行例では，MemoMax = 5，DataMax = 25としている。

① 関数：resetMemo()

全てのメモを消去する。MemoCntとDataLenに0を設定することによって，Memo[]とData[]の全要素を"空き"の状態にする。

resetMemo()を実行した後の配列・変数の状態を，図2に示す。以降の図で，網掛け部分 ▨ は，その配列要素が"空き"であることを表す。

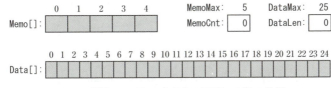

図2　関数resetMemo実行後の配列・変数の状態

② 関数：addMemo(整数型：textLen，文字列型：text)

1件のメモを追加する。長さtextLenの文字列textをData[]の最初の空き要素以降に格納し，その格納位置の情報をMemo[]に設定する。図2の状態から，

　　　addMemo(4, "Aoki")
　　　addMemo(4, "Imai")
　　　addMemo(3, "Uno")
　　　addMemo(4, "Endo")

をこの順に実行した後の配列・変数の状態を，図3に示す。

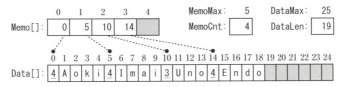

図3　関数addMemo（4件）実行後の配列・変数の状態

③ 関数：deleteMemo(整数型：pos)

1件のメモを削除する。Memo[] の要素番号pos＋1以降の内容をそれぞれ一つ前の要素に移し，MemoCntから1を減じることによって，Memo[pos] が指すメモを削除する（表示の対象から除く）。Data[] 中の参照されなくなったメモは，そのまま残す。図3の状態から，deleteMemo(0)を実行した後の配列・変数の状態を，図4に示す。以降の図で，斜線部分 ▨ は，参照されなくなったメモであることを表す。

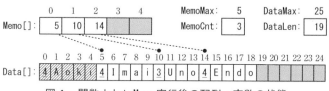

図4　関数deleteMemo実行後の配列・変数の状態

④ 関数：changeMemo(整数型：pos, 整数型：textLen, 文字列型：text)

1件のメモの内容を変更する。長さtextLenの文字列textをData[] の最初の空き要素以降に格納し，その格納位置の情報をMemo[pos]に設定することによって，Memo[pos]が指すメモの内容を変更する。Data[] 中の参照されなくなったメモは，そのまま残す。図4の状態からchangeMemo(2, 3, "Abe")を実行した後の配列・変数の状態を，図5に示す。

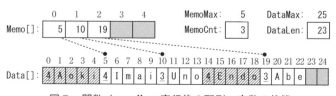

図5　関数changeMemo実行後の配列・変数の状態

⑤ 関数：moveMemo(整数型：fromPos, 整数型：toPos)

1件のメモを移動する。Memo[] の要素の並び順を変えて，Memo[fromPos] の内容を Memo[toPos] の位置に移動する。fromPos ＜ toPos の場合は，Memo[fromPos]の値を取り出し，Memo[fromPos＋1] ～ Memo[toPos]の内容を前方に1要素分ずらし，取り出した値をMemo[toPos]に設定するという操作を行

う。fromPos ＞ toPos の場合も，これと同様の操作を行う。図5の状態から moveMemo(2, 0) を実行した後の配列・変数の状態を，図6に示す。

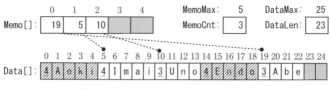

図6　関数moveMemo実行後の配列・変数の状態

〔プログラム〕
　○大域　整数型: MemoCnt, MemoMax, Memo[MemoMax]
　○大域　整数型: DataLen, DataMax
　○大域　8ビット論理型: Data[DataMax]

　○関数: resetMemo()

　　・MemoCnt ← 0
　　・DataLen ← 0

　○関数: addMemo(整数型: textLen, 文字列型: text)
　　○整数型: i

　　・Memo[MemoCnt] ← [　　a　　]
　　・MemoCnt ← MemoCnt + 1
　　・Data[DataLen] ← textLen
　　・DataLen ← DataLen + 1
　■ i: 0, i ＜ textLen, 1
　│　・Data[DataLen + i] ← text[i]
　■
　　・DataLen ← [　　b　　]

　○関数: deleteMemo(整数型: pos)
　　○整数型: i

　　・i ← [　　c　　]
　■ i ＜ MemoCnt
　│　・Memo[i − 1] ← Memo[i]
　│　・i ← i + 1
　■
　　・MemoCnt ← MemoCnt − 1

○関数: changeMemo(整数型: pos, 整数型: textLen, 文字列型: text)
　○整数型: i

・Memo[pos] ← DataLen
・Data[DataLen] ← textLen
・DataLen ← DataLen + 1
■ i: 0, i < textLen, 1
　・Data[DataLen + i] ← text[i]
■
・DataLen ← [　　　b　　　]

○関数: moveMemo(整数型: fromPos, 整数型: toPos)
　○整数型: i, m

・m ← Memo[fromPos]
▲ fromPos < toPos
　■ i: fromPos, i ≦ toPos − 1, 1
　　・Memo[i] ← Memo[i + 1]
　■
▲
▲ fromPos > toPos
　■ i: [　　d　　]
　　・Memo[i] ← Memo[i − 1]
　■
▲
・Memo[toPos] ← m

設問1　プログラム中の[　　　　]に入れる正しい答えを，解答群の中から選べ。

a, bに関する解答群
　ア　DataLen　　　　　　　　　　　イ　DataLen + 1
　ウ　DataLen + textLen　　　　　　 エ　DataLen + textLen + 1
　オ　textLen　　　　　　　　　　　 カ　textLen + 1

cに関する解答群
　ア　MemoCnt − pos　　　　　　　　イ　pos − 1
　ウ　pos　　　　　　　　　　　　　エ　pos + 1

dに関する解答群
　ア　fromPos, i ≧ toPos − 1, −1　　イ　fromPos, i ≧ toPos + 1, −1
　ウ　toPos, i ≦ fromPos − 1, 1　　 エ　toPos, i ≦ fromPos + 1, 1

設問2　次の記述中の　　　　　　　に入れる正しい答えを，解答群の中から選べ。

　このメモの管理方法では，削除されたメモや変更前のメモは，Data[] 中に参照されない状態で残っている。その結果，DataLenの値は一方的に増加し，やがてData[]中の空き要素が枯渇する。次に示す関数clearGarbage()は，Data[]中の参照されなくなったメモを取り除き，空き要素を増やすための関数である。

　　　　○関数：clearGarbage()
　　　　　　○整数型：d, i, m
　　　　　　○8ビット論理型：temp[DataMax]

　　　　　・DataLen ← 0
　　　▲　MemoCnt = 0
　　　｜　・return
　　　▼
　　　■　m: 0, m < MemoCnt, 1
　　　　　・d ← Memo[m]
　　　　　・Memo[m] ← DataLen
　　　　■　i: 0, i ≦ Data[d], 1
　　　　　　・temp[DataLen] ← Data[d + i]
　　　　　　・DataLen ← DataLen + 1
　　　　■

　　　■
　　　■　d: 0, d < DataLen, 1
　　　　　・Data[d] ← temp[d]
　　　■

　プログラムの配列・変数が図6に示す状態のときに，clearGarbage()を実行すると，実行が終了した時点で，Memo[1] の値は　　e　　，Memo[2] の値は　　f　　，DataLenの値は　　g　　となる。

解答群

ア　0	イ　3	ウ　4	エ　5	オ　7
カ　9	キ　10	ク　12	ケ　13	コ　23

第5章　擬似言語問題の演習

323

解説

簡易メモ帳の問題です。扱えるのは1バイトの文字なので半角の英数字で、漢字などの日本語は扱いません。1文字を1つずつ配列の要素に入れて記憶します。

プログラムが、メモ帳の機能ごとに分かれているので、解きやすい問題です。

問題文が6ページあって慣れるまでは大変ですが、過去問題の演習を始めた初期の段階では、問題文を要約してノートに書き出していくと、長文の中から重要なところを読み取る練習になります。

この問題では、どんなところを書き出せばいいですか？

例えば、変数の一覧を作っておくと、擬似言語プログラムを読みやすくなりますよ。

・変数の整理

Memo[]	メモが格納されている配列Data[]の要素番号。**Dataへのポインタ**。
MemoCnt	現在格納されている、**メモの件数**。
MemoMax	配列Memoに格納できるメモの**最大件数**。
Data[]	メモ用配列。先頭に文字数、1文字ずつ格納。**メモの文字列**。
DataLen	現在格納されている、文字列の長さを含めた**メモの文字数**。
DataMax	配列Data[]に格納できる**最大文字数**。

もちろん、実際の試験では変数表を作る時間はありませんから、問題文を読みながら擬似言語プログラムに、直接書き込んでいくといいですね。

・変数の説明を書き込んだ例

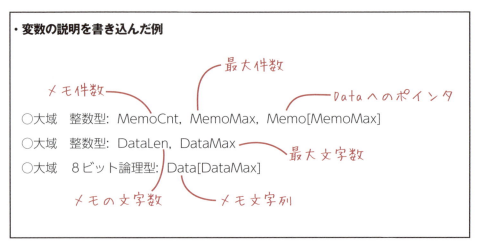

いずれも大域変数ですので、どの関数でも使用できます。

・関数resetMemo()
　練習段階では、設問とは関係ないところも読んでいきましょう。resetMemoは、たった2行で、MemoCntとDataLenに0を代入しているだけです。つまり、この2つの変数を0にするだけで、メモがない状態になります。

設問1
・関数addMemo
　問題文の図3と対応づけながら、プログラムを読んでいきましょう。
　メモがない状態から、addMemo(4, "Aoki")を実行すると、引数のtextLenに4が、文字列型配列textのtext[0]～text[3]に"Aoki"が1文字ずつ入れて渡されます。
　addMemoを実行後に、次のような状態になっています。

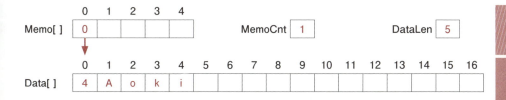

　次に、addMemo(4,"Imai")を実行すると、次のようになります。

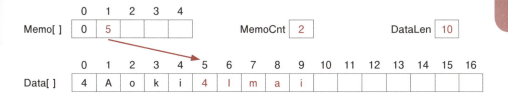

　Data[5]からメモの文字数と文字列を格納します。やるべきことは、次のとおりです。
あ) Memo[1]に、Data[5]の要素番号5を代入する。　　　　　　　①
い) Data[5]にメモの文字数であるtextLenの値4を代入する。　　③
う) Data[6]～Data[9]にtext[0]～text[3]を代入する。　　　　　⑤、⑥
え) MemoCntを1つ増やす。　　　　　　　　　　　　　　　　　②
お) DataLenに10を代入する。　　　　　　　　　　　　　　　　④、⑧

　では、プログラムを見てみましょう。
　右上に関係しているプログラムの行の丸数字を書きました。

そっか。プログラムを見る前に、図を見て、
どんな処理を行うのかを整理しておくといいのですね。

　そうです。いきなりプログラムを読み始めるよりも、どのような処理を行うのかを理解してから読んでいけば、1行1行が何をしているのかがわかりやすいですよ。
　この解説では簡単な例を用いていますが、自分で考えるときには問題文の例を使って、行うべき処理を整理しておきます。練習段階では、簡単に書き出したほうがいいです。

```
　　〇関数： addMemo(整数型： textLen, 文字列型： text)
　　　〇整数型： i
①　　・Memo[MemoCnt] ←　　　 a
②　　・MemoCnt ← MemoCnt ＋ 1
③　　・Data[DataLen] ← textLen
④　　・DataLen ← DataLen ＋ 1
⑤　■ i： 0, i ＜ textLen, 1
⑥　│　・Data[DataLen ＋ i] ← text[i]
⑦　■
⑧　　・DataLen ←　　　 b
```

・**空欄a**

　①の時点で、MemoCntは1ですから、Memo[1]に空欄aを代入します。5を代入したいのですが、前ページの図を見ると更新前のDataLenが5です。これは、1つ前の"Aoki"を格納したときのメモの文字数ですが、配列Data[ ]の要素番号が0から始まっているので、ちょうど次のメモを格納する要素番号になっています。したがって、空欄aは、「DataLen」(ア) です。

・**空欄b**

　DataLenの値は、5に5を加えて10になるはずです。
　③で文字数textLenを格納したので、④でDataLenを1つ増やしています。ということは、⑧では文字数のtextLenの4だけをDataLenに加えれば、10になります。
　したがって、空欄bは、「DataLen ＋ textLen」(ウ) です。

・関数 deleteMemo

引数の pos で指定された配列 Memo の要素を削除します。

	0	1	2	3	4
Memo[ ]	0	5			

MemoCnt 2   DataLen 10

	0	1	2	3	4	5	6	7	8	9	10	11	12	13	14	15	16
Data[ ]	4	A	o	k	i	4	I	m	a	i							

Memo[0]の"Aoki"を削除する場合、deleteMemo (0) を実行します。ここで行うべき処理を書き出してみてください。

Dataはそのままでいいので、2つですか？

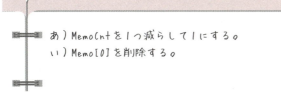

あ) MemoCntを1つ減らして1にする。
い) Memo[0]を削除する。

あ) は、正しいです。い) のMemo[0]を削除するとは、どういうことですか？ 問題文にありますよ。

「Memo[]の要素番号pos + 1以降の内容をそれぞれ一つ前の要素に移し」とあるので、前に詰めるんですね！

そのとおり、Memo[1]の5をMemo[0]に移動します。

	0	1	2	3	4
Memo[ ]	5	5			

MemoCnt 1   DataLen 10

	0	1	2	3	4	5	6	7	8	9	10	11	12	13	14	15	16
Data[ ]	4	A	o	k	i	4	I	m	a	i							

Data[0]～Data[4]のデータやMemo[1]の5はそのまま残っていますが、参照されないので、ないのと同じです。

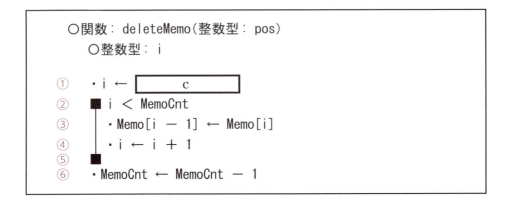

あ) が⑥、い) の前に詰めて削除する処理が①〜⑤で行われます。

引数のposがどこにも使われていないので、空欄cで使われるはずです。Memo[0]のメモを削除するならposは0です。

②〜⑤の繰返し処理は、i＜MemoCntのときに繰り返します。⑥で1を引く前なので、この例では2です。M[0]←M[1]を行いたいので、iは1です。問題文にあるとおり、pos＋1を前に移せばいいのです。

したがって、空欄cは、「pos＋1」(エ) です。

・**関数changeMemo**

メモの内容を変更します。Data[]を書き換えるのではなく、Data[]に新たな文字列を格納し、そこを指すようにMemo[]を変更します。

```
○関数： changeMemo(整数型： pos, 整数型： textLen, 文字列型： text)
   ○整数型： i
① ・Memo[pos] ← DataLen
② ・Data[DataLen] ← textLen
③ ・DataLen ← DataLen + 1
④ ■ i: 0, i < textLen, 1
⑤   ・Data[DataLen + i] ← text[i]
⑥ ■
⑦ ・DataLen ←       b           DataLen + textLen
```

MemoCntが増えないだけで、関数addMemoとほとんど同じです。

・関数moveMemo

1件のメモを移動します。Data[]はそのままで、Memo[]の要素の移動だけです。MemoCntやDataLenも変化しません。プログラムを見ると、fromPosとtoPosの大小関係で2つに分かれています。fromPosとtoPosが等しい場合は、どうなりますか？

移動元の要素番号fromPosと移動先の要素番号toPosが同じなら移動せずにそのままです。

そのとおり。どうして、fromPosとtoPosの大小関係で処理が分かれているのですか？

前に移動するなら移動先を空けないといけないし、後ろに移動するなら元あった場所を詰める必要があるからです。

そうですね。toPosが大きい場合は、後ろに移動するので、④で1つ前に詰めます。

```
○関数: moveMemo(整数型: fromPos, 整数型: toPos)
  ○整数型: i, m
① ・m ← Memo[fromPos]
②   fromPos < toPos
③     ■ i: fromPos, i ≦ toPos － 1, 1
④       ・Memo[i] ← Memo[i + 1]
⑤
⑥
```

toPosが小さい場合は、前に移動するので、移動先を空ける必要があります。

```
⑦   fromPos > toPos
⑧     ■ i:     d
⑨       ・Memo[i] ← Memo[i － 1]
⑩
⑪
⑫ ・Memo[toPos] ← m
```

⑨で、1つ後ろにずらしていますが、③のような繰り返し条件にすると、移動する前のデータが上書きされてしまいます。そこで、後ろから移動していくという、基本情報技術者試験でよく出るパターンです。

dに関する解答群の中で、後ろから移動しているのはアとイで、例えば、fromPosが3で、toPosの2に移動する場合、イならiを3から2＋1まで繰り返してうまくいくので、空欄dは、「fromPos, i ≧ toPos ＋ 1, －1」（イ）です。

設問2

いわゆるガーベジコレクション（ゴミ集め）を行います。今回のプログラムでは、空きを管理するリストもないので、空き要素を詰めるコンパクションも同時に行うのでしょうね。

もしかして、わかったかも。
DataLenとか、削除されてない文字を数えるだけでは？

```
          0   1   2   3   4
Memo[ ]  19   5  10                MemoCnt  3           DataLen  23
```

```
         0 1 2 3 4 5 6 7 8 9 10 11 12 13 14 15 16 17 18 19 20 21 22 23 24
Data[ ]  4 A o k i 4 I m a i  3  U  n  o  4  E  n  d  o  3  A  b  e
```

DataLenは、メモの文字数ですから、4"Imai"、3"Uno"、3"Abe"の文字数を足した5＋4＋4＝13になるはずですね。

後は、削除されてるところを左に詰めて、
配列Memo[]を書きかえるだけですね。

さあ、どうでしょう？ プログラムを読んでみましょう。

```
      ○関数： clearGarbage()
        ○整数型： d, i, m
        ○8ビット論理型： temp[DataMax]
①      ・DataLen ← 0
②       MemoCnt = 0
③      ・return
④
```

関数clearGarbageに、引数はありません。
配列temp[]が宣言されています。DataMax分の要素がとられているので、配列Data[]の内容を一時的にコピーするために使われるのでしょう。
②〜④は、MemoCnt＝0、つまり、メモが1件もないときに、③のreturnを実行します。
return文が説明なしに用いられますが、関数を呼び出したところに戻る命令文です。ここで処理が終わると考えればいいでしょう。

```
⑤     ■ m: 0, m ＜ MemoCnt, 1
⑥     │ ・d ← Memo[m]
⑦     │ ・Memo[m] ← DataLen
⑧     │ ■ i: 0, i ≦ Data[d], 1
⑨     │ │ ・temp[DataLen] ← Data[d + i]
⑩     │ │ ・DataLen ← DataLen + 1
⑪     │ ■
⑫     ■
```

　⑤～⑫の繰返し処理は、mを0から1ずつ増やしながら、MemoCntより小さい間だけ繰り返します。1回ごとに配列Memo[]の要素が⑥でdに取り出されます。

　⑦では、新たなMemo[m]がDataLenになります。⑩でDataLenを更新しているので、単純に削除された領域を左に詰めるのではなく、配列Memo[]に格納されている順番で、左詰めにするようです。しかしそれでは、必要なデータを上書きしてしまうことがあるため、いったん配列temp[]にコピーしておくのでしょう。

　⑧～⑪の繰返し処理で、0から文字数だけ繰り返すので、先頭の文字数を含めて文字列がtempに代入されます。

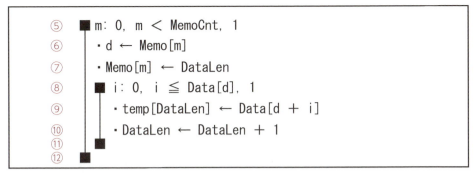

　Memo[0]が指している"Abe"を、次にMemo[1]が指している"Imai"をtempに転送します。

	0	1	2	3	4	5	6	7	8	9	10	11	12	13	14	15	16	17	18	19	20	21	22	23	24
temp[ ]	3	A	b	e	4	I	m	a	i	3	U	n	o												

```
⑬     ■ d: 0, d ＜ DataLen, 1
⑭     │ ・Data[d] ← temp[d]
⑮     ■
```

　配列temp[]のデータを配列Data[]に全部転送して終わりです。
　したがって、空欄eは「4」(ウ)、空欄fは「9」(カ)、空欄gは「13」(ケ) です。

【解答】設問1 a ア　b ウ　c エ　d イ　設問2 e ウ　f カ　g ケ

| 問題2 | クイックソートを応用した選択アルゴリズム | 動画 | 平成27年春期 |

問　　次のプログラムの説明及びプログラムを読んで，設問1～3に答えよ。

　　与えられたn個のデータの中からk番目に小さい値を選択する方法として，クイックソートを応用したアルゴリズムを考える。クイックソートとは，n個のデータをある基準値以下の値のグループと基準値以上の値のグループに分割し（基準値はどちらのグループに入れても構わない），更にそれぞれのグループで基準値を選んで二つのグループに分割するという処理を繰り返してデータを整列するアルゴリズムである。クイックソートを応用してk番目に小さい値を選択するアルゴリズムでは，データを二つのグループに分割した時点で，求める値はどちらのグループに含まれるかが確定するので，そのグループだけに，更に分割する処理を繰り返し適用する。グループの分割ができなくなった時点で，k番目に小さい値が選択されている。

〔プログラムの説明〕

　　n個の数値が格納されている配列xと値kを与えて，k番目に小さい値を返す関数Selectである。ここで，配列xの要素番号は1から始まる。また，配列xの大きさは，配列に格納される数値の個数分だけ確保されているものとする。Selectの処理の流れを次に示す。

(1)　行番号3～4

　　k番目に小さい値を選択するために走査する範囲（以下，走査範囲という）の左端をTop，右端をLastとし，まず配列全体を走査範囲とする。

(2)　行番号5～32

①　走査範囲に含まれる要素の数が1以下になるまで，②，③を繰り返す。

②　基準値Pivotを選び，走査範囲内の値で基準値以下のものを左に，基準値以上のものを右に集める（行番号6～24）。

③　走査範囲が基準値以下の値から成るグループと基準値以上の値から成るグループに分割されるので，k番目に小さい値が含まれるグループを新たな走査範囲とする（行番号25～30）。

332　第5章　擬似言語問題の演習

④ 繰返しが終了したときに，要素x[k]の値がk番目に小さい値として，選択される。

Selectの引数と返却値の仕様は次のとおりである。

〔関数Selectの引数／返却値の仕様〕

引数名／返却値	データ型	入力／出力	意味
x[]	整数型	入力	数値が格納されている一次元配列
n	整数型	入力	数値の個数
k	整数型	入力	選択する数値の小ささの順位を示す値
返却値	整数型	出力	選択された数値

〔プログラム〕

（行番号）

```
 1  ○整数型: Select(整数型: x[], 整数型: n, 整数型: k)
 2  ○整数型: Top, Last, Pivot, i, j, work

 3  ・Top ← 1                      /* 走査範囲の左端の初期値を設定 */
 4  ・Last ← n                     /* 走査範囲の右端の初期値を設定 */
 5  ■Top < Last
 6  │・Pivot ← x[k]  ⎫
 7  │・i ← Top       ⎬  ◄──────────────────────── α
 8  │・j ← Last      ⎭
 9  │■true                        /* ループ */
10  │ │■x[i] < Pivot  ◄──────────────────────── β
11  │ │ │・i ← i + 1
12  │ │■
13  │ │■Pivot < x[j]
14  │ │ │・j ← j − 1
15  │ │■
16  │ │▲i ≧ j
17  │ │ │・break                  /* ループから抜ける */
18  │ │▼
19  │ │・work ← x[i]  ⎫
20  │ │・x[i] ← x[j]  ⎪
21  │ │・x[j] ← work  ⎬  ◄──────────────────────── γ
22  │ │・i ← i + 1    ⎪
23  │ │・j ← j − 1    ⎭
24  │ ■
25  │▲i ≦ k
26  │ │・Top ← j + 1
27  │▼
28  │▲k ≦ j
29  │ │・Last ← i − 1
30  │▼
31  ■
32  ・return x[k]
```

334 | 第5章 擬似言語問題の演習

設問1 関数Selectの追跡に関する次の記述中の 　　　　 に入れる正しい答えを,
解答群の中から選べ。

　　関数Selectの引数で与えられた配列xの要素番号1〜7の内容が3, 5, 6, 4, 7,
2, 1であり, nが7, kが3のとき, 配列xの走査範囲の左端Topと右端Lastの値は
次のとおりに変化する。

・TopとLastの初期値は, それぞれ1と7である。

・Top＜Lastが成り立つ間, 次に示す (1) 選択処理1回目の①〜③, (2) 選択処理
2回目の①〜③, …と実行する。

(1) 選択処理1回目

　① 配列xの走査範囲を二つの部分に分ける基準値Pivotに配列xの3番目の
要素x[3]の値6を設定する。次に, iにTopの値1, jにLastの値7を設定す
る。

　② 配列xのTopからLastまでの走査範囲内にある数値を, 6以下の数値のグ
ループと6以上の数値のグループの二つに分ける処理を行う。その結果, 配
列xの内容は次のとおりになる。

　　　　3, 5, 1, 4, 2, 7, 6

　③ 　　　a　　 を設定して選択処理の2回目に進む。

(2) 選択処理2回目

　① 基準値Pivotにx[3]の値1を設定する。

　② 配列xのTopからLastまでの走査範囲内にある数値を, 1以下の数値のグ
ループと1以上の数値のグループの二つに分ける処理を行う。その結果, 配
列xの内容は次のとおりになる。

　　　　1, 5, 3, 4, 2, 7, 6

　③ 　　　b　　 を設定して選択処理の3回目に進む。

(3) 選択処理3回目

　　　　：

この選択処理を繰り返して，Top＜Lastでなくなったときに処理を終了する。このとき，関数の返却値x[k]には与えられた数値の中からk番目に小さい値が選択されている。

a，bに関する解答群

ア　Topに値1，Lastに値5　　　　　イ　Topに値1，Lastに値6

ウ　Topに値2，Lastに値5　　　　　エ　Topに値2，Lastに値6

オ　Topに値3，Lastに値5　　　　　カ　Topに値3，Lastに値6

設問2　次の記述中の　　　　　　　に入れる正しい答えを，解答群の中から選べ。

引数で与えられた配列xの要素番号1〜7の内容が1，3，2，4，2，2，2であり，nが7，kが3のとき，選択処理が終了するまでにプログラム中のαの部分は　 c 　回実行され，γの部分は　 d 　回実行される。

c，dに関する解答群

ア　1　　　イ　2　　　ウ　3　　　エ　4　　　オ　5　　　カ　6

設問3　次の記述中の　　　　　　　に入れる正しい答えを，解答群の中から選べ。

プログラム中のβの行x[i]＜Pivotを誤ってx[i]≦Pivotとした。この場合，引数で与えられた配列xの要素番号1〜6の内容が1，1，1，1，1，1であり，nが6，kが3のとき，　 e 　。また，引数で与えられた配列xの要素番号1〜6の内容が1，3，2，4，2，2であり，nが6，kが3のとき，　 f 　。

e，fに関する解答群

ア　Lastに値0が設定される　　　　イ　Pivotに値0が設定される

ウ　Topに値0が設定される　　　　エ　処理が終了しない

オ　配列の範囲を越えて参照する

> 解説

　クイックソートを応用した選択アルゴリズムです。基本情報技術者試験として、難易度も、アルゴリズムも、設問も、素晴らしい問題でした。この問題に歯が立たなかった人は、はっきりいえば、トレースの練習が足りないということです。

　クイックソート（260ページ）のプログラムを納得できるまでトレースしていたので、設問1と設問2は全問正解できましたよ。

　コツコツ努力する人に、勝利の女神は微笑みます。

　でも、設問1だけで40分ぐらいかかってしまって、設問2をトレースしていたら1時間を超えて、もうヘトヘトでした。

　時間をかけてでも解けるようになったというのは、いい調子です。もう少し練習すると、速くトレースできるようになります。自力でトレースができるようになってきたら、今度はいちいちトレースをしなくてもプログラムを読み取る練習をしましょう。

設問1
・初期値
　トレース問題です。一緒にトレースしていきましょう。
　配列 x の初期値が次の図のとおりで、n が7、k が3で呼び出されます。

	x[1]	x[2]	x[3]	x[4]	x[5]	x[6]	x[7]
配列	3	5	6	4	7	2	1
	Top						Last

　行番号3でTopが1、行番号4でLastが7になります。そして、Top＜Lastが真の間、行番号5〜31の間を繰り返します。

・(1) 選択処理1回目
　① 行番号6でPivotがx[3]の6に、行番号7〜8で、iが1、jが7になります。配列の要素が1桁の数値で、配列の添字と混同しやすいので注意しましょう。
　② 行番号9の繰返し条件がtrueなので、行番号9〜24までを無限に繰り返します。このような繰返し構造を**無限ループ**と呼びます。無限ループを使う場合には、ループの中にループを飛び出す処理が書かれています。このプログラムでは、行番号17の注釈に「ループから抜ける」とあります。

行番号10〜12の繰返し処理（ループ）は、配列x[i]がPivotの6より小さい間、iを1ずつ増やします。つまり、図の左側（添字の小さいほう）から右へ調べていき、Pivotの6と同じか、大きい要素を見つけます。ここではx[3]の6を見つけたi＝3で、このループを抜けて行番号13に行きます。

	x[1]	x[2]	x[3]	x[4]	x[5]	x[6]	x[7]
配列	3	5	6	4	7	2	1

　　　　　　　　→ i

　行番号13〜15の繰返し処理（ループ）は、配列x[j]がPivotの6より大きい間、jを1ずつ減らします。つまり、図の右側から左側へ調べていき、Pivotの6と同じか、小さい要素を見つけます。ここではx[7]の1を見つけたj＝7で、このループを抜けて行番号16に行きます。

	x[1]	x[2]	x[3]	x[4]	x[5]	x[6]	x[7]
配列	3	5	6	4	7	2	1

　　　　　　　　　　　　　　　　　　　　　　　j

　行番号16の選択処理は、i＜jで条件が成立しないので、行番号19に行きます。
　行番号19〜21は、何をしていますか？

　　x[i]とx[j]の交換です。選択ソート（148ページ）やバブルソート（152ページ）など、これまでに何回も見たパターンですよ。

　正解。作業用の変数workを用いて、x[i]とx[j]の交換処理を行っています。このような処理は、3行を1つずつトレースせずに、一気に要素の値を交換すればいいのです。交換すると、配列xは次のようになります。

	x[1]	x[2]	x[3]	x[4]	x[5]	x[6]	x[7]
配列	3	5	1	4	7	2	6

　　　　　　　　i　　　　　　　　　　　　j

　行番号22〜23で、iが4、jが6に更新され、行番号9に戻ります。
　行番号10〜12は、配列x[i]を図の左側から右へ調べていき、Pivotの6より大きいx[5]の7を見つけます。
　行番号13〜15は、配列x[j]を図の右側から左側へ調べていき、Pivotの6より小さいx[6]の2を見つけます。

	x[1]	x[2]	x[3]	x[4]	x[5]	x[6]	x[7]
配列	3	5	1	4	7	2	6

　　　　　　　　　　　　　　→ i　　j ←

　行番号16の選択処理は条件が成立せず、行番号19〜21でx[5]とx[6]を交換します。

	x[1]	x[2]	x[3]	x[4]	x[5]	x[6]	x[7]
配列	3	5	1	4	2	7	6
					j	i	

　行番号22～23で、iが6、jが5に更新されます。i＞jになり、振り分けが終わりました。行番号9に戻りますが、左側にはPivot以下の値、右側にはPivot以上の値が集まっているので、行番号10～12と行番号13～15のループには入りません。行番号16の条件が真になり、行番号17でループを抜けて、行番号25に行きます。

　この時点でのiは6、jは5、引数で渡されたkは3です。i＞kなので、行番号25の条件は成立せず、Topは更新されません。k＜jなので、行番号28の条件が真になり、Lastがi－1＝6－1＝5になります。

　③　「Topに値1，Lastに値5」（**空欄a**）を設定して選択処理の2回目に進みます。

	x[1]	x[2]	x[3]	x[4]	x[5]	x[6]	x[7]
配列	3	5	1	4	2	7	6
	Top				Last		

・**(2) 選択処理2回目**

　①　行番号6でPivotがx[3]の1に、行番号7～8で、iが1、jが5になります。

　②　行番号10～12は、x[1]の3がPivotより大きいので、iは1のままで行番号13に行きます。行番号13～15は、配列x[j]がPivotの1より大きい間、jを1ずつ減らします。図の右側から左側へ調べていき、Pivotの1と同じx[3]の1を見つけたj＝3で、このループを抜けて行番号16に行きます。

　行番号16は条件が成立しないので、行番号19に行き、x[1]とx[3]を交換します。

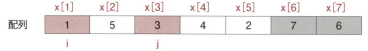

　行番号22～23で、iが2、jが2に更新されます。行番号9に戻ります。

　行番号10～12は、x[2]の5がPivotより大きいので、iは2のままで行番号13に行きます。行番号13～15は、配列x[j]がPivotの1より大きい間、jを1ずつ減らします。Pivotの1と同じx[1]の1を見つけたj＝1でこのループを抜けて行番号16に行きます。

行番号16の条件が真になり、行番号17でループを抜けて、行番号25に行きます。

この時点でのiは2、jは1、kは3です。i＜kなので、行番号25の条件が真になり、Topはj＋1＝1＋1＝2になります。k＞jなので、行番号28の条件は成立せずLastは5のままです。

③ 「Topに値2，Lastに値5」（**空欄b**）を設定して選択処理の3回目に進みます。

	x[1]	x[2]	x[3]	x[4]	x[5]	x[6]	x[7]
配列	1	5	3	4	2	7	6
		Top			Last		

・（3）選択処理3回目

Pivotがx[3]の3になり、X[2]の5とX[5]の2を交換します。

	x[1]	x[2]	x[3]	x[4]	x[5]	x[6]	x[7]
配列	1	2	3	4	5	7	6
		i			j		

iとjを更新すると、iとjが3になり、行番号17でループを抜けます。Topが4、Lastが2になり、行番号5の条件が成立せず、行番号32に行きます。戻り値としてx[3]の3を返します。

設問2

この問題は、トレースせずに解きましょう。設問1でアルゴリズムがわかったので、図を見ながら理屈で考えることができます。

αの部分は、Pivotとi、jを設定しているところですから、新しい範囲を走査するときに1回実行します。γの部分は、x[i]とx[j]を交換したときに1回実行されます。

配列が次のとおりで、nが7、kが3です。α1回目のPivotは2になります。図だけで、アルゴリズムどおりに交換していきましょう。

α	x[1]	x[2]	x[3]	x[4]	x[5]	x[6]	x[7]	γ
1回目	1	3	2	4	2	2	2	
	1	2	2	4	2	2	3	交換1回目
	1	2	2	4	2	2	3	交換2回目
	1	2	2	2	4	2	3	交換3回目
2回目	1	2	2	2	4	2	3	範囲を絞り込む
	1	2	2	2	4	2	3	交換4回目

これで終了です。αの部分は「2」（**空欄c**）回、γの部分は「4」（**空欄d**）回実行されます。

340　第5章　擬似言語問題の演習

設問3

x [i] ≦ Pivotに変更したため、同じ値のときもiを更新します。配列xが次のときには、Pivotは1です。

x[1]	x[2]	x[3]	x[4]	x[5]	x[6]
1	1	1	1	1	1

Pivotの1と同じときはiを1増やすので、iは7になって「配列の範囲を越えて参照する」(**空欄e**) ことになります。

配列xが次のときには、Pivotは2です。jは同じ値では更新しないので、次のような交換が行われます。

x[1]	x[2]	x[3]	x[4]	x[5]	x[6]	
1	3	2	4	2	2	
1	2	2	4	2	3	交換
1	2	2	2	4	3	交換
1	2	2	2	4	3	範囲を絞り込む

Topを1、Lastを4にして、Pivotがx [3] の2で振り分けます。どうなりますか？

> Pivotの2と同じときはiに1を足すので、iが範囲外の5になってしまいます。全部1のときと同じですね。

x[1]	x[2]	x[3]	x[4]	x[5]	x[6]
1	2	2	2	4	3

確かに、範囲を絞り込んだx [1] 〜 x [4] の範囲外です。しかし、x [5] という要素は存在して、値は4なのでPivotの2より大きくiは5になりますよね。全部1のときは配列の範囲を越えて要素がないところを参照しました。しかし、今度は、iが5になるだけでエラーにはなりません。jはPivotの2と同じ値で止まるので4です。i＞jになり、範囲を絞り込みます。さて、次の範囲はどうなりますか？

> Topは1のままで、Lastがi−1で4になります。あれれ……

そのとおり。何回やっても、Topが1でLastが4の範囲を繰り返すことになり、「処理が終了しない」(**空欄f**) のです。

【解答】 設問1 a ア b ウ 設問2 c イ d エ 設問3 e オ f エ

問題3　空き領域の管理　　　　　　　　　　　動画　平成26年春期

問　次のアルゴリズムの説明を読んで，設問1～3に答えよ。

　　セルを1列に連続して並べた領域がある。この領域中のセルについて，割当てと解放の処理を行う。
　　各セルには，セル位置を指定するための連続する整数が対応している。領域のセル数や，対応する整数の範囲には，特に制限がない。
　　各セルは，"空き"又は"割当済み"のいずれかの状態にある。現在，領域中のどのセルが"空き"の状態にあるかという情報を，空きリストとして保持している。
　　関数Alloc（始点，終点）は，引数で指定した始点から終点までの連続した"空き"セルを"割当済み"として，空きリストから取り除く。関数Free（始点，終点）は，引数で指定した始点から終点までの連続した"割当済み"セルを"空き"として，空きリストに戻す。

〔空きリストの説明〕
　　空きリストの形式を，次に示す。
　　　　　{{始点$_1$，終点$_1$}，{始点$_2$，終点$_2$}，…，{始点$_N$，終点$_N$}}
　　{始点$_i$，終点$_i$}（始点$_i$≦終点$_i$）は，一つの連続した"空き"セルの先頭位置と終端位置の組（以下，組という）で，始点$_1$＜始点$_2$＜…＜始点$_N$である。
　　割当て・解放の処理と空きリストの状態の例を，次の(1)～(3)に示す。ここで，セル☐中の数字は，セル位置を表す。また，☐は"空き"を，☐は"割当済み"を，それぞれ表す。

(1)　領域の初期状態は，全セルが空いている。空きリストは{{-∞，+∞}}で表す。

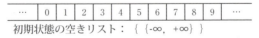
初期状態の空きリスト：{ {-∞, +∞} }

　　ここで，記号"-∞"は，領域中のどのセル位置の値よりも小さい整数を表し，記号"+∞"は，領域中のどのセル位置の値よりも大きい整数を表すものとする。また，セル位置-∞～+∞のうち，領域外の部分には"空き"セルが並んでいるものとする。

(2) 関数Allocで"割当済み"としたセルは，空きリストから取り除く。例えば，(1)の初期状態から，Alloc(1, 2)とAlloc(6, 8)を実行すると，次のようになる。

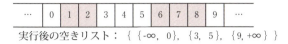

実行後，空きリスト中の組の個数は3となる。

(3) 関数Freeで解放したセルは，空きリストに戻す。例えば，(2)の実行後の状態から，Free(6, 7)を実行すると，次のようになる。

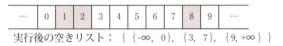

実行後，解放された"空き"セルの組\{6, 7\}は，実行前の"空き"セルの組\{3, 5\}とつながって一つの連続した"空き"セルの組 \{3, 7\} となるので，空きリスト中の組の個数は3となる。

〔関数Allocの説明〕

関数Alloc(始点$_p$，終点$_p$)の処理手順は，次のとおりである。

なお，引数の値は，$-\infty <$ 始点$_p \leq$ 終点$_p < +\infty$ を満たしているものとする。

(1) 空きリスト中に，始点$_i \leq$ 始点$_p$かつ終点$_p \leq$ 終点$_i$を満たす組 \{始点$_i$，終点$_i$\}が存在すれば(2)へ進む。存在しなければ，"一部又は全体が割当済み"を表示して，処理を終了する。

(2) 割当てが可能であるので，表1に従って，引数の状況に対応した空きリストの更新処理を実行して，処理を終了する。

表1　関数Allocの空きリスト更新処理

引数の状況	空きリストの更新処理
始点$_i$＝始点$_p$かつ 終点$_p$＝終点$_i$	組{始点$_i$, 終点$_i$}を取り除く。
始点$_i$＝始点$_p$かつ 終点$_p$＜終点$_i$	組{始点$_i$, 終点$_i$}を組　　　　　　　で置き換える。
始点$_i$＜始点$_p$かつ 終点$_p$＝終点$_i$	組{始点$_i$, 終点$_i$}を組　　　　　　　で置き換える。
始点$_i$＜始点$_p$かつ 終点$_p$＜終点$_i$	組{始点$_i$, 終点$_i$}を二つの組{始点$_i$, 始点$_p$－1}と {終点$_p$＋1, 終点$_i$}で置き換える。

注記　網掛けの部分は表示していない。

〔関数Freeの説明〕

関数Free(始点$_p$, 終点$_p$)の処理手順は，次のとおりである。

なお，引数の値は，$-\infty＜$始点$_p$≦終点$_p＜+\infty$を満たしているものとする。

(1)　空きリスト中に，終点$_i$＜始点$_p$かつ終点$_p$＜始点$_{i+1}$を満たす連続する二つの組{始点$_i$, 終点$_i$}と{始点$_{i+1}$, 終点$_{i+1}$}が存在すれば(2)へ進む。存在しなければ，"一部又は全体が割当済みでない"を表示して，処理を終了する。

(2)　解放が可能であるので，表2に従って，引数の状況に対応した空きリストの更新処理を実行して，処理を終了する。

表2　関数Freeの空きリスト更新処理

引数の状況	空きリストの更新処理
終点$_i$＝始点$_p$－1かつ 終点$_p$＋1＝始点$_{i+1}$	二つの組{始点$_i$, 終点$_i$}と{始点$_{i+1}$, 終点$_{i+1}$}を一つの組 [　　a　　]で置き換える。
終点$_i$＝始点$_p$－1かつ 終点$_p$＋1＜始点$_{i+1}$	組{始点$_i$, 終点$_i$}を組{始点$_i$, 終点$_p$}で置き換える。
終点$_i$＜始点$_p$－1かつ 終点$_p$＋1＝始点$_{i+1}$	組{始点$_{i+1}$, 終点$_{i+1}$}を組{始点$_p$, 終点$_{i+1}$}で置き換える。
終点$_i$＜始点$_p$－1かつ 終点$_p$＋1＜始点$_{i+1}$	組{始点$_i$, 終点$_i$}の直後に組[　　b　　]を挿入する。

設問1　本文中の□□□□に入れる正しい答えを，解答群の中から選べ。

a，bに関する解答群

　ア　{始点$_i$，終点$_{i+1}$}　　　　　　イ　{始点$_i$，終点$_p$}

　ウ　{始点$_p$，終点$_{i+1}$}　　　　　　エ　{始点$_p$，終点$_p$}

設問2　次のプログラム中の□□□□に入れる正しい答えを，解答群の中から選べ。

　　関数Allocの説明に基づいて，プログラムを作成した。

　　空きリスト中の現在の組の個数は大域整数型変数Nに格納されている。空きリスト {{始点$_1$，終点$_1$}，{始点$_2$，終点$_2$}，…，{始点$_N$，終点$_N$}} については，始点$_i$（i：1，2，…，N）の値は大域整数型配列 始点 の要素 始点 [i] に，終点$_i$（i：1，2，…，N）の値は大域整数型配列 終点 の要素 終点 [i] に，それぞれ格納されている。これらの配列は，十分に大きいものとする。

345

〔プログラム〕

　　　○関数: Alloc(整数型: 始点P, 整数型: 終点P)
　　　○整数型: I, L

　　　・I ← 1
　　■終点P ＞ 終点[I]
　　　・I ← I＋1
　　■

　　▲始点[I] ≦ 始点P
　　　▲(始点[I] ＝ 始点P) and (終点P ＝ 終点[I])
　　　　■L: I＋1, L ≦ N, 1
　　　　　・始点[L－1] ← 始点[L]
　　　　　・終点[L－1] ← 終点[L]
　　　　■
　　　　・N ← N－1

　　　▲(始点[I] ＝ 始点P) and (終点P ＜ 終点[I])
　　　　・│　　　c　　　│

　　　▲(始点[I] ＜ 始点P) and (終点P ＝ 終点[I])
　　　　・│　　　d　　　│

　　　▲(始点[I] ＜ 始点P) and (終点P ＜ 終点[I])
　　　　■L: │　　　e　　　│
　　　　　・始点[L＋1] ← 始点[L]
　　　　　・終点[L＋1] ← 終点[L]
　　　　■
　　　　・始点[I＋1] ← 終点P＋1
　　　　・終点[I＋1] ← 終点[I]
　　　　・終点[I] ← 始点P－1
　　　・N ← N＋1

　　　・print("一部又は全体が割当済み")　/* " "内の文字列を表示*/

c, dに関する解答群

　ア　始点[I] ← 始点P－1　　　　　　イ　始点[I] ← 終点P＋1

　ウ　終点[I] ← 始点P－1　　　　　　エ　終点[I] ← 終点P＋1

eに関する解答群

　ア　I＋1, L＜N, 1　　　　　　　　イ　I＋1, L≦N, 1

　ウ　N, L≧I＋1, －1　　　　　　　エ　N, L＞I＋1, －1

設問3　次の記述中の　　　　　　　　に入れる適切な答えを，解答群の中から選べ。

　　このアルゴリズムでは，空きリスト｛｛始点$_1$，終点$_1$｝，｛始点$_2$，終点$_2$｝，…，｛始点$_N$，終点$_N$｝｝の始点$_1$に値$-\infty$を，終点$_N$に値$+\infty$をそれぞれ設定している。このような設定をすることの利点の一つに，　　f　　という特徴が挙げられる。

　　また，このアルゴリズムでは，空きリスト中の組の個数が変化する。領域中のセル数がE個であるとする。このとき，空きリスト中の組の個数は，最大で　　g　　となる。また，E個の全てのセルが"割当済み"となったとき，空きリスト中の組の個数は，　　h　　となる。ここで，整数同士の除算では，商の小数点以下を切り捨てる。

fに関する解答群

　ア　空きリストが空（組の個数が0）にならない

　イ　関数Freeの実行時に空きリスト中の組の個数が2以上であることが保証される

　ウ　始点$_1$又は終点$_N$の値が変わらない限り領域中に"空き"セルが残っている

　エ　領域中の一つの連続した"空き"セルが幾ら長くても一つの組で表せる

g，hに関する解答群

　ア　1　　　　　　　　　　　イ　2　　　　　　　　ウ　$E \div 2 + 1$

　エ　$(E + 1) \div 2 + 1$　　オ　$E + 1$　　　　カ　$E + 2$

> **解説**

メモリ領域の割当てと解放を行うプログラムです。

擬似言語やアルゴリズムについて苦手な人でも、問題文をしっかり読んで、空きリストを理解できれば、容易に正解できる問題でした。

アルゴリズムを一生懸命に学習してきた人には、少し物足りない問題だったといえるでしょう。

設問1

擬似言語プログラムではなく、関数Freeの空きリスト更新処理について問われています。解答群を見ると、始点と終点の組が入ることがわかります。

始点$_p$とか、始点$_i$とか、ややっこしくて、さっぱりです。

始点や終点にiやpの下付文字が文字がついているので、これをしっかり区別しないと頭が混乱しますね。下付文字は見づらいので、ここでは、始点P、始点iと表します。

始点Pと終点Pは、関数Freeの引数として渡されます。つまり、始点Pから終点Pまでのセルを解放して、空きリストに登録します。

このような問題は、具体的な例で、図を書いて考えましょう。

・**メモリ**

上の図の色網の部分が割当済みで、白い部分が空いているとき、空きリストは、どうなっていますか？

空いているところを始点と終点で指定するので、
$\{-\infty, -1\}$、$\{1,2\}$、$\{6,8\}$、$\{10,\infty\}$ の4つですか？

それだけ問題文が読めていれば、あと少しです。空きリストを縦に並べてみました。始点iのiは、空きリストの何番目かを表しています。

・**空きリスト**

	始点i	終点i
1	$-\infty$	-1
2	1	2
3	6	8
4	10	$+\infty$

iが3なら、
始点iは6。
終点iは8。

表2の引数の状況の1行目は、ややこしすぎです。
終点$_i$＝始点$_p$－1かつ終点$_p$＋1＝始点$_{i+1}$って？

最後の＋1は下付なので、カッコを使って下付文字を使わずに表すと、
　終点i＝始点P－1、かつ、終点P＋1＝始点(i＋1)
ということです。では、このケースから考えましょう。

① **終点i＝始点P－1、かつ、終点P＋1＝始点(i＋1)**

関数Free(3,5)で呼び出されたとします。始点P＝3、終点P＝5です。
始点P、終点P、始点i、終点iなどを図に示しました。

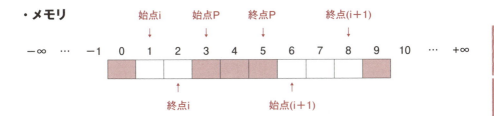

この例では、iが2で、終点iは終点2で2、始点(i＋1)は始点(2＋1)で6です。

終点i＝始点P－1のときは、空き領域と始点Pが隣接している場合で、割当済みの領域が解放されると、空き領域がつながります。また、終点P＋1＝始点(i＋1)のときも、空き領域がつながります。結果として、始点iから終点(i＋1)までの1つの空き領域になります。

・旧空きリスト

	始点i	終点i
1	－∞	－1
2	1	2
3	6	8
4	10	＋∞

・新空きリスト

	始点i	終点i
1	－∞	－1
2	1	8
3	10	＋∞

349

② 終点i＜始点P－1、かつ、終点P＋1＜始点(i＋1)

関数Free(4,4)で呼び出されたとします。始点P＝4、終点P＝4です。

始点Pも終点Pも空き領域と隣接していない場合です。割当済み領域の中の一部が空き領域になるので、始点Pから終点Pが空き領域として追加されます。

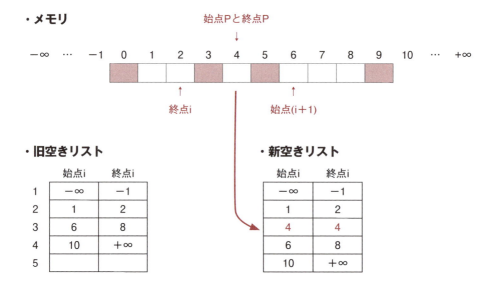

設問2

関数Allocは、引数で渡された始点Pから終点Pまでの領域を割当済みにして、空きリストから取り除きます。空きリストは、始点[i]、終点[i]の配列に格納されています。

では、擬似言語プログラムを読んでいきましょう。

lを1にして、lを1ずつ増やしながら、空きリストの中で、終点Pより大きな終点[l]を見つけます。

何のために終点Pより大きな終点[l]を探すのですか？

領域を割り当てるためには、その領域が空いていなければなりません。

・メモリ

始点[l]≦始点P≦終点P≦終点[l]の関係が必要で、まず終点[l]を見つけます。

次に、始点[I]≦始点Pであるかどうかを判断して、偽の場合はエラーです。
後は、表1の関数Allocの空きリスト更新処理と擬似言語プログラムを対応づけて読んでいくといいでしょう。

・**空欄c**

始点[I]＝始点P、かつ、終点P＜終点[I]のときに空きリストを更新します。
次の状態で、関数Alloc(2,4)を呼び出したとしましょう。始点Pが2、終点Pが4です。

・**メモリ**

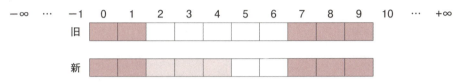

・**旧空きリスト**

	始点[I]	終点[I]
1	$-\infty$	-1
2	2	6
3	10	$+\infty$

・**新空きリスト**

	始点[I]	終点[I]
1	$-\infty$	-1
2	5	6
3	10	$+\infty$

つまり、始点[I]を終点P＋1に変更するだけです。

・**空欄d**

始点[I]＜始点P、かつ、終点P＝終点[I]のときに空きリストを更新します。
次の状態で、関数Alloc(4,6)を呼び出したとしましょう。始点Pが4、終点Pが6です。

・**メモリ**

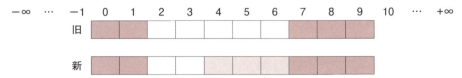

・**旧空きリスト**

	始点[I]	終点[I]
1	$-\infty$	-1
2	2	6
3	10	$+\infty$

・**新空きリスト**

	始点[I]	終点[I]
1	$-\infty$	-1
2	2	3
3	10	$+\infty$

つまり、終点[I]を始点P－1に変更するだけです。

・空欄e

始点[I]＜始点P、かつ、終点P＜終点[I]のときに空きリストを更新します。

次の状態で、関数Alloc(3,5)を呼び出したとしましょう。始点Pが3、終点Pが5です。

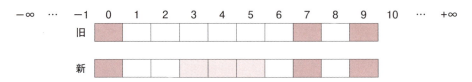

・旧空きリスト

	始点[I]	終点[I]
1	$-\infty$	-1
2	1	6
3	8	8
4	10	$+\infty$
5		

・新空きリスト

	始点[I]	終点[I]
1	$-\infty$	-1
2	1	2
3	6	6
4	8	8
5	10	$+\infty$

Iが2で、{1,6}だった1つの空き領域が分割されて2つになります。1行挿入する領域を空けるため、以降の行を下にずらす必要があります。

空きリストの組の個数はNです。空欄は、どうなりますか？

 上例なら、Lを3から4まで増やせばいいので、「I＋1，L≦N，1」で合ってますか？

残念。午前の問題でも、よく狙われるところですよ。先に、始点[4]←始点[3]とすると、始点[4]の内容が消えてしまいます。そこで、先に、始点[5]←始点[4]としてから、始点[4]←始点[3]とします。

したがって、LをNから、1ずつ引きながらI＋1まで繰り返す必要があり、空欄eは「N，L≧I＋1，－1」になります。

設問3

・空欄f

○ア：割当可能な領域を全部割当済みにしても、空きリストが空になりません。
×イ：まだ1つも割当てがないとき、{－∞，＋∞}の1つです。
×ウ：常に、始点$_1$は－∞、終点$_N$は＋∞です。空きがなくなることはあります。
×エ：－∞や＋∞を使わなくても、長い空き領域を表すことができます。

· 空欄 g

このような問題は、具体的に書き出して、数えてみるといいです。

> 割当済み領域と空き領域が交互にあれば、
> 空きリストの組の個数が最大になります。

そうですね。セル数が4から8ぐらいで考えてみてください。空きリストの組に○をつけると、数えやすいですよ。両脇には必ず空きリストの組があります。

セル数E		組数
4	○ □ ○ □ ○	3
5	○ □ ○ □ ○ □ ○	4
6	○ □ ○ □ ○ □ ○	4
7	○ □ ○ □ ○ □ ○ □ ○	5
8	○ □ ○ □ ○ □ ○ □ ○	5

解答群のウからカの式のEに、4を入れると、ウは4÷2+1＝3、エは(4+1)÷2+1＝3、オは4+1＝5、カは4+2＝6で、ウとエに絞られました。Eに5を入れると、ウは5÷2+1＝3、エは(5+1)÷2+1＝4でエだけが残りました。確認のために、エのEに6、7を入れて計算すると、(6+1)÷2+1＝4、(7+1)÷2+1＝5で間違いありません。

· 空欄 h

全部のセルを割り当てても、両端の組が空きリストにあります。

−∞ … −1 0 1 2 3 4 5 6 7 8 9 10 … +∞

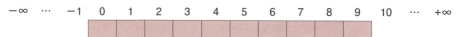

· 空きリスト

	始点[I]	終点[I]
1	−∞	−1
2	10	+∞

【解答】 設問1 a ア b エ 設問2 c イ d ウ e ウ
設問3 f ア g エ h イ

問題4　Bitap法による文字列検索　　動画　令和元年秋期

問　次のプログラムの説明及びプログラムを読んで，設問1〜3に答えよ。

〔プログラムの説明〕

関数BitapMatchは，Bitap法を使って文字列検索を行うプログラムである。

Bitap法は，検索対象の文字列（以下，対象文字列という）と検索文字列の照合に，個別の文字ごとに定義されるビット列を用いるという特徴をもつ。

なお，本問では，例えば2進数の16ビット論理型の定数0000000000010101は，上位の0を省略して"10101"Bと表記する。

(1) 関数BitapMatchは，対象文字列をText[]に，検索文字列をPat[]に格納して呼び出す。配列の要素番号は1から始まり，Text[]のi番目の文字はText[i]と表記する。Pat[]についても同様にi番目の文字はPat[i]と表記する。対象文字列と検索文字列は，英大文字で構成され，いずれも最長16文字とする。

対象文字列Text[]が"AACBBAACABABAB"，検索文字列Pat[]が"ACABAB"の場合の格納例を，図1に示す。

図1　対象文字列と検索文字列の格納例

(2) 関数BitapMatchは，関数GenerateBitMaskを呼び出す。

関数GenerateBitMaskは，文字"A"〜"Z"の文字ごとに，検索文字列に応じたビット列（以下，ビットマスクという）を生成し，要素数26の16ビット論理型配列Mask[]に格納する。Mask[1]には文字"A"に対するビットマスクを，Mask[2]には文字"B"に対するビットマスクを格納する。このようにMask[1]〜Mask[26]に文字"A"〜"Z"に対応するビットマスクを格納する。

関数GenerateBitMaskは，Mask[]の全ての要素を"0"Bに初期化した後，1以上でPat[]の文字数以下の全てのiに対して，Pat[i]の文字に対応するMask[]の要素であるMask[Index(Pat[i])]に格納されている値の，下位から考えてi番目のビットの値を1にする。

　関数Indexは，引数にアルファベット順でn番目の英大文字を設定して呼び出すと，整数n（1≦n≦26）を返す。

(3) 図1で示した，Pat[]が"ACABAB"の例の場合，関数GenerateBitMaskを実行すると，Mask[]は図2のとおりになる。

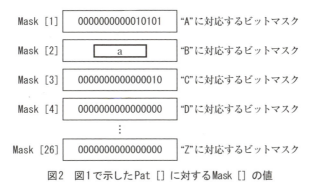

図2　図1で示したPat[]に対するMask[]の値

(4) 関数GenerateBitMaskの引数と返却値の仕様は，表1のとおりである。

表1　関数GenerateBitMaskの引数と返却値の仕様

引数／返却値	データ型	入力／出力	説明
Pat[]	文字型	入力	検索文字列が格納されている1次元配列
Mask[]	16ビット論理型	出力	文字"A"～"Z"に対応するビットマスクが格納される1次元配列
返却値	整数型	出力	検索文字列の文字数

〔プログラム1〕
○整数型関数：GenerateBitMask（文字型：Pat[], 16ビット論理型：Mask[]）
○整数型：i, PatLen

・PatLen ← Pat[]の文字数
■ i：1, i ≦ 26, 1
 ・Mask[1] ← 　　b　　 　/＊初期化＊/
■
■ i：1, i ≦ PatLen, 1
 ・Mask[Index(Pat[i])] ← 　　c　　 と
 　　　　　　　　Mask[Index(Pat[i])]とのビットごとの論理和
■
・return(PatLen)

設問1　プログラムの説明及びプログラム1中の　　　　　　に入れる正しい答えを，解答
　　　群の中から選べ。

　　　aに関する解答群

　　　　ア　0000000000000101　　　　　イ　0000000000101000

　　　　ウ　0001010000000000　　　　　エ　1010000000000000

　　　bに関する解答群

　　　　ア　"0"B

　　　　イ　"1"B

　　　　ウ　"1"BをPatLenビットだけ論理左シフトした値

　　　　エ　"1"Bを(PatLen － 1)ビットだけ論理左シフトした値

　　　　オ　"1111111111111111"B

　　　cに関する解答群

　　　　ア　"1"Bを(i － 1)ビットだけ論理左シフトした値

　　　　イ　"1"Bをiビットだけ論理左シフトした値

　　　　ウ　"1"Bを(ParLen － 1)ビットだけ論理左シフトした値

　　　　エ　"1"BをPatLenビットだけ論理左シフトした値

　　　　オ　"1"B

〔関数BitapMatchの説明〕

(1) Text[]とPat[]を受け取り，Text[]の要素番号の小さい方からPat[]と一致する文字列を検索し，見つかった場合は，一致した文字列の先頭の文字に対応するText[]の要素の要素番号を返し，見つからなかった場合は，－1を返す。

(2) 図1の例では，Text[7]～Text[12]の文字列がPat[]と一致するので，7を返す。

(3) 関数BitapMatchの引数と返却値の仕様は，表2のとおりである。

表2　関数BitapMatchの引数と返却値の仕様

引数／返却値	データ型	入力／出力	説明
Text []	文字型	入力	対象文字列が格納されている1次元配列
Pat []	文字型	入力	検索文字列が格納されている1次元配列
返却値	整数型	出力	対象文字列中に検索文字列が見つかった場合は，一致した文字列の先頭の文字に対応する対象文字列の要素の要素番号を，検索文字列が見つからなかった場合は，－1を返す。

〔プログラム2〕
○整数型関数：BitapMatch（文字型：Text[], 文字型：Pat[]）
○16ビット論理型：Goal, Status, Mask[26]
○整数型：i, TextLen, PatLen
・TextLen ← Text[]の文字数
・PatLen ← GenerateBitMask（Pat[], Mask[]）
・Status ← "0"B
・Goal ← "1"Bを（PatLen － 1）ビットだけ論理左シフトした値
■ i : 1, i ≦ TextLen, 1
　・Status ← Statusを1ビットだけ論理左シフトした値と　　　　　　　　　←α
　　　　　　　　　　　　　"1"Bとのビットごとの論理和
　・Status ← StatusとMask[Index(Text[i])]とのビットごとの論理積　　←β
　▲StatusとGoalとのビットごとの論理積 ≠ "0"B
　　・return(i － PatLen ＋ 1)

・return(－1)

第5章

擬似言語問題の演習

357

設問2　次の記述中の 　　　　 に入れる正しい答えを，解答群の中から選べ。

図1で示したとおりに，Text[]とPat[]に値を格納し，関数BitapMatchを実行した。プログラム2の行βを実行した直後の変数iと配列要素Mask[Index(Text[i])]と変数Statusの値の遷移は，表3のとおりである。

例えば，iが1のときに行βを実行した直後のStatusの値は"1"Bであることから，iが2のときに行αを実行した直後のStatusの値は，"1"Bを1ビットだけ論理左シフトした"10"Bと"1"Bとのビットごとの論理和を取った"11"Bとなる。次に，iが2のときに行βを実行した直後のStatusの値は，Mask[Index(Text[2])]の値が"10101"Bであることを考慮すると，　d　 となる。

同様に，iが8のときに行βを実行した直後のStatusの値が"10"Bであるということに留意すると，iが9のときに行αを実行した直後の行βで参照するMask[Index(Text[9])]の値は 　e　 であるので，行βを実行した直後のStatusの値は 　f　 となる。

表3　図1の格納例に対してプログラム2の行βを実行した直後の
配列要素Mask[Index(Text[i])]と変数Statusの値の遷移

i	1	2	…	8	9	…
Mask[Index(Text[i])]	"10101"B	"10101"B	…	"10"B	e	…
Status	"1"B	d	…	"10"B	f	…

d～fに関する解答群
　　ア　"0"B　　　　イ　"1"B　　　　ウ　"10"B　　　エ　"11"B
　　オ　"100"B　　　カ　"101"B　　　キ　"10101"B

設問3 関数GenerateBitMaskの拡張に関する，次の記述中の ▭ に入れる正しい答えを，解答群の中から選べ。ここで，プログラム3中の b には，設問1の b の正しい答えが入っているものとする。

表4に示すような正規表現を検索文字列に指定できるように，関数GenerateBitMaskを拡張し，関数GenerateBitMaskRegexを作成した。

表4 正規表現

記号	説明
[]	[] 内に記載されている文字のいずれか1文字に一致する文字を表す。例えば，"A [XYZ] B" は，"AXB"，"AYB"，"AZB" を表現している。

〔プログラム3〕
○整数型関数：GenerateBitMaskRegex(文字型：Pat[],
　16ビット論理型：Mask[])
○整数型：i, OriginalPatLen, PatLen, Mode

・OriginalPatLen ← Pat[] の文字数
・PatLen ← 0
・Mode ← 0
■i: 1, i ≦ 26, 1
　・Mask[i] ← ▢ b ▢　　/*初期化*/
■
■i: 1, i ≦ OriginalPatLen, 1
　▲ Pat[i] = "["
　　・Mode ← 1
　　・PatLen ← PatLen + 1
　
　▲ Pat[i] = "]"
　　・Mode ← 0
　
　▲ Mode = 0
　　・PatLen ← PatLen + 1
　
　・Mask[Index(Pat[i])] ← "1"Bを(PatLen − 1) ビットだけ
　　　論理左シフトした値とMask[Index(Pat[i])]とのビットごとの論理和
■

・return(PatLen)

Pat[] に "AC[BA]A[ABC]A" を格納して，関数 GenerateBitMaskRegex を呼び出した場合を考える。この場合，文字 "A" に対応するビットマスクである Mask[1] は　　g　　となり，関数 GenerateBitMaskRegex の返却値は　　h　　となる。また，Pat[] に格納する文字列中において [] を入れ子にすることはできないが，誤って Pat[] に "AC[B[AB]AC]A" を格納して関数 GenerateBitMaskRegex を呼び出した場合，Mask[1] は　　i　　となる。

g, iに関する解答群

ア　"1001101"B 　　　　　　　　イ　"1010100001"B

ウ　"1011001"B 　　　　　　　　エ　"101111"B

オ　"110011"B 　　　　　　　　　カ　"111101"B

hに関する解答群

ア　4 　　　　　　イ　6 　　　　　　ウ　9 　　　　　　エ　13

解説
●Bitap法のアルゴリズム

> Bitap法って初めて聞きました。もうあきらめモードです。

　知らないアルゴリズムが出題されても、問題文で詳しく説明されていますから、問題文を読みとる練習をしておけば、心配いりません。今回の問題は、アルゴリズムを理解するのは少し大変ですが、設問はやさしいです。

　文字列の検索は、線形探索法を応用したものが多いですが、Bitap法は文字ごとのビット列を用いる変わった手法です。英大文字は、26文字しかないので、26種類のビット列を用意すればいいですが、漢字のある日本語では大変です。

　この問題のものとは少し違いますが、文字ごとに定義されるビット列のイメージを説明します。次の図のように、検索文字列の文字が"A"なら、Aのビット列の対応する位置のビットを1にします。

	1	2	3	4	5	6	7	8	9	10	11	12	13	14	15	16
検索文字列	A	C	A	B	A	B										
Aのビット列	1		1		1											
Bのビット列				1		1										
Cのビット列		1														

●設問1
・空欄a
　この問題では、下位のビット（右端のビット）から数えてi番目になるので、上図のビット列が左右反転します。

	1	2	3	4	5	6										
検索文字列	A	C	A	B	A	B										
											6	5	4	3	2	1
Aのビット列											1		1			1
Bのビット列												1		1		
Cのビット列															1	

　Bのビット列がMask[2]のビット列なので、空欄aは「0000000000101000」（イ）です。

・空欄b
　プログラムの説明の（2）に「Mask[]の全ての要素を"0"Bに初期化」とあります。したがって、空欄bは、「"0"B」（ア）です。

・空欄c

> ・Mask[Index(Pat[i])] ← 　　　　c　　　　 と
>
> 　　　　　　　　　Mask[Index(Pat[i])]とのビットごとの論理和

　検索文字列"ACABAB"で考えると、Pat[i]はi番目の文字なので、Pat[1]は"A"です。関数Indexは、文字のアルファベット順の整数を返すので、"A"は1を返します。つまり、Index(Pat[1])は1を返し、Mask[Index(Pat[i])]は、Mask[1]の意味になります。
　iが1のとき、Mask[1]の1番目(右端)のビットを論理和で1にしなければならないので、空欄cが"0000000000000001" = "1"Bになるものを選択肢から探します。

									6	5	4	3	2	1
Mask[1]														1

Aのビット列

　"1"Bになるのは、アとオです。さらに、iが3のとき3番目のビットを1にするためには、"100"Bと論理和をとる必要があります。「"1"Bを(i − 1)ビットだけ論理左シフトした値」(ア)なら、3 − 1 = 2ビット論理左シフトした"100"Bになります。

●設問2

　プログラム2のBitapMatchに、図1の値を渡されたとして、トレースします。
　4行めから、TextLenに14、PatLenに6、Statusに"0"B、Goalに"100000"Bが設定されます。
　繰返し処理は、iを1から14まで変化させながら繰り返して、text[]の文字を1文字ずつ取り出すのでしょう。

・1回目のα
　Statusは"0"Bなのでシフトしても"0"Bで、"1"Bとの論理和をとると"1"Bです。

・1回目のβ
　Mask[Index(Text[i])]は、設問1で見たとおり、文字が"A"ならMask[1]になり、値は"10101"B(問題の図2)が設定されています。これとStatusの"1"Bの論理積をとると、Statusは、"1"Bになり、表3のとおりです。

・空欄d

・2回目のα
　Statusを左に1ビットシフトすると"10"Bで、"1"Bとの論理和をとるとStatusは"11"Bです。

・2回目のβ

Text[2]は"A"なのでMask[1]になり、値は"10101"Bが設定されています。これとStatusの"11"Bとの論理積をとると、空欄d のStatusは、"1"B（イ）になります。

・空欄e、f

・9回目のα

Statusの"10"Bを左に1ビットシフトすると"100"B になり、これと"1"Bとの論理和をとると"101"Bです。

・9回目のβ

Text[9]は"A"なので、空欄eは1回目と同じで"10101"B（キ）です。これとStatusの"101"Bとの論理積をとると、空欄f のStatusは、"101"B（カ）になります。

●設問3

・空欄g、h

プログラム1のGenerateBitMaskの拡張なので、Mask[]にビット列を作成する操作です。プログラムを読まなくても、"AC[BA]A[ABC]A"と指定すれば、次のようなビット列を作るはずです。もちろん、学習時にはプログラムを読んで確認してください。

	1	2	3	4	5	6										
検索文字列	A	C	B	A	A	A										
			A		B											
			C													
										6	5	4	3	2	1
Aのビット列											1	1	1	1		1
Bのビット列												1		1		
Cのビット列												1			1	

"A"か"B"というのをそれぞれのビット列を1にするだけで指定できるわけです。空欄gは、上図から明らかなように"111101"B（カ）です。検索文字列の長さは6文字なので、空欄hは6（イ）になります。

・空欄i

プログラムを見ると、文字が"["か"]"か、その他の文字かの3分岐です。"["でModeを1（正規表現）にしてPatLenに1を足します。"]"はModeを0（正規表現でない）にするだけです。したがって、"AC[B[AB]AC]A"のとき、"AC[B"までで3文字、次の"["で4文字目が"A"か"B"です。したがって、空欄iのMask[1]のビット列の下位4ビットは、"1001"Bで、これに該当するのは、"1011001"B（ウ）だけです。試験では、要領よく解くことも大切です。なお、解説動画では、トレースして解いています。

【解答】設問1 a イ b ア c ア 設問2 d イ e キ f カ 設問3 g カ h イ i ウ

363

問題5　ハフマン符号化　[動画] 平成31年春期

問　ハフマン符号化を用いた文字列圧縮に関する次の記述を読んで，設問1〜3に答えよ。

"A"〜"D"の4種類の文字から成る文字列をハフマン符号化によって圧縮する。ハフマン符号化では，出現回数の多い文字には短いビット列を，出現回数の少ない文字には長いビット列を割り当てる。ハフマン符号化による文字列の圧縮手順は，次の(1)〜(4)のとおりである。

(1) 文字列中の文字の出現回数を求め，出現回数表を作成する。例えば，文字列"AAAABBCDCDDACCAAAAA"（以下，文字列 α という）中の文字の出現回数表は，表1のとおりになる。

表1　文字列 α 中の文字の出現回数表

文字	A	B	C	D
出現回数	10	2	4	3

(2) 文字の出現回数表に基づいてハフマン木を作成する。

ハフマン木の定義は，次のとおりである。
- 節と枝で構成する二分木である。
- 親である節は，子である節を常に二つもち，子の節の値の和を値としてもつ。
- 子をもたない節（以下，葉という）は文字に対応し，出現回数を値としてもつ。
- 親をもたない節（以下，根という）は，文字列の文字数を値としてもつ。

文字列 α に対応するハフマン木の例を，図1に示す。

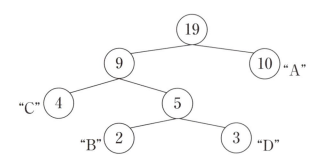

注記　丸の中の数値は各節がもつ値を表す。"A"〜"D"は葉に対応する文字を表す。

図1　文字列 α に対応するハフマン木の例

ハフマン木は，次の手順で配列によって実現する。
① 節の値を格納する1次元配列を用意する。
② 文字の出現回数表に基づいて，各文字に対応する葉の値を，配列の先頭の要素から順に格納する。
③ 親が作成されていない節を二つ選択し，選択した順に左側の子，右側の子とする親の節を一つ作成する。この節の値を，配列中で値が格納されている最後の要素の次の要素に格納する。節の選択は節の値の小さい順に行い，同じ値をもつ節が二つ以上ある場合は，配列の先頭に近い要素に値が格納されている節を選択する。
④ 親が作成されていない節が一つになるまで③を繰り返す。

(3) ハフマン木から文字のビット列 (以下，ビット表現という) を次の手順で作成する。
① 親と左側の子をつなぐ枝に0，右側の子をつなぐ枝に1の値をもつビットを割り当てる。
② 文字ごとに根から対応する葉までたどったとき，枝のビット値を順に左から並べたものを各文字のビット表現とする。

図2に示すとおり，根から矢印のようにたどると，文字列 α の文字 "B" のビット表現は010となる。

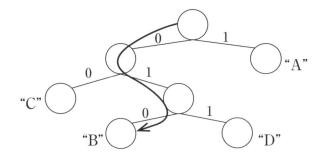

注記　線分は枝を表し，枝の上の数値は各枝のビット値を表す。

図2　文字列 α における文字 "B" のビット表現の作成例

(4) 文字列の全ての文字を (3) で得られたビット表現に置き換えて，ビット列を作成する。

設問1　次の記述中の　　　　　　　に入れる正しい答えを，解答群の中から選べ。

　　　　文字列"ABBBBBBBCCCDD"を，ハフマン符号化を用いて表現する。各文
　　　字とビット表現を示した表は　　a　　である。ハフマン符号化によって圧縮
　　　すると，文字"A"～"D"をそれぞれ2ビットの固定長で表現したときの当該文
　　　字列の総ビット長に対する圧縮率は　　b　　となる。ここで，圧縮率は次式
　　　で計算した値の小数第3位を四捨五入して求める。

$$圧縮率 = \frac{ハフマン符号化によって圧縮したときの総ビット長}{2ビットの固定長で表現したときの総ビット長}$$

aに関する解答群

ア

文字	A	B	C	D
ビット表現	010	1	00	011

イ

文字	A	B	C	D
ビット表現	010	0	01	111

ウ

文字	A	B	C	D
ビット表現	100	0	101	11

エ

文字	A	B	C	D
ビット表現	100	1	00	01

bに関する解答群

　　ア　0.77　　　　　　　イ　0.85　　　　　　ウ　0.88　　　　　　エ　0.92

設問2　ハフマン木を作成するプログラム1の説明及びプログラム1を読んで，プログ
　　　ラム1中の　　　　　　　に入れる正しい答えを，解答群の中から選べ。

〔プログラム1の説明〕
(1)　四つの1次元配列parent，left，right及びfreqの同じ要素番号に対応する要
　　素の組み（以下，要素組という）によって，一つの節を表す。要素番号は0から始
　　まる。四つの配列の大きさはいずれも十分に大きく，全ての要素は-1で初期化
　　されている。

366　第5章　擬似言語問題の演習

(2) 図3に,図1に示したハフマン木を表現した場合の各配列の要素がもつ値を示す。配列parentには親,配列leftには左側の子,配列rightには右側の子を表す要素組の要素番号がそれぞれ格納され,配列freqには節の値が格納される。節が葉のとき,配列leftと配列rightの要素の値は,いずれも−1である。図3では,要素番号0～3の要素組が,順に文字"A"～"D"の葉に対応している。節が根のとき,配列parentの要素の値は−1である。

配列名	要素番号						
	0	1	2	3	4	5	6
parent	6	4	5	4	5	6	−1
left	−1	−1	−1	−1	1	2	5
right	−1	−1	−1	−1	3	4	0
freq	10	2	4	3	5	9	19

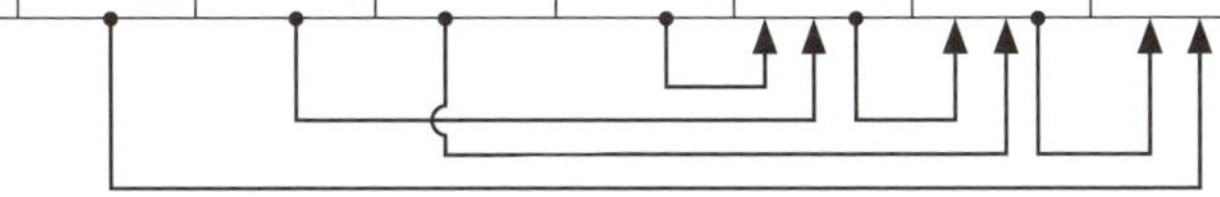

注記　矢印 ●━━▶ は,始点,終点の二つの要素組に対応する節が子と親の関係にあることを示す。

図3　図1に示したハフマン木を表現する四つの配列

(3) 副プログラムHuffmanは,次の①～⑤を受け取り,ハフマン木を表現する配列を作成する。
① 葉である節の個数size
② 初期化された配列parent
③ 初期化された配列left
④ 初期化された配列right
⑤ 初期化された後,文字の出現回数が要素番号0から順に格納された配列freq

(4) 副プログラムSortNodeは,親が作成されていない節を抽出し,節の値の昇順に整列し,節を表す要素組の要素番号を順に配列nodeに格納し,その個数を変数nsizeに格納する。行番号19～24で親が作成されていない節を表す要素組の要素番号を抽出し,行番号25で節の値の昇順に整列する。

367

(5) 副プログラム Sort（プログラムは省略）は，節を表す要素組の要素番号の配列 node を受け取り，要素番号に対応する要素組が表す節の値が昇順となるように整列する。節の値が同じときの順序は並べ替える直前の順序に従う。

(6) 副プログラム Huffman，SortNode 及び Sort の引数の仕様を，表2～4に示す。

表2　副プログラム Huffman の引数の仕様

引数	データ型	入出力	説明
size	整数型	入力／出力	節の個数
parent [ ]	整数型	入力／出力	節の親を表す要素組の要素番号を格納した配列
left [ ]	整数型	入力／出力	節の左側の子を表す要素組の要素番号を格納した配列
right [ ]	整数型	入力／出力	節の右側の子を表す要素組の要素番号を格納した配列
freq [ ]	整数型	入力／出力	節の値を格納した配列

表3　副プログラム SortNode の引数の仕様

引数	データ型	入出力	説明
size	整数型	入力	節の個数
parent [ ]	整数型	入力	節の親を表す要素組の要素番号を格納した配列
freq [ ]	整数型	入力	節の値を格納した配列
nsize	整数型	出力	配列 node の中の，整列対象とした節の個数
node [ ]	整数型	出力	節の値の昇順に整列した，親が作成されていない節を表す要素組の要素番号を格納した配列

表4　副プログラム Sort の引数の仕様

引数	データ型	入出力	説明
freq [ ]	整数型	入力	節の値を格納した配列
nsize	整数型	入力	配列 node 中の，整列対象の節の個数
node [ ]	整数型	入力／出力	節を表す要素組の要素番号を格納した配列

〔プログラム1〕

（行番号）

```
1   ○副プログラム：Huffman（整数型：size，整数型：parent[]，整数型：
                            left[]，整数型：right[]，整数型：freq[]）
2   ○整数型：i，j，nsize
3   ○整数型：node[]
4   ・SortNode（size，parent，freq，nsize，node）
5   ■     c
6   ・i ← node[0]      /* 最も小さい値をもつ要素組の要素番号 */
7   ・j ← node[1]      /* 2番目に小さい値をもつ要素組の要素番号 */
8   ・left[size] ← i
9   ・right[size] ← j
10  ・freq[size] ← freq[i] + freq[j]   /* 子の値の合計 */
11  ・parent[i] ← size     /* 子に親の節の要素番号を格納 */
12  ・parent[j] ← size     /* 子に親の節の要素番号を格納 */
13  ・size ← size + 1
14  ・SortNode（size，parent，freq，nsize，node）
15  ■

16  ○副プログラム：SortNode（整数型：size，整数型：parent[]，整数型：
                            freq[]，整数型：nsize，整数型：node[]）
17  ○整数型：i
18  ・nsize ← 0
19  ■ i：0，i ＜ size，1
20  ▲      d
21  │  ・node[nsize] ← i
22  │  ・nsize ← nsize + 1
23  │
24  ■▼
25  ・Sort（freq，nsize，node）
```

c，dに関する解答群

ア　nsize ≧ 0　　　　　　イ　nsize ≧ 1　　　　　　ウ　nsize ≧ 2

エ　parent[i] ＜ 0　　　　オ　parent[i] ＞ 0　　　　カ　size ≦ nsize

キ　size ≧ nsize

設問3 ハフマン木から文字のビット表現を作成して表示するプログラム2の説明及びプログラム2を読んで，プログラム2中の ▭ に入れる正しい答えを，解答群の中から選べ。

〔プログラム2の説明〕
(1) ビット表現を求めたい文字に対応する葉を表す要素組の要素番号を，副プログラムEncodeの引数kに与えて呼び出すと，ハフマン木から文字のビット表現を作成して表示する。
(2) 副プログラムEncodeの引数の仕様を，表5に表す

表5 副プログラムEncodeの引数の仕様

引数	データ型	入出力	説明
k	整数型	入力	節を表す要素組の要素番号
parent [ ]	整数型	入力	節の親を表す要素組の要素番号を格納した配列
left [ ]	整数型	入力	節の左側の子を表す要素組の要素番号を格納した配列

(3) 副プログラムEncodeは，行番号2の条件が成り立つとき，副プログラムEncodeを再帰的に呼び出す。これによって，ハフマン木を葉から根までたどっていく。
(4) 根にたどり着くと次は葉に向かってたどっていく。現在の節が親の左側の子のときは0を，右側の子のときは1を表示する。
(5) 関数printは，引数で与えられた文字列を表示する。

〔プログラム2〕

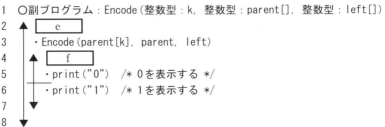

eに関する解答群

ア k ≧ 0   イ left[k] = -1   ウ left[k] ≧ 0

エ parent[k] = -1   オ parent[k] ≧ 0

fに関する解答群

ア left[k] = k   イ left[parent[k]] = k

ウ parent[k] = k   エ parent[left[k]] = k

> 解説

●ハフマン符号化のアルゴリズム

ハフマン符号化は、問題文にあるとおり「出現回数の多い文字には短いビット列を、出現回数の少ない文字には長いビット列を割り当てる」ことで、文字列を圧縮します。

この問題では、"A"～"D"のわずか4種類の文字しか扱いません。圧縮しない場合、1文字2ビットで各文字に0～3の番号を割り当てて区別することができます。ハフマン符号化を行う場合には、出現回数の多い文字に短いビット、少ない文字に長いビットを割り当てます。

ただし、問題文のハフマン木の作成手順の説明が悪く、説明を読んでもよく分からない場合は、設問2から解いたほうがいいかもしれません。設問1の説明では「1次元配列」がモヤモヤしますが、設問2ですっきりします。

●設問1　まず出現回数を数え、ハフマン木を作る

・空欄a

ハフマン符号化を使った場合の圧縮率を求めます。まず、文字列"ABBBBBBBCCCDD"の各文字を数えて、出現回数の表を作ります。

	A	B	C	D
出現回数	1	7	3	2

ビット列の長さは、出現回数の多い順に、"B"≦"C"≦"D"≦"A"になります。aに関する解答群を見ると、ウは誤りです。

ハフマン木の実現手順の説明は分かりにくいですが、出現回数が少ないものから2つを選び、小さいほうの節を左の子（枝が0）、大きいほうの節を右の子（枝が1）として、2つの値を足した親を作ります。次のように、AとDは同じ階層なので、ビット列の長さは同じで、"A"は0、"D"は1で終わります。したがって、エは誤りです。

	A	B	C	D	親1
出現回数	1	7	3	2	3

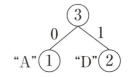

次に、残りの節（"B"、"C"、親）の中から少さい節を2つ選びます。同じ値の場合は、左側から順に選ぶので、値が3の"C"を左の子、親1を右の子として、親2を作ります。

	A	B	C	D	親1	親2
出現回数	1	7	3	2	3	6

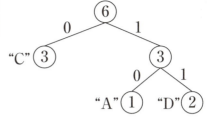

　この時点で、"C"は0で終わることが分かったので、イは誤りで、残ったアが正解になります。同様にして、少ない順に節を選ぶと、親2の6、"B"の7の親を作り、次のハフマン木ができます。ハフマン木を上からたどると、"A"は010、"B"は1、"C"は00、"D"は011です。

	A	B	C	D	親1	親2	親3
出現回数	1	7	3	2	3	6	13
ビット表現	010	1	00	011				**（ア）**

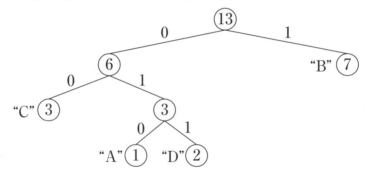

・**空欄b**

　圧縮しない場合は、1文字2ビットなので、文字列"ABBBBBBBCCCDD"の13文字の場合、次のとおりのビット数が必要です。

　2ビット×13文字＝26ビット

　ハフマン符号化で圧縮する場合には、各文字は次のビット数になります。

文字	ビット列	①ビット数	②出現回数	①×②
A	010	3	1	3
B	1	1	7	7
C	00	2	3	6
D	011	3	2	6
			合計	22

　圧縮率＝22ビット÷26ビット＝0.846　**（イ）**

●設問2　4つの1次元配列でハフマン木を表現している

parent、left、right、freqの4つの1次元配列によって、ハフマン木が作られていることが分かります。プログラム1の説明にあるとおり、「配列parentには親、配列Leftには左側の子、配列rightには右側の子を表す要素組の要素番号がそれぞれ格納」されています。また、「配列freqには節の値が格納」されています。

ぜひ、図3を見ながら図1を確認してください。例えば、要素番号0の節のparentは6なので、親は要素番号6の節です。逆に要素番号6の節のleftは5、rightは0なので、左の子は要素番号5の節、右の子は要素番号0の節ということになります。

・空欄c

副プログラムHuffmanは、ハフマン木を表現する配列を作ります。表2を見ると、どの引数も「入力／出力」となっているので、呼び出した側と呼ばれた側で同じ領域の値を読み書きする参照呼出し（☆P.241）です。

> ○副プログラム:Huffman (整数型：size, 整数型：parent[], 整数型：left[],
> 　　　　　　　　　　　　整数型：right[], 整数型：freq[])

引数のsizeは、葉である節の個数です。葉は、子をもたない節のことです。その他の引数は、[]がついていて配列であることを示しています。配列は、説明がなかったとしても、配列の先頭アドレスを渡す参照呼出しです。配列をコピーして渡したら大変ですからね。

この副プログラムを見ると、次のような構成をしています。

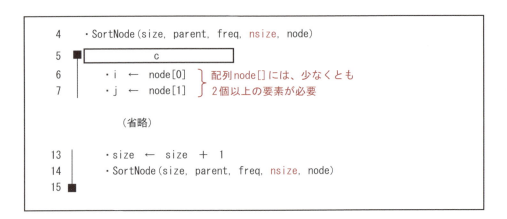

節を表す要素組の要素番号を順に配列nodeに格納し、その個数を変数nsizeに格納」します。表3を見ると、SortNodeの引数のnsizeとnode[]が出力ですが、node[]は配列なので、nsizeの値によって、繰返し処理を行うかどうかが決まるのでしょう。

行6と行7で、node[0]とnode[1]を参照していることから、配列nodeには、少なくとも2個以上の要素が必要です。したがって、空欄cはnsize ≧ 2 **(ウ)** でなければなりません。

空欄dを考えてから、もう一度、このHuffmanに戻って処理内容を考えることにします。

・空欄d

SortNodeは、4つの配列と節の個数をsizeで受け取り、親が作成されていない節を抽出します。例えば、図3のハフマン木の例では、最初は次のとおり、"A"、"B"、"C"、"D"の出現回数である節の値が設定されているだけです。

	0	1	2	3	4	5	6
parent	-1	-1	-1	-1	-1	-1	-1
left	-1	-1	-1	-1	-1	-1	-1
right	-1	-1	-1	-1	-1	-1	-1
freq	**10**	**2**	**4**	**3**	-1	-1	-1
	A	B	C	D			

親が作成されていない節のparentには-1が格納されています。したがって、空欄dは、「parent[i] = -1」としたいところですが、選択肢にないので、「parent[i] < 0」**(エ)** を入れます。

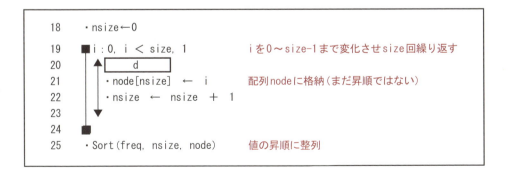

行24までは、親のない節を抽出するだけです。例では、どの節にも親がないので、0から3の要素番号が、配列nodeにはいっています。

	0	1	2	3	4	5
node	0	1	2	3		
	10	2	4	3		値の昇順ではない

　行25の副プログラムSortは、配列nodeの要素番号に対応する節の値が昇順になるように整列します。ただし、nodeに格納されているのは、値ではなく要素番号です。

	0	1	2	3	4	5
node	1	3	2	0		
	2	3	4	10		値の昇順に並んだ

・副プログラムHuffman

　空欄には関係ありませんが、行8から行12を読んでみましょう。引数のsizeは節の個数です。節がsize個のとき、0からsize−1の要素番号に値が格納されます。sizeは、まだ空いている要素番号で、そこに親を追加します。

	0	1	2	3	4 (size)	5	6
parent	-1	4	-1	4	-1	-1	-1
left	-1	-1	-1	-1	1	-1	-1
right	-1	-1	-1	-1	3	-1	-1
freq	10	2	4	3	5	-1	-1
	A	B	C	D			

```
 8    ・left[size]  ←  i              左の子
 9    ・right[size] ←  j              右の子
10    ・freq[size]  ←  freq[i] + freq[j]   子の値を合計して親の値にする
11    ・parent[i]   ←  size            親
12    ・parent[j]   ←  size            親
13    ・size ←  size + 1              親を追加する要素番号を更新
```

　1回目は、iがnode[0]の1、jがnode[1]の3です。行8と行9で、left[4]に1を、right[4]に3を入れます。行10で、freq[1]とfreq[3]を足すと、2＋3＝5で、freq[4]に5を入れます。

　行11と行12は、左の子と右の子に、親の4を設定しています。

376 第5章 擬似言語問題の演習

●設問3　再帰処理の考え方

　再帰処理は、出題率が低いので時間がないなら後回しにしてもいいとアドバイスしていますが、久しぶりに再帰処理が出題されました。プログラムが非常に短く、解きやすい問題でした。

```
1  ○副プログラム：Encode(整数型：k, 整数型：parent[], 整数型：left[])
2  ▲  [  e  ]
3  ｜ ・Encode(parent[k], parent, left)    再帰呼出し
4  ｜  [  f  ]
5  ｜ ・print("0")   /* 0を表示する */     左の子
6  ｜ ・print("1")   /* 1を表示する */     右の子
7  ｜
8  ▼
```

　行3でEncodeを再帰呼出ししていますが、1番目の引数にparent[k]を指定しています。親を指定して再帰呼出しをし、親がなくなるまで（根になるまで）繰り返すのでしょう。つまり、引数kは親がなければなりません。空欄eは、「parent[k] ≧ 0」（**オ**）です。

　左の子のときは、行5へ、右の子のときは行6へ分岐します。空欄fに関する解答群の中で、左右の子を判別しているのはどれでしょうか？　Encodeの引数にleftがあり、他で使っていないので、leftを使うはずです。

　kの親はparent[k]です。その左の子は、left[parent[k]]で表すことができ、これがkと同じならkは左の子であり、そうでないならkは右の子です。したがって、空欄fは、「left[parent[k]] ＝ k」（**イ**）です。

　この問題は、再帰処理のことをよく理解していなくても、正解を得られます。しかし、練習段階では、きちんとトレースして、再帰処理を理解してください。

　試験問題を考える際は、再帰呼出ししている副プログラムEncodeがすでに完成していると考えてプログラムを読みます。kの親までは、行3でビット列が出力されていて、最後にkのときのビットを付け加えるだけだと考えます。

　既に完成している？
　後で先生の解説動画を見てみます

【解答】設問1　a　ア　b　イ　設問2　c　ウ　d　エ　設問3　e　オ　f　イ

問題6　最短経路の探索

〔動画〕〔平成29年春期〕

問　次のプログラムの説明及びプログラムを読んで，説明1, 2に答えよ。

　副プログラムShortestPathは，N値（N＞1）の地点と，地点間を直接結ぶ経路及び距離が与えられたとき，出発地から目的地に至る最短経路とその距離を求めるプログラムである。最短経路とは，ある地点から別の地点へ最短距離で移動する際の経由地を結んだ経路である。副プログラムShortestPathでは，出発地の隣接地点から開始して，目的地に向かって最短距離を順次確定する。ある地点の隣接地点とは，その地点から他の地点を経由せずに直接移動できる地点のことである。

　図1は，地点数Nが7の経路の例で，経路をグラフで表現したものである。図1において，丸は地点を示し，各地点には0から始まる番号（以下，地点番号という）が順番に割り当てられている。線分は地点間を直接結ぶ経路を示し，線分の上に示す数字はその距離を表す。また，経路上は，双方向に移動できる。

図1　地点数Nが7の経路の例

〔プログラムの説明〕

(1) 副プログラムShortestPathの引数の仕様を，表1に示す。ここで，出発地から目的地までを結ぶ経路は，少なくとも一つ存在するものとする。また，配列の要素番号は，0から始まる。

表1　副プログラムShortestPathの引数の仕様

引数	データ型	入出力	説明
Distance[][]	整数型	入力	地点間の距離が格納されている2次元配列
nPoint	整数型	入力	地点数
sp	整数型	入力	出発地の地点番号
dp	整数型	入力	目的地の地点番号
sRoute[]	整数型	出力	出発地から目的地までの最短経路上の地点の地点番号を目的地から出発地までの順に設定する1次元配列
sDist	整数型	出力	出発地から目的地までの最短距離

(2)　Distance[i][j]（$i = 0, \cdots, nPoint - 1$; $j = 0, \cdots, nPoint - 1$）には，地点 i から地点 j までの距離が格納されている。ただし，地点 i と地点 j が同一の地点の場合は0，地点 i が地点 j の隣接地点ではない場合は -1 が格納されている。図1の例における配列 Distance の内容は，表2のとおりである。

表2　図1の例における配列Distanceの内容

i＼j	0	1	2	3	4	5	6
0	0	2	8	4	−1	−1	−1
1	2	0	−1	−1	3	−1	−1
2	8	−1	0	−1	2	3	−1
3	4	−1	−1	0	−1	8	−1
4	−1	3	2	−1	0	−1	9
5	−1	−1	3	8	−1	0	3
6	−1	−1	−1	−1	9	3	0

(3)　行番号5〜10では，変数，配列に初期値を格納する。

①　最短距離を返却する変数 sDist に初期値として∞（最大値を表す定数）を格納し，出発地から目的地までの最短距離が設定されていないことを示す。

②　最短経路を返却する要素数が nPoint である配列 sRoute の全ての要素に初期値として -1 を格納し，最短経路上の地点の地点番号が設定されていないことを示す。

③　出発地から各地点までの最短距離を設定する配列を pDist とする。pDist は

379

1次元配列であり，要素数はnPointである。配列pDistの全ての要素に初期値として∞を格納する。

④　出発地から各地点までの最短距離が確定しているかどうかを識別するための配列をpFixedとする。pFixedは1次元配列であり，要素数はnPointである。配列pFixedの全ての要素に初期値としてfalseを格納し，最短距離が未確定であることを示す。最短距離が確定したときにtrueを設定する。例えば，出発地から地点iまでの最短距離が確定したとき，pFixed[i] はtrueとなり，その最短距離はpDist[i] に設定されている。pFixed[i] がfalseの場合は、地点iまでの最短距離は未確定であり，pDist[i] の値は最短距離として確定されていない。

(4)　行番号11では，出発地から出発地自体への最短距離pDist[sp]に0を設定する。

(5)　行番号12〜39の最短経路探索処理では，出発地から各地点までの最短距離を算出しながら，最短経路を求める。

　　①　行番号13〜22

　　　配列pFixedを調べ，出発地から全ての地点までの最短距離が確定していれば，最短経路探索処理を抜けて(6)に進む。

　　②　行番号23〜29

　　　出発地からの最短距離が未確定の地点の中で，出発地からの距離が最も短い地点を探し，その地点をsPointとし，その地点の最短距離を確定する。

　　③　行番号30〜38

　　　各地点に対して(ア)，(イ)を実行し，①に戻る。

　　(ア)　地点sPointの隣接地点であり，かつ，出発地からの最短距離が未確定であるかどうかを調べる。

　　(イ)　(ア)の条件を満たす地点jに関して，出発地から地点sPointを経由して地点jに到達する経路の距離を求め，その距離が既に算出してあるpDist[j] よりも短ければ，pDist[j] 及びpRoute[j] を更新する。ここで，pDist[j] は，出発地から地点jまでの仮の最短距離となる。pRoute[j] には，そのときの，地点jの直前の経由地の地点番号を設定する。

(6)　行番号40〜48では，出発地から目的地までの最短距離をsDistに，最短経路上の地点の地点番号を目的地から出発地までの順に配列sRouteに設定する。

〔プログラム〕

（行番号）

```
 1  ○副プログラム：ShortestPath（ 整数型：Distance[][], 整数型：nPoint,
                              整数型：sp, 整数型：dp, 整数型：sRoute[], 整数型：sDist ）
 2  ○整数型：pDist[nPoint], pRoute[nPoint]
 3  ○論理型：pFixed[nPoint]
 4  ○整数型：sPoint, i, j, newDist

 5  ・sDist ← ∞      /*出発地から目的地までの最短距離に初期値を格納する */

 6  ■ i：0, i < nPoint, 1
 7  │ ・sRoute[i] ← −1  /*最短経路上の地点の地点番号に初期値を格納する */
 8  │ ・pDist[i] ← ∞   /*出発地から各地点までの最短距離に初期値を格納する */
 9  │ ・pFixed[i] ← false  /*各地点の最短距離の確定状態に初期値を格納する */
10  ■

11  ・pDist[sp] ← 0    /*出発地から出発地自体への最短距離に 0 を設定する */
12  ■ true   /*最短経路探索処理 */
13  │ ・i ← 0
14  │ ■ i < nPoint           /*未確定の地点を一つ探す */
15  │ │ ▲ not(pFixed[i])
16  │ │ │ ・break           /*最内側の繰返しから抜ける */
17  │ │ ▼
18  │ │ ・i ← i + 1
19  │ ■
20  │ ▲ i = nPoint   /*出発地から全ての地点までの最短距離が確定 */
21  │ │ ・break         /*していれば, 最短経路探索処理を抜ける */
22  │ ▼
23  │ ■ j：i + 1, j < nPoint, 1  /*最短距離がより短い地点を探す */
24  │ │ ▲    a    and pDist[j] < pDist[i]
25  │ │ │ ・i ← j
26  │ │ ▼
27  │ ■
28  │ ・sPoint ← i            ◀──────────────────────── α
29  │ ・pFixed[   b   ] ← true  /*出発地からの最短距離を確定する */
30  │ ■ j：0, j < nPoint, 1
31  │ │ ▲ Distance[sPoint][j] > 0 and not(pFixed[j])
32  │ │ │ ・newDist ← pDist[sPoint] + Distance[sPoint][j]
33  │ │ │ ▲ newDist < pDist[j]
34  │ │ │ │ ・pDist[j] ← newDist
35  │ │ │ │ ・pRoute[j] ← sPoint
36  │ │ │ ▼
37  │ │ ▼
38  │ ■
39  ■                        ◀──────────────────────── β
```

第5章

擬似言語問題の演習

381

```
40    ・sDist ← pDist[dp]
41    ・j ← 0
42    ・i ← dp
43  ■ i ≠ sp
44    ・  c   ← i
45    ・i ←  d
46    ・j ← j + 1
47  ■
48    ・  c   ← sp
```

設問1 プログラム中の   に入れる正しい答えを，解答群の中から選べ．

aに関する解答群

　ア　not(pFixed[i])　　　　　イ　not(pFixed[j])
　ウ　pFixed[i]　　　　　　　　エ　pFixed[j]

bに関する解答群

　ア　dp　　　　　　イ　nPoint　　　　　ウ　nPoint − 1
　エ　sp　　　　　　オ　sPoint

c, dに関する解答群

　ア　pRoute[dp]　　イ　pRoute[i]　　ウ　pRoute[j]　　エ　pRoute[sp]
　オ　sRoute[dp]　　カ　sRoute[i]　　キ　sRoute[j]　　ク　sRoute[sp]

設問2 次の記述中の   に入れる正しい答えを，解答群の中から選べ．

　図1において，出発地の地点番号spの値が0，目的地の地点番号dpの値が6の場合について，プログラムの動きを追跡する．行番号12～39の最短経路探索処理の繰返しで，行番号28のαにおいてsPointに代入された値は，繰返しの1回目は0，2回目は1，3回目は　e　となる．また，行番号30～38の処理が終了した直後のβにおける配列pDistと配列pRouteの値を，表3に示す．最短経路探索処理の繰返しが3回目のときのβにおける配列pDistの値は　f　となり，配列pRouteの値は　g　となる．ここで，配列pRouteの全ての要素には初期値と

して0が格納されているものとする。

表3　βにおける配列 pDist と配列 pRoute の値

最短経路探索処理の繰返し	配列 pDist	配列 pRoute
1回目	$0, 2, 8, 4, \infty, \infty, \infty$	$0, 0, 0, 0, 0, 0, 0$
2回目	$0, 2, 8, 4, 5, \infty, \infty$	$0, 0, 0, 0, 1, 0, 0$
3回目	f	g
⋮	⋮	⋮

eに関する解答群

　ア　2　　　　　イ　3　　　　　ウ　4　　　　　エ　5　　　　　オ　6

fに関する解答群

　ア　$0, 2, 8, 4, 5, 10, 14$

　イ　$0, 2, 8, 4, 5, 10, \infty$

　ウ　$0, 2, 8, 4, 5, 11, 14$

　エ　$0, 2, 8, 4, 5, 11, \infty$

　オ　$0, 2, 8, 4, 5, 12, 14$

　カ　$0, 2, 8, 4, 5, 12, \infty$

gに関する解答群

　ア　$0, 0, 0, 0, 1, 3, 0$

　イ　$0, 0, 0, 0, 1, 3, 5$

　ウ　$0, 0, 0, 0, 2, 2, 0$

　エ　$0, 0, 0, 0, 2, 2, 5$

　オ　$0, 0, 4, 0, 1, 2, 0$

　カ　$0, 0, 4, 0, 2, 2, 5$

解説

・経路図を示す隣接行列

ダイクストラ法で、最短経路を求めるプログラムが出題されました。この問題は、アルゴリズムを知っていれば満点を狙えます。しかし、まったく知らない場合、試験時間内に、ダイクストラ法のアルゴリズムを理解するのは大変でしょう。

まず、図1の経路図と、表2の配列Distanceについて説明します。配列Distanceは、隣接行列と呼ばれるもので、ある地点に隣接する地点への距離が格納されています。

例えば、地点2からは、地点0、地点4、地点5に行くことができます。

Distance [2] [0] には、地点0までの距離の8が格納されています。

隣接していない（直接行けない）地点には−1が格納され、自分自身には0が格納されているので、0よりも大きければ隣接している地点だと分かります。

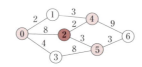

i \ j	0	1	2	3	4	5	6
0	0	2	8	4	−1	−1	−1
1	2	0	−1	−1	3	−1	−1
2	8	−1	0	−1	2	3	−1
3	4	−1	−1	0	−1	8	−1
4	−1	3	2	−1	0	−1	9
5	−1	−1	3	8	−1	0	3
6	−1	−1	−1	−1	9	3	0

・ダイクストラ法のアルゴリズム

ダイクストラ法は、次のような処理ブロックに分かれています。問題文の (1) などと混同しないように、この解説ではブロックの意味のBをつけて処理を表します。

(B1) 変数や地点を管理する配列などの初期設定	
繰返し	最短経路探索処理
	(B2-1) ある地点から最短距離の地点を選択し、最短距離を確定
	(B2-2) 各地点の最短距離の更新
(B3) 目的地から前にたどって最短経路を出力	

設問1は穴埋め問題です。設問2は、図1の経路図で、出発地が地点0、目的地が地点6の最短経路を求める場合のトレース問題です。この例を当てはめながら、ブロックごとにプログラムを読んでいきましょう。

・(B1) 変数や地点を管理する配列などの初期設定

行番号1で受け取る引数は、設問2の例なら、配列Distanceの値は表2、その他の引数は次の値です。

引数	説明	設問2の例の値
nPoint	地点数	7
sp	出発地の地点番号	0
dp	目的地の地点番号	6

行番号2と3で変数や配列が宣言されています。配列pFixedは、真偽の値だけを記憶する論理型です。

行番号6～10でiを0からnPoint−1の7−1＝6まで変化させて、各要素が次のように初期化されます。

	[0]	[1]	[2]	[3]	[4]	[5]	[6]	
pDist	∞	∞	∞	∞	∞	∞	∞	最短距離
pFixed	false	false	false	false	false	false	false	確定状態
sRoute	−1	−1	−1	−1	−1	−1	−1	最短経路

配列の添え字と地点番号が対応してるんだ。
「∞」は、無限大ですよね。プログラムはどうなるんですか？

∞は無限大、この問題では「最大値を表す定数」で、ありえないほど大きな距離です。試験の擬似言語では、∞をそのまま使用できるようです。一般のプログラム言語では、その変数で表現できる最大値など、論理的にありえない大きな値を定数として設定します。プログラム言語によっては、最大値の定数をもっているものがあります。この問題に限れば、経路図の距離は1けたなので、99ぐらいで考えても大丈夫です。

似たような変数が多いので注意が必要です。配列sRouteは最短経路を出力するための引数です。この配列は、(B3)で最短経路を出力するときに用います。副プログラム内で宣言されているローカル配列として、pRouteは初期化されていませんが、こちらが (B2-2) で使われます。

・**(B2-1) ある地点から最短距離の地点を選択し、最短距離を確定　1回目**

行番号11でpDist [0] を0にします。出発地なので距離は0です。
行番号12～39は、大きな繰返し処理です。

> 繰返し処理の■の右の条件式が、trueになっています。
> なんですか、これ？

313ページの擬似言語の記述形式に、論理型の定数と記載されています。trueは、論理値の真という意味です。条件式に、論理定数を書くことができます。

> ずっと真だったら、条件式に書く意味がないんじゃ？
> 永久にグルグル回りますけど。

そうですね。永久に繰り返すので無限繰返し処理（無限ループ）といいます。流れ図でいえば、矢印で上に戻る感じです。この無限繰返し処理を抜けるために、行番号21でbreak文が使われていています。注釈文からbreak文の意味は分かりますが、擬似言語の仕様にbreak文を入れてほしいですね。

行番号14～19では、未確定の地点を探し、見つかれば行番号16のbreak文で繰返し処理を抜けて行番号20に行きます。各地点の確定／未確定を管理しているのは配列pFixedで、確定の地点はtrue、未確定の地点はfalseが設定されています。そこで、行番号15で、notを使ってpFixed [i] を否定しています。このようにすれば、pFixed [i] がfalseのとき、not (pFixed [i]) はtrueになり、行番号15の選択処理の条件を成立させることができます。

1回目は、iが0のとき、地点0のpFixed [0] がfalseなので、行番号15の条件が真になり、行番号16のbreak文で繰返し処理を抜け、行番号20に行きます。

行番号20～22は、全ての地点が確定したときに行番号12～39の繰返し処理を抜けるためのものです。

行番号23～29は、問題文の (5) ②の説明で、「未確定の地点の中で、出発地からの距離が最も短い地点を探し、その地点をsPointとし、その地点の最短距離を確定する」とあります。空欄aは何でしょうか？

> 「未確定の地点の中で」の部分を条件にすればいいですから、
> 「pFixed[j] = false」では…？

そのとおり。「pFixed [j] がfalseである地点」という条件でいいのですが、選択肢にありませんね。そこで、空欄aは、「not (pFixed [j]) 」（イ）とすれば、pFixed [j] がfalseのとき、それを否定することで真になります。

386　第5章　擬似言語問題の演習

1回目は、行番号11で0を代入したpDist [0] 以外の配列pDistの要素は∞ですから、行番号24の条件が成立することはなく、行番号28でsPointに0を代入します。これは、設問2の4行目に書かれている値と同じです。

行番号29で、pFixed [sPoint] をtrueにして確定させます。したがって、空欄bは「sPoint」（オ）です。

・(B2-2) 各地点の最短距離の更新　1回目

行番号30～38の繰返し処理は、0からnPoint-1まで、つまり、0～6までの全地点を調べるということです。

行番号31で、未確定の隣接地だけに限定して、行番号32で出発地から地点jまでの距離を計算しています。そして、計算したnewDistが短い場合には、pDist [j] とpRoute [j] を更新します。

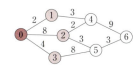

(B2-1)で地点0が確定しています。地点0に隣接する地点1、地点2、地点3の配列pDistには∞が格納されていたので、これを地点0からの距離に更新します。

行番号39のβの時点で、配列の内容は、次のとおりです。

	[0]	[1]	[2]	[3]	[4]	[5]	[6]
pDist	0	2	8	4	∞	∞	∞
pFixed	true	false	false	false	false	false	false
pRoute	0	0	0	0	0	0	0

これは、設問2の表3の値と同じです。pRouteは、どの地点から来たかを示しています。設問2では、pRouteには初期値として全て0が入っていることになっています。

・(B2-1) ある地点から最短距離の地点を選択し、最短距離を確定　2回目

未確定の中で、最も短い距離の地点を配列pDistから探すとpDist [1] の距離2です。

sPointを1にし、地点1を確定します。

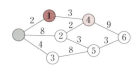

- **(B2-2) 各地点の最短距離の更新　2回目**

　地点1に隣接していて未確定なのは地点4だけです。地点1までが距離2なので、3を足して5をpDist [4] に格納します。地点4へは地点1から来たので、pRoute [4] は1になります。

	[0]	[1]	[2]	[3]	[4]	[5]	[6]
pDist	0	2	8	4	5	∞	∞
pFixed	true	true	false	false	false	false	false
pRoute	0	0	0	0	1	0	0

- **(B2-1) ある地点から最短距離の地点を選択し、最短距離を確定　3回目**

　未確定の中で、最も短い距離の地点を配列pDistから探すとpDist [3] の距離4です。
　sPointを3にし、地点3を確定します。

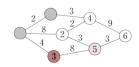

- **(B2-2) 各地点の最短距離の更新　3回目**

　地点3に隣接していて未確定なのは地点5だけです。地点3までが距離4なので、8を足して12をpDist [5] に格納します。地点5へは地点3から来たので、pRoute [5] は3になります。

	[0]	[1]	[2]	[3]	[4]	[5]	[6]
pDist	0	2	8	4	5	12	∞
pFixed	true	true	false	true	false	false	false
pRoute	0	0	0	0	1	3	0

　したがって、設問2の空欄eは3（イ）、空欄fは（カ）、空欄gは（ア）です。

- **(B3) 目的地から前にたどって最短経路を出力**

　引数の配列sRouteとsDistに出力する処理です。配列sRouteは、目的地から出発地までの地点番号がはいっているので、sRoute [0] は6になります。したがって、空欄cがsRoute [j]（キ）です。配列pRouteに1つ前の地点があるので、pRoute [6] からたどっていくために、空欄dはpRoute [i]（イ）です。

【解答】設問1　a　イ　b　オ　c　キ　d　イ　設問2　e　イ　f　カ　g　ア

問題7　ヒープソート　　　　　　　　　　　　　　　　動画　平成30年春期

問　次のプログラムの説明及びプログラムを読んで，設問1，2に答えよ。

　ヒープの性質を利用して，データを昇順に整列するアルゴリズムを考える。ヒープは二分木であり，本問では，親は一つ又は二つの子をもち，親の値は子の値よりも常に大きいか等しいという性質をもつものとする。ヒープの例を図1に示す。図1において，丸は節を，丸の中の数値は各節が保持する値を表す。子をもつ節を，その子に対する親と呼ぶ。親をもたない節を根と呼び，根は最大の値をもつ。

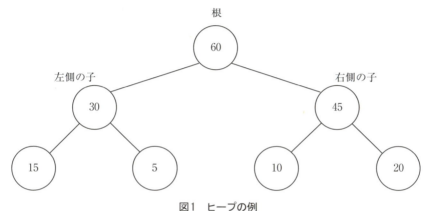

図1　ヒープの例

〔プログラム1の説明〕
(1) 配列の要素番号は，0から始まる。
(2) 副プログラムmakeHeapは，整数型の1次元配列dataに格納されているhnum個(hnum＞0)のデータを，次の①〜③の規則で整数型の1次元配列heapに格納して，ヒープを配列で実現する。この状態を，"配列heapは，ヒープの性質を満たしている"という。

　① 配列要素heap[i]（i＝0，1，2，…）は，節に対応する。配列要素heap[i]には，節が保持する値を格納する。
　② 配列要素heap[0]は，根に対応する。
　③ 配列要素heap[i]（i＝0，1，2，…）に対応する節の左側の子は配列要素heap[2×i＋1]に対応し，右側の子は配列要素heap[2×i＋2]に対応する。子が一つの場合，左側の子として扱う。

(3) 図1のヒープの例に対応した配列heapの内容を，図2に示す。

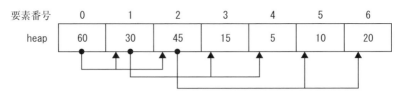

注記　矢印●→は，始点，終点の二つの配列要素に対応する節が，親子関係にあることを表す。

図2　図1のヒープの例に対応した配列heapの内容

(4) 親の要素番号と子の要素番号を関係付ける三つの関数がある。

① 整数型：lchild(整数型：i)

要素番号iの配列要素に対応する節の左側の子の配列要素の要素番号2×i＋1を計算して返却する。

② 整数型：rchild(整数型：i)

要素番号iの配列要素に対応する節の右側の子の配列要素の要素番号2×i＋2を計算して返却する。

③ 整数型：parent(整数型：i)

要素番号iの配列要素に対応する節の親の配列要素の要素番号(i−1)÷2(小数点以下切捨て)を計算して返却する。

(5) 副プログラムswapは，二つの配列要素に格納されている値を交換する。

(6) 副プログラムmakeHeapの引数の仕様を表1に，副プログラムswapの引数の仕様を表2に示す。

表1　副プログラムmakeHeapの引数の仕様

引数	データ型	入出力	説明
data[]	整数型	入力	データが格納されている1次元配列
heap[]	整数型	出力	ヒープの性質を満たすようにデータを格納する1次元配列
hnum	整数型	入力	データの個数

表2　副プログラムswapの引数の仕様

引数	データ型	入出力	説明
heap[]	整数型	入力/出力	交換対象のデータが格納されている1次元配列
i	整数型	入力	交換対象の要素番号
j	整数型	入力	交換対象の要素番号

〔プログラム1〕
```
○副プログラム：makeHeap(整数型：data[], 整数型：heap[], 整数型：hnum)
○整数型：i, k
■ i：0, i＜hnum, 1
 ・heap[i]←data[i]          /＊heapにデータを追加＊/
 ・k←i
 ■ k＞0
        a
   ・swap(heap, k,   b   )
   ・k←parent(k)
   ・break                /＊内側の繰返し処理から抜ける＊/
```

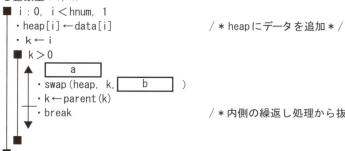

```
○副プログラム：swap(整数型：heap[], 整数型：i, 整数型：j)
○整数型：tmp
 ・tmp←heap[i]
 ・heap[i]←heap[j]
 ・heap[j]←tmp
```

設問1　プログラム1中の [ ] に入れる正しい答えを，解答群の中から選べ。

aに関する解答群

　ア　heap[k]＞heap[lchild(k)]　　　イ　heap[k]＞heap[parent(k)]

　ウ　heap[k]＞heap[rchild(k)]　　　エ　heap[k]＜heap[lchild(k)]

　オ　heap[k]＜heap[parent(k)]　　　カ　heap[k]＜heap[rchild(k)]

bに関する解答群

　ア　heap[hnum−1]　　　　　　　　イ　heap[k]

　ウ　parent(hnum−1)　　　　　　　エ　parent(k)

設問2 〔プログラム2の動作〕の記述中の [　　　] に入れる正しい答えを，解答群の中から選べ。

〔プログラム2の説明〕
(1) 副プログラムheapSortは，最初に副プログラムmakeHeapを使って，配列heapにデータを格納する。配列heapは，整列対象領域と整列済みデータ領域に分かれている (図3参照)。lastは，整列対象領域の最後の配列要素の要素番号を示している。最初は，配列heap全体が整列対象領域であり，このときlastの値はhnum−1である。

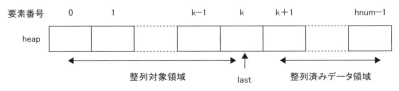

図3　配列heapにおける整列対象領域と整列済みデータ領域

(2) 整列対象領域がヒープの性質を満たすとき，配列要素heap[0]の値は，この領域での最大の値となっている。そこで，配列要素heap[0]の値と配列要素heap[last]の値を交換し，lastの値を1減らして，整列対象領域の範囲を狭め，整列済みデータ領域を広げる。値の交換によって，整列対象領域はヒープの性質を満たさなくなるので，副プログラムdownHeapを使って，整列対象領域のデータがヒープの性質を満たすように再構成される。これを繰り返すことによって，整列済みデータ領域には昇順に整列されたデータが格納されることになる。

(3) 副プログラムheapSortの引数の仕様を表3に，副プログラムheapSortで使用する副プログラムdownHeapの引数の仕様を表4に示す。

表3　副プログラムheapSortの引数の仕様

引数	データ型	入出力	説明
data[]	整数型	入力	整列対象のデータが格納されている1次元配列
heap[]	整数型	出力	整列済みのデータを格納する1次元配列
hnum	整数型	入力	データの個数

表4　副プログラムdownHeapの引数の仕様

引数	データ型	入出力	説明
heap[]	整数型	入力／出力	整列対象のデータを格納する1次元配列
hlast	整数型	入力	整列対象領域の最後の要素番号

〔プログラム2〕

(行番号)
```
 1  ○副プログラム：heapSort (整数型：data[], 整数型：heap[], 整数
    型：hnum)
 2  ○整数型：last
 3  ・makeHeap (data, heap, hnum)           ← α
 4  ■ last：hnum−1, last＞0, −1
 5  │  ・swap (heap, 0, last)      /＊heap[0]とheap[last]の値を交換＊/
 6  │  ・downHeap (heap, last−1)  /＊heapを再構成＊/
 7  ■
```

(行番号)
```
 1  ○副プログラム：downHeap (整数型：heap[], 整数型：hlast)
 2  ○整数型：n, tmp
 3  ・n←0
 4  ■lchild(n)≦hlast
 5  │  ・tmp←lchild(n)
 6  │  ▲ rchild(n)≦hlast
 7  │  ▲  heap[tmp]≦heap[rchild(n)]
 8  │  │  ・tmp←rchild(n)
 9  │  │
10  │  ▼
11  │  ▲ heap[tmp]＞heap[n]
12  │  │  ・swap (heap, n, tmp)
13  │──│  ・return              /＊downHeapから抜ける＊/
14  │  ▼
15  │  ・n←tmp
16  ■
```

第5章 擬似言語問題の演習

393

〔プログラム2の動作〕

　副プログラムheapSortの行番号3の実行が終了した直後のαにおける配列heapの内容は，図2のとおりであった。このとき，副プログラムheapSortの行番号4から行番号7までの1回目の繰返し処理について考える。

　副プログラムheapSortの行番号5の副プログラムswapの実行が終了した直後の配列要素heap[0]の値は，　 c 　となる。このため，配列heapの要素番号0からhnum−2までのデータは，根に対応する配列要素heap[0]が最大の値をもつというヒープの性質を満たさなくなる。

　副プログラムheapSortの行番号6で呼び出している副プログラムdownHeapは，配列heapの整列対象領域の要素番号0からhlastまでのデータがヒープの性質を満たすように，その領域のデータを次の手順で再構成する。

(1) 配列要素の値の大きさを比較する際に使用する要素番号をnとし，nの初期値を0とする。

(2) 要素番号nの配列要素に対応する節の左側の子の要素番号をtmpに代入する。要素番号nの子が二つあり（rchild (n)≦hlast），右側の子の値が左側の子の値　 d 　，右側の子の要素番号をtmpに代入する。

(3) 子に対応する配列要素heap [tmp]の値と，その親に対応する配列要素heap [n]の値とを比較し，配列要素heap [tmp]の値が大きければ，配列要素heap [n]の値と配列要素heap [tmp]の値を交換し，tmpを次のnとして(2)に戻る。ここで，副プログラムdownHeapの行番号15において最初にnに代入するtmpの値は，　 e 　である。

cに関する解答群

ア　5　　　　　　　　　イ　10　　　　　　　　　ウ　15　　　　　　　　　エ　20

dに関する解答群

ア　以下のときには　　　　　　　　イ　以上のときには
ウ　よりも大きいときには　　　　　エ　よりも小さいときには

eに関する解答群

ア　1　　　　　　　　　イ　2　　　　　　　　　ウ　3
エ　4　　　　　　　　　オ　5　　　　　　　　　カ　6

394 　第5章　擬似言語問題の演習

解説

●問題の構成

ヒープソートの擬似言語プログラムが出題されました。ヒープについては、270ページで説明していますが、配列だけで2分木を表すことができます。ヒープソートのアルゴリズムを知っていると、問題文の説明がすぐに分かりますし、そもそも問題文を丁寧に読む必要もありません。この問題は、271ページに掲載した、再帰を用いたヒープソートの問題よりも簡単です

ヒープソートは、次の2つの処理で構成されます。
(1)　ランダムに並んだデータからヒープを作る（ヒープの作成）
(2)　根を取り出して、残りのデータでヒープを作り直す（ヒープの再構成）

この問題では、設問1で(1)、設問2で(2)の擬似言語プログラムの処理内容が問われています。

●設問1　ヒープの作成

プログラム1（makeHeap）の穴埋め問題です。makeHeapは、配列dataに格納されているデータからヒープを作成し、配列heapに格納します。ここでは、次のような例で説明します。

	0	1	2	3	4	5	6
data	30	15	20	45	5	10	60

配列の要素番号が0から始まっているので、データ個数hnumは7個です。

makeHeapを見ると、繰返し処理が二重になっています。

外側の繰返し処理は、iを0から1つずつ増やしていき、hnumより小さい間、つまり7より小さい間は繰り返すので、iは0から6まで変化します。

1回目は、heap [0] にdata [0] の30を代入し、kにiの0を代入します。

内側の繰返し処理は、繰返し条件のk>0を満たさないので、1回も実行されません。

2回目はiが1になり、heap [1] にdata [1] の15を代入し、kにiの1を代入します。

内側の繰返し処理の繰返し条件のk>0を満たすので、内側の繰返し処理の本体に入って、分岐処理を行います。

副プログラムswapが使われているので、ヒープを作るために、大小関係が逆のときに交換するのでしょう。問題文にあるとおり、「親の値は子の値よりも常に大きいか等しいという性質をもつ」ので、配列heapに追加したデータの親の値と比較して分岐するはずです。

追加したデータはheap [i] ですがkにiを代入しているのでheap [k] と表すこともできます。swapの2番目の引数がkなので、空欄aでheap [k] と親を比較し、親の値が小さいときに、空欄bで親の要素番号を指定して交換します。kの親の要素番号は、

395

関数parentを用いて、「parent(k)」(エ)で求めることができます。したがって、kの親の値は、heap[parent(k)]ですから、空欄aは「heap[k] > heap[parent(k)]」(イ)です。

 例のデータではどうなりますか？
配列では、子とか親というのがイメージしづらいです。

ヒープは配列で2分木を表現するので、ヒープから2分木の図を書くと考えやすいはずです。例では、heap[3]の45を追加したときに交換が必要になります（左下図）。

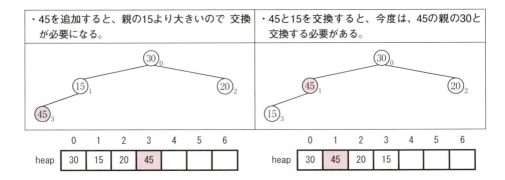

45と15を交換すると、今度は、45の親の30と比較し、交換が必要になります。このため、kにparent(k)を設定して、k>0の間は処理を繰り返すのです（右上図）。

●設問2　ヒープの再構成

ヒープソートのアルゴリズムを知っていると問題の図を見ながら解答できますが、一応トレース問題です。

プログラム2のheapSortを見ると、行番号3でmakeHeapを呼び出してヒープを作成します。このヒープが図2のとおりであったときの処理が問われています。

272ページで説明したように、ヒープソートは、根のheap[0]に最大値があるヒープの性質を利用して、根のheap[0]を取り出して、後に置いていくことを繰り返してソートします。

```
4  ■ ヒープの範囲を1つ減らしながら繰り返す
5  │  ・根のheap[0]とヒープの末尾のデータを交換する
6  │  ・末尾のデータをヒープから切り離し、ヒープを再構成する
7  ■
```

hnumが7件なら、lastが6から1まで変化します。つまり、1回目は、heap [0] とheap [6] を交換します。したがって、空欄cは「20」（エ）です。

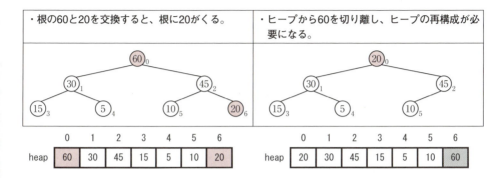

右上図のとおり、根に20がきているので、ヒープの再構成が必要になります。20の子である30、45のどちらと交換しますか？ 根を30にすると子に45があるのでダメです。したがって、子の中で大きいほうの45と交換する必要があります。この処理を行うのがdownHeapです。

```
 5    tmpに左側の子の要素番号を設定
 6   ▲右側の子の要素番号がヒープの範囲内なら
 7    ▲左側の子の値　≦　右側の子の値
 8     tmpに右側の子の要素番号を設定     1回目は右側の子の要素番号の2
 9    ▼
10   ▼
```

つまり、左右の子の大きいほうを選ぶための条件分岐です。右側の子の値が左側の子の値「以上のときには」（空欄dはイ）、右側の子の要素番号をtmpに代入します。

```
11   ▲値の大きいほうの子の値が、親の値より大きいならば
12    子と親の値を交換       1回目は根のheap[0]と交換
13    呼んだところ（heapSortの行番号6）の次の行に戻る
14   ▼
15    nにtmpの値を代入
```

行番号15において最初にnに代入するtmpの値は、右側の子の要素番号である「2」（空欄eはイ）です。つまり、今度は要素番号2を親として、子により大きい値があれば交換するために、行番号4から行番号16を繰り返します。

【解答】設問1　a　イ　b　エ　　設問2　c　エ　d　イ　e　イ

索　引

数字

1次元配列	58
2次元配列	58、307
2分探索法	166、203
3分岐	90、133

英字

AND	39
JIS規格	28
OR	39
UML	25

ア行

アクティビティ図	25
値呼出し	241
後判定型ループ	46
アルゴリズム	16、25、86
アンチエイリアシング	227
入れ子	81
エイリアシング	227
演算子	80
O（オーダ）	194
オープンアドレス法	173、204

カ行

外部コード	97
外部整列	282

（右列）

仮引数（かりひきすう）	239
関係演算子	80
関数	242
擬似言語	78
共通変数	237
局所変数	237
クイックソート	260
繰返し構造	46
繰返し条件	79
グループ集計処理	289
グローバル変数	237
計算量	194
けた落ち誤差	302
限度検査	111
交換ソート	152
降順	155
構造体	62
高速ソート	310
コード	97
個別データ記号	36
コントロールブレイク処理	288

サ行

再帰関数	251、310
再帰処理	250
サブルーチン	29、66
算術演算子	80
参照呼出し	241
シェルソート	257
時間計算量	194

軸	260
システム設計	25
システム流れ図	28
実引数 (じつひきすう)	239
シノニムレコード	172
ジャギー	227
主プログラム	239
循環小数	298
昇順	155
衝突	172
情報落ち誤差	301
処理 (流れ図記号)	29
書類 (流れ図記号)	36
スイッチ	38
数字検査	111
整列	155
線 (流れ図記号)	29
線形探索法	162、203
選択ソート	146、201
双岐選択処理	80
挿入ソート	157、201
添字 (そえじ)	51
ソート	147

タ行

大域変数	237
代入文	80
単岐選択処理	79
端子 (流れ図記号)	29
チェイン法	179、204
通用範囲	237
突合せ処理	294

定回数型ループ	47
定義済み処理記号	66
データ型	234
データ記号	62
データ流れ図	28
データの探索	162
手操作入力 (流れ図記号)	36
手続き (プロシージャ)	66、239
テーブル	107
ドット	214
トレース	32
トレース表	32

ナ行

内部コード	97
内部整列	282
流れ図	20、25

ハ行

配列	50
ハッシュ関数	170
ハッシュ表	170
ハッシュ表探索	170、204
パブリック変数	237
バブルソート	152、201
範囲検査	111
判断記号	34
番兵法	164
ヒープ	270
ヒープソート	270
引数 (ひきすう) の渡し方	309

索引

ピクセル	214
ピクセルマップ	214
ビットマップ	214
表示 (流れ図記号)	36
ファイルのオープン	63
ファイルのクローズ	63
副プログラム	66
プログラム流れ図	28
プロシージャ (手続き)	66、239
フローチャート	28
分岐	34
返却値	243
変数	19、30
変数の宣言	234、307
ホームレコード	172

マ行

前判定型ループ	46
前判定繰返し処理	79
マージソート	282
マッチング処理	294
丸め誤差	300
メインルーチン	29
モジュール	249
戻り値	242

ヤ行

要素	50

ラ行

ルーチン	29
ループ	46
ループ端 (たん) 記号	46
レコード	62
論理演算子	80
論理型変数	308

解説動画の視聴方法

●Webサイトへのアクセス

アドレス	http://福嶋.jp/mobile/
検索	「ふっくゼミ」を、検索してください。 検索 　ふっくゼミ 表示された中の「ふっくゼミ」か「ふっくゼミ（新館）」を選びます。

※アクセスできない場合は、状況(ご使用端末、ブラウザなどの情報やエラーメッセージなど)を詳しく書いて、shitumon@fu94ma.comにメールでお問い合わせください。

●読者エリア用のユーザIDとパスワード

ユーザID	npm21	半角英小文字npmと半角数字21
パスワード	eotmtz	すべて半角英小文字

※このユーザIDとパスワードは、2021年11月30日まで有効
※これは読者エリアにアクセスするためのパスワードです。各動画のパスワードは、読者エリアの各Webページをご覧ください。

●動画の視聴方法

・スマホ、タブレット、パソコンなどから、お好きな時間に何回でも視聴できます。
・動画をダウンロードすることもできます。詳しくは、Webサイトをご覧ください。

■著者による動画解説について

・読者は、擬似言語問題の解説動画を、インターネットを介して、無料で視聴できます。
・動画を視聴できるのは、2021年11月30日までです。
・メンテナンスなどで、Webサイトを一時的に休止する場合があります。
・視聴環境を整えるのは、読者の責任であり、視聴方法に関するサポートはしません(一般的な動画サイトを視聴できれば、問題なく視聴できます)。
・著者の個人サイトであり、日経BP／日本経済新聞出版本部は、解説動画やWebサイトの内容、Webサイトの運用に関しては、一切関知しません。

■ 著者プロフィール

福嶋 宏訓（ふくしま・ひろくに）
コンピュータ系ライターとして、『合格情報処理』（学研）などで活躍。わかりやすい解説には定評がある。情報教育ライター、第一種、特種情報処理技術者。著書に『情報処理用語辞典』（新星出版社）、『秘伝のアルゴリズム』（エーアイ出版）、『基本情報技術者 集中ゼミ』シリーズ（日本経済新聞出版）など多数。

うかる！ 基本情報技術者 ［午後・アルゴリズム編］ 2021年版
福嶋先生の集中ゼミ

| 2020年11月20日 | 1刷 |
| 2021年 3月15日 | 3刷 |

著　　者	福嶋 宏訓
	© Hirokuni Fukushima, 2020
発行者	白石 賢
発　行	日経BP
	日本経済新聞出版本部
発　売	日経BPマーケティング
	〒105-8308　東京都港区虎ノ門4-3-12
装　丁	斉藤 よしのぶ
イラスト	Ixy
ＤＴＰ	朝日メディアインターナショナル
印刷・製本	三松堂

ISBN978-4-532-41536-5

本書の無断複写・複製（コピー等）は著作権法上の例外を除き、禁じられています。
購入者以外の第三者による電子データ化および電子書籍化は、
私的使用を含め一切認められておりません。
正誤に関するお問い合わせは、ウェブサイトの正誤表［https://nikkeibook.nikkeibp.co.jp/errata］を
ご確認の上、ご連絡は下記にて承ります。
https://nkbp.jp/booksQA
※本書についてのお問い合わせ期限は、次の改訂版の発行日までとさせていただきます。

Printed in Japan

付録 1　自動販売機カード

缶ジュース	10円	50円	100円	500円

付録2　りんごカード

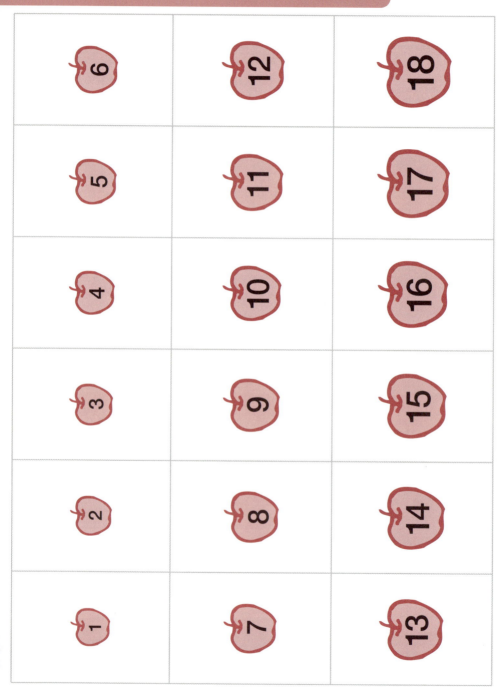

付録2　りんごカード

6	5	4	3	2	1
12	11	10	9	8	7
18	17	16	15	14	13

付録3　図形回転カード1

例　A(4,2)

配列の添字がわかる

A(1,1) · A(5,1) / A(1,5) · A(5,5)	A(1,2) · A(4,1) / A(2,5) · A(5,4)	A(1,3) · A(3,1) / A(3,5) · A(5,3)	A(1,4) · A(2,1) / A(4,5) · A(5,2)	A(1,5) · A(1,1) / A(5,5) · A(5,1)
A(2,1) · A(5,2) / A(1,4) · A(4,5)	A(2,2) · A(4,2) / A(2,4) · A(4,4)	A(2,3) · A(3,2) / A(3,4) · A(4,3)	A(2,4) · A(2,2) / A(4,4) · A(4,2)	A(2,5) · A(1,2) / A(5,4) · A(4,1)
A(3,1) · A(5,3) / A(1,3) · A(3,5)	A(3,2) · A(4,3) / A(2,3) · A(3,4)	A(3,3) · A(3,3) / A(3,3) · A(3,3)	A(3,4) · A(2,3) / A(4,3) · A(3,2)	A(3,5) · A(1,3) / A(5,3) · A(3,1)
A(4,1) · A(5,4) / A(1,2) · A(2,5)	A(4,2) · A(4,4) / A(2,2) · A(2,4)	A(4,3) · A(3,4) / A(3,2) · A(2,3)	A(4,4) · A(2,4) / A(4,2) · A(2,2)	A(4,5) · A(1,4) / A(5,2) · A(2,1)
A(5,1) · A(5,5) / A(1,1) · A(1,5)	A(5,2) · A(4,5) / A(2,1) · A(1,4)	A(5,3) · A(3,5) / A(3,1) · A(1,3)	A(5,4) · A(2,5) / A(4,1) · A(1,2)	A(5,5) · A(1,5) / A(5,1) · A(1,1)

付録3　図形回転カード2

A(0)　　　　　A(20)	A(1)　　　　　A(15)	A(2)　　　　　A(10)	A(3)　　　　　A(5)	A(4)　　　　　A(0)
A(4)　　　　　A(24)	A(9)　　　　　A(23)	A(14)　　　　A(22)	A(19)　　　　A(21)	A(24)　　　　A(20)
A(5)　　　　　A(21)	A(6)　　　　　A(16)	A(7)　　　　　A(11)	A(8)　　　　　A(6)	A(9)　　　　　A(1)
A(3)　　　　　A(19)	A(8)　　　　　A(18)	A(13)　　　　A(17)	A(18)　　　　A(16)	A(23)　　　　A(15)
A(10)　　　　A(22)	A(11)　　　　A(17)	A(12)　　　　A(12)	A(13)　　　　A(7)	A(14)　　　　A(2)
A(2)　　　　　A(14)	A(7)　　　　　A(13)	A(12)　　　　A(12)	A(17)　　　　A(11)	A(22)　　　　A(10)
A(15)　　　　A(23)	A(16)　　　　A(18)	A(17)　　　　A(13)	A(18)　　　　A(8)	A(19)　　　　A(3)
A(1)　　　　　A(9)	A(6)　　　　　A(8)	A(11)　　　　A(7)	A(16)　　　　A(6)	A(21)　　　　A(5)
A(20)　　　　A(24)	A(21)　　　　A(19)	A(22)　　　　A(14)	A(23)　　　　A(9)	A(24)　　　　A(4)
A(0)　　　　　A(4)	A(5)　　　　　A(3)	A(10)　　　　A(2)	A(15)　　　　A(1)	A(20)　　　　A(0)